高等教育"十三五"规划教材

C语言程序设计案例教程（第2版）

主　编　刘会超　杨锋英
副主编　魏雪峰　崔英杰
　　　　汪　洋　吴海涛
　　　　葛文庚　王玉娟

電子工業出版社.

Publishing House of Electronics Industry

北京·BEIJING

内 容 简 介

本书主要内容包括认识 C 语言、简单的 C 语言程序、分支结构程序设计、循环结构程序设计、函数、数据类型与数据的输入输出、数组、指针、结构体、文件和综合案例等。每章由学习目标、主要内容、教学案例、相关知识、本章小结、习题和实训项目构成。

本书以能力培养为目标，用案例引入知识，用任务驱动教学。按照读者的认知规律和特点选择案例，把知识融入案例中。本书围绕案例中的任务展开知识点教学，在实际任务的驱动下引导读者学习 C 语言基础知识与编程技能，把 C 语言教学从传统的"讲授+上机"模式向"做中学、学中做"模式转变。

本书可作为高等院校计算机及相关专业的高级语言教材，也可供 C 语言爱好者学习使用。

图书在版编目（CIP）数据

C 语言程序设计案例教程 / 刘会超，杨锋英主编. —2 版. —北京：电子工业出版社，2019.7
ISBN 978-7-121-36762-5

Ⅰ. ①C… Ⅱ. ①刘… ②杨… Ⅲ. ①C 语言－程序设计－高等学校－教材 Ⅳ. ①TP312.8

中国版本图书馆 CIP 数据核字（2019）第 106588 号

责任编辑：祁玉芹

印　　刷：中国电影出版社印刷厂

装　　订：中国电影出版社印刷厂

出版发行：电子工业出版社

　　　　　北京市海淀区万寿路 173 信箱　邮编　100036

开　　本：787×1092　1/16　印张：19.25　字数：468 千字

版　　次：2015 年 1 月第 1 版

　　　　　2019 年 7 月第 2 版

印　　次：2021 年 2 月第 2 次印刷

定　　价：52.00 元

凡所购买电子工业出版社图书有缺损问题，请向购买书店调换。若书店售缺，请与本社发行部联系，联系及邮购电话：（010）88254888，88258888。

质量投诉请发邮件至 zlts@phei.com.cn，盗版侵权举报请发邮件至 dbqq@phei.com.cn。

本书咨询联系方式：qiyuqin@phei.com.cn。

前言
PREFACE

　　C 语言是国内外应用广泛、最具影响力的计算机语言之一，是大学理工科专业学生的必修课。为使初学者对 C 语言有一个很好的入门，作者融合多年的教学经验和教学资源编写了本书。这是一本面向广大初学者的 C 语言教程，最大的特色是以任务导学、案例丰富、深入浅出、立体配套。针对初学者的特点，力求做到将复杂的概念用简洁浅显的语言娓娓道来。

　　本书的创新在于以能力培养为目标，用案例引入知识，用任务驱动教学。按照读者的认知规律和特点选择案例，把知识融入案例。围绕案例中的任务展开知识点教学，在实际任务的驱动下，引导读者学习 C 语言基础知识与编程技能，引导 C 语言教学从传统的"讲授+上机"模式向"做中学、学中做"模式转变。

　　书中每个案例包括任务描述、任务分析、解决方案和源程序 4 部分，并且提供与教学案例相关知识的习题和实训项目作为读者练习巩固之用。为了保证知识的系统性与完整性，拓宽知识面，在相关案例后增加了相关知识与知识拓展；另外，本书还配有电子教学参考资料包（包括书中所有案例的源代码、电子教案、习题参考答案）。

　　本书内容共分为 11 章，第 1 章认识 C 语言，第 2 章简单的 C 语言程序，第 3 章分支结构程序设计，第 4 章循环结构程序设计，第 5 章函数，第 6 章数据类型与数据的输入/输出，第 7 章数组，第 8 章指针，第 9 章结构体，第 10 章文件，第 11 章综合案例——学生成绩管理系统，以及附录和参考书目。在内容上，新版教程删除了第 1 版的"常用算法"章节，增加了一个"综合案例——学生成绩管理系统"章节。变更主要是考虑到算法在一些专业的实际教学中用不到，且内容比较浅显，而综合案例可以为相关专业的课程设计教学或综合实训提供支持。

　　本书由刘会超和杨锋英担任主编，崔英杰、魏雪峰、汪洋、吴海涛、葛文庚、王玉娟担任副主编。第 2、3、4 章由崔英杰编写，第 1、10 章由魏雪峰编写，第 9 章由汪洋编写，第 6 章由吴海涛编写，第 8、11 章由刘会超编写，第 5、7 章及附录由杨锋英编写。全书由耿红琴统稿审核。

　　由于编写时间仓促，书中难免有疏漏和不妥之处，衷心希望广大读者，尤其是任课教师提出宝贵的意见和建议，以便再版时修正。

编　者
2019 年 5 月

目录
CONTENTS

第1章 认识C语言

学习目标

通过本章内容的学习，使读者熟悉 Dev-C++环境，掌握在其中创建、编辑、编译、运行 C 语言项目的过程，并且掌握 C 语言程序的基本格式和用计算机解决问题的思路、方法和步骤。

主要内容

- 程序设计的基本概念。
- 用计算机解决问题的思路、方法和步骤。
- C 语言程序的基本格式。
- Dev-C++环境的使用。

案例 1　用计算机求解圆的面积

【任务描述】

输入圆的半径，计算其面积。

【任务分析】

该任务中的量有 3 个，即圆的半径、圆周率及圆的面积，其中圆周率是已知量；圆的半径和圆的面积是未知量；圆的半径是在计算机运行程序时输入的，而圆的面积是利用公式圆周率×半径的平方求得的。

【解决方案】

（1）定义符号 PI 表示圆周率 3.14159。

（2）定义实型变量 r 和 area，r 表示半径，area 表示圆的面积。

（3）　调用函数 scanf 为半径 *r* 输入数据。

（4）　将 PI 和 *r* 代入面积公式求圆的面积 area。

（5）　输出圆的面积 area。

【源程序】

```
/*程序名称：1_1.c                                    */
#include <stdio.h>        /*预编译*/
#define PI 3.14159        /*定义符号 PI，代表圆周率 3.14159*/
int main() {
    double r, area;         /*定义变量 r, area*/
    printf( "请输入圆的半径: " ); /*提示输入半径的值*/
    scanf("%lf", &r);       /*输入半径的值*/
    area = PI * r * r;      /*计算圆的面积*/
    printf("半径是%.2lf 的圆的面积是 %lf\n", r, area ); /*输出圆的面积*/
    return 0;
}
```

【说明】

从这个案例中可以了解一个 C 语言程序的基本结构和书写格式。

C 语言程序由函数组成，每一个 C 语言项目的文件中有且只能有一个主函数（main 函数），它指示计算机执行程序时的入口。

double *r*, area;是变量定义语句，用来定义实数类型变量 *r* 和 area，分别保存圆的半径和面积。

printf()和 scanf()是两个函数调用,其中 printf 函数的功能是把输出内容输出到显示器；scanf 函数的功能是从键盘输入指定类型的数据。二者都是由系统定义的标准函数,可在程序中直接调用,但使用时需在程序开头添加预编译命令"#include <stdio.h>"。

将这段程序代码在 Dev-C++开发环境中编辑后，通过 C 语言的编译系统编译并运行。程序首先提示用户输入圆的半径，然后计算圆的面积，最后在屏幕上显示所求圆的面积。

相关知识——计算机求解问题的步骤

（一）程序和程序设计语言

1. 程序

计算机诞生之前就有了"程序"的概念，《现代汉语词典》解释"程序"就是事情进行的先后次序，如日常说的"工作程序""会议程序"等，本书所讲的程序是计算机程序。

计算机程序是让计算机完成某项特定任务而编写的一组指示计算机工作的指令。计算机就像一个士兵，无条件地服从长官（程序员）的命令。为了完成一项任务，长官下达的一系列命令就是"程序"。

简单的程序只有几条指令，而复杂的程序多达数千万条指令。任务的规模越大，内容越复杂，所需要的程序指令就越多，程序的结构也就越复杂。仅一个 Windows 操作系统就有几千万条的指令，所以给计算机下命令需要团队的集体智慧。

为了有效地指挥计算机工作，需要开展程序设计。这是设计、编写、调试程序的方法和过程，是目标明确的智力活动。它要求程序员首先对需要完成的任务有一个比较清晰的认识，然后按照计算机可以识别的方式来组织相应的指令以形成程序。最后将程序提交给计算机执行，从而完成预定任务。由于任务的复杂性和多样性，因此程序设计工作也不可能一蹴而就。需要在设计过程中不断地修改和完善，最终满足任务的需求，这就是程序的调试和测试过程。

2. 程序设计语言

程序设计语言为程序员编写一个好的程序提供了所需要的抽象机制、组织原则及控制结构，其一基础是一组符号和一组规则，符号按照规则构成的符号串的总体就是程序设计语言。程序设计语言包含 3 个要素，即语法、语义和语用。语法表示程序的结构或形式，包括构成程序设计语言的各个符号之间的组合规律，但不涉及这些符号的特定含义及使用者；语义表示程序的含义，包括程序设计语言中各个符号及按语法形成的符号串的特定含义，也不涉及使用者；语用就是程序设计语言的实际应用，是人和计算机之间沟通的工具。

机器语言是计算机所能直接识别的语言，是由 0 和 1（即二进制）组成的指令序列。由于人们书写和理解二进制数据存在一定的困难，于是诞生了汇编语言。

汇编语言用英文字母或符号串来替代机器语言，把不易理解和记忆的机器语言按照对应关系转换成汇编指令，使得汇编语言比机器语言易于阅读和理解。但是汇编语言依赖于硬件，程序的可移植性差。而且程序员在使用新的计算机时必须学习该机器对应的汇编指令，大大增加了工作量，为此产生了高级语言。

高级语言比汇编语言更接近人类的自然语言，因此易于理解、记忆和使用。常见的高级语言有 C、C++、Java、Python 等。高级语言不能被计算机直接识别，需要将其"翻译"成机器语言，这个过程称为"编译"（也称为"解释"）。编译过程由相应计算机语言的编译程序自动完成，不需要手工处理。

（二）计算机求解问题的步骤

计算机求解问题是人们解决某一问题的方法和步骤的计算机化，或者说是通过计算机来表达人们对某一问题的解决方法。一般来说，用计算机解决一个具体问题时，首先从具体问题抽象出一个适当的数学模型；其次设计一个解此数学模型的算法；最后编制程序进行调试与测试，直至得到最终解。具体来说使用计算机求解问题的步骤包括问题分析与算法设计、编写、编译，以及运行与调试程序，下面以案例 1 为例说明。

1. 问题分析与算法设计

为了计算圆的面积，根据问题描述需要输入圆的半径。然后根据圆的面积公式（πr^2）求出圆的面积，算法设计如下：

（1）为计算机提供圆的半径值（输入）。

（2）根据计算公式求圆的面积（处理）。

（3）将计算的结果显示在屏幕上（输出）。

2. 编辑程序

为了让计算机能代替人工完成以上流程，需要将以上流程转化成计算机可以识别的指令序列（即程序），下面的代码是运用 C 语言对这个任务的计算机描述：

```c
#include <stdio.h>
#define PI 3.14159
int main(){
    double r, area;
    printf( "请输入圆的半径: " );
    scanf("%lf", &r);
    area = PI*r*r;
    printf("半径是%.2lf的圆的面积是 %lf\n", r, area);
    return 0;
}
```

3. 编译

编好程序（C 语言源程序文件，扩展名为 .c）后，下一步运用 C 语言的编译器对其进行编译形成可执行的程序（扩展名为 .exe）。

4. 运行与调试

程序通过语法检查，编译生成可执行文件后在 Dev-C++集成开发环境或操作系统环境中运行（Run）。

如果程序有语义错误，则需要对程序进行调试，即查找并修改错误。

在 Dev-C++环境中调试过程常用的方法是设置断点并观察变量。

（1）设置断点：在 Dev-C++环境的当前语句行按 F4 键，设置断点标记（默认语句行的底色变为红色，并且行首有断点标记红点，其中有对号），程序调试到此行停下。如果当前语句行已经设置断点标记，则在该语句行按 F4 键取消断点标记。

（2）观察变量：对于设置断点的程序，按 F5 键开始单步调试，即将执行的调试行底色变为蓝色且行首变为蓝色箭头。

Dev-C++环境的调试器如图 1-1 所示。

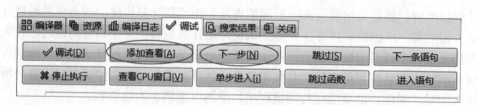

图 1-1 Dev-C++环境的调试器

当程序运行到设有断点行时暂停执行，程序员此时可以通过单击【添加查看】按钮设置需要观察的变量，在调试输出窗口中给出该程序行之前此变量的当前值。

Dev-C++源程序及调试输出窗口如图 1-2 所示。

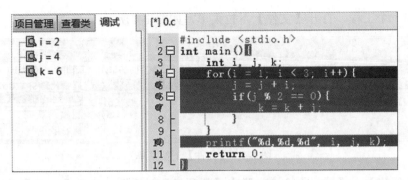

图 1-2　Dev-C++源程序及调试输出窗口

判断变量的当前值是不是所预期的,如果不是,说明该断点之前有错误发生;如果是,说明该断点之前满足要求,单击【下一步】按钮或者按 F7 键继续。通过设置断点与观察变量可以有效地排查程序的出错范围。

结束调试按 F9 键或者单击【停止执行】按钮。

【思考题】

(1) 思考 C 语言程序的基本结构。

(2) 模仿案例 1,输入长方形的长和宽,计算并输出长方形的面积。

案例 2　使用 Dev-C++环境

【任务描述】

利用 Dev-C++环境完成基本对话程序的运行。

【任务分析】

完成本任务首先需要成功安装并启动 Dev-C++,然后创建项目和程序文件,使用该环境的编辑和编译功能将源程序转换为可执行程序后运行该程序得到结果。

【解决方案】

在安装并配置 Dev-C++之后(本书采用的是简体中文版),双击桌面上的 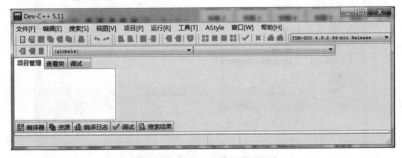快捷方式,或者单击【开始】→【所有程序】→【Bloodshed Dev-C++】下的 Dev-C++程序,都可以打开 Dev-C++的运行界面,如图 1-3 所示。

图 1-3　Dev-C++的运行界面

为创建一个工程，打开【文件】下拉菜单，如图1-4所示。

图1-4　【文件】下拉菜单

选择【新建】→【项目】命令，弹出【新项目】对话框。打开【Basic】选项卡，选择"Empty Project"选项和"C项目"单选按钮，如图1-5所示。

图1-5　选择"Empty Project"选项和"C项目"单选按钮

在【名称】文本框中输入项目名"第 1 章"，单击【确定】按钮，弹出【另存为】对话框，如图1-6所示。

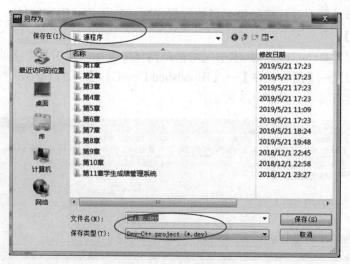

图1-6　【另存为】对话框

在【保存在】下拉列表框中选择保存路径，本例为"E:\源程序"。单击【保存】按钮，打开创建成功的界面，如图 1-7 所示。

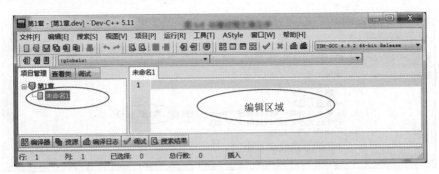

图 1-7　创建成功的界面

在编辑区域中输入程序 1_2.c 的代码：

```
/*程序名称：1_2.c                                    */
#include <stdio.h>
int main(){
  printf("hello,my darling!");
  return 0;
}
```

按 Ctrl+S 组合键或者单击主工具栏中的 保存按钮或者选择【文件】→【保存】命令，弹出【保存为】对话框，如图 1-8 所示。

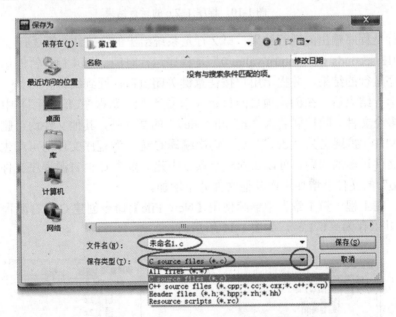

图 1-8　【保存为】对话框

在【文件名】文本框中输入文件名"1_2"，保存类型选择为"C source files(*.c)"。单击【保存】按钮，将该程序保存在"E:\源程序\第 1 章"中。按 F9 键或者单击编译运行工

具栏中的 ⏹️ 按钮或者选择【运行】→【编译】命令，C 语言编译器编译该程序，编译结果如图 1-9 所示。

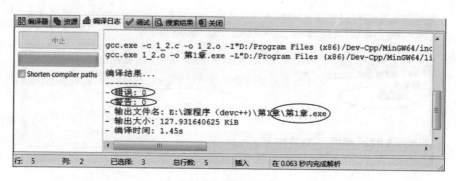

图 1-9   编译结果

从程序 1_2.c 的编译信息看出在编译时没有错误和警告，得到可执行文件"第 1 章.exe"。按 F10 键或者单击编译运行工具栏中的 ⏹️ 按钮或者选择【运行】→【运行】命令，程序的运行结果如图 1-10 所示。

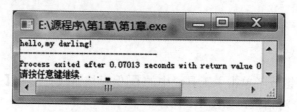

图 1-10   程序 1_2.c 的运行结果

第 1 行是程序输出的运行结果；第 2 行是系统给出的分隔线；第 3 行 "Process exited after 0.07013 seconds with return value 0"是程序运行时间；第 4 行是暂停信息，有助于用户查看程序运行的结果，并提示用户按任意键关闭窗口，回到编辑界面。

程序运行结束后，在创建项目的目录（本书是"E:\源程序\第 1 章"）中可以看到其中已经生成多个文件。除扩展名为".c"和".dev"的文件外，其他文件均可删除。因为每次运行项目文件（扩展名为".dev"）后，再次编译 C 语言源程序文件均可产生这些文件。为解决其他文件过多的问题，可以在同一个项目中建立多个 C 语言源程序文件。这样只有扩展名为".o"的文件会增加，而其他文件并不增加。

例如，在工程"第 1 章"中继续使用【New File】命令创建 C 语言源程序文件"未命名 2"，将其保存为"1_1.c"，如图 1-11 所示。

图 1-11   保存为"1_1.c"

在 C 语言源程序文件 1_1.c 的编辑界面中输入案例 1 的代码，在这两个 C 语言源程序文件中均存在 main 函数。由于在一个项目的活动文件中只能有一个 main 函数，因此在【项目管理】选项卡中用鼠标右键单击源程序文件 1_2.c，弹出如图 1-12 所示的快捷菜单。

在源程序 1_2.c 的相关操作中，选择【移除】命令，则该文件将从当前项目中移除，成为不活动文件。

注意：此处移除 1_2.c 文件仅仅是在当前【项目管理】选项卡中临时移除。如果再次使用该文件，则用鼠标右键单击项目名称"第 1 章"，弹出如图 1-13 所示的快捷菜单，选择【添加】命令。

图 1-12　快捷菜单

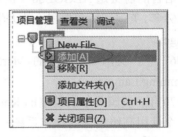
图 1-13　选择【添加】命令

相关知识——C 语言的程序结构

（1）　一个 C 语言项目可以由多个源程序文件组成，但只有加载到【项目管理】选项卡中的项目为活动项目。在活动项目下的源程序文件为活动文件，每个活动文件可以由多个函数组成。

（2）　每个函数由一个或多个程序行组成，每个程序行可以有一个或者多个语句，每个语句以英文分号（;）结束。

（3）　每个语句可以写在一个或多个程序行中，若分行书写，则在尾部加右斜杠"\"或者 Enter 键。同一个关键字或者字符串不能分行，建议每个语句单独占一个语句行。

（4）　C 语言程序中使用花括号"{"和"}"表示一个完整的程序的结构层次范围，二者必须成对使用。

（5）　为了增加程序的可读性，C 语言程序采用缩进格式书写，即加入适量的空格和空行。C 语言编译系统忽略这些空格和空行，一般以默认 4 个空格为倍数缩进，可通过【工具】菜单项设置，变量名、函数名和 C 语言保留字中间不能加入空格。

若所写代码没有按缩进格式要求书写，则在 VC 6.0 环境下编辑程序后按 Ctrl+A 组合键全选程序代码，然后按 Alt+F8 组合键自动对齐代码，即格式重排；在 Dev-C++环境中按 Ctrl+Shift+A 组合键或者选择【AStyle】→【格式化当前文件】命令重排当前源文件的格式。

（6）　C 语言程序采用/*...*/（块注释）对程序进行注释，以增加程序的可读性。

【思考题】

（1）　C 语言程序中注释的作用。

（2）　模仿程序 1_2.c，要求在屏幕上显示"HELLO WORLD！"。

知识拓展——算法

（一）C 语言概述

1. C 语言的发展

C 语言的前身是 ALGOL60（也称为"A 语言"）。

1963 年,英国剑桥大学和伦敦大学首先将 ALGOL60 发展成 CPL（Combined Programming Language）。

1967 年，英国剑桥大学的 Martin Richards 将 CPL 改写成 BCPL（Basic Combined Programming Language）。

1970 年，美国贝尔实验室的 Ken Thompson 将 BCPL 修改成 B 语言，并用 B 语言开发了第 1 个使用高级语言的操作系统——UNIX。

1973 年，美国贝尔实验室的 Dennis M.Ritchie 在 B 语言的基础上设计出了一种新的语言。他取 BCPL 的第 2 个字母作为这种语言的名字，即 C 语言。

1978 年，美国贝尔实验室正式发布了 C 语言。同年，Brian W.Kernighan 和 Dennis M.Ritchie 合作出版了著名的 *The C Programming Language* 一书,其中介绍的 C 语言成为后来广泛使用的 C 语言版本的基础。

1983 年，美国国家标准局（American National Standards Institute，ANSI）制定了 C 语言标准。这个标准不断完善，并在 1989 年通过了 C 语言标准 ANSI X3.159—1989，即 C89。

1990 年，国际标准化组织（International Organization for Standards，ISO）也制定了 ISO9899—1990 标准，被称为"C90"。C89 与 C90 只有细微的差别，因此通常所说的 C89 和 C90 指的是同一个版本。

1999 年，ISO 修订 C90 标准后推出了 C99 标准。

2. C 语言的特点

C 语言被誉为当代最优秀的程序设计语言之一，具有独特的优势。

（1） C 语言是高级语言，却把高级语言的基本结构和语句与低级语言的实用性结合起来。即可以像汇编语言一样对位、字节和地址进行操作，而这三者是计算机最基本的工作单元。

（2） C 语言是结构化语言，显著特点是代码及数据的分隔，即程序的各个部分除了必要的信息交流外彼此独立。这种结构化方式可使程序层次清晰，便于编写、维护及调试。C 语言以函数形式提供给用户,这些函数可方便调用，并具有多种循环语句控制程序流向，使程序完全结构化。

（3） C 语言功能齐全，具有多种数据类型，并引入了指针概念，可使程序效率更高。而且计算功能、逻辑判断功能也比较强大，可以实现复杂的决策。C 语言在编写需要执行硬件操作的程序时明显优于其他高级语言，有一些大型系统软件就是用 C 语言编写的。

（4） C 语言应用指针可以直接操作底层硬件，但对指针操作不做保护，也给程序开发带来了不安全的因素。

（5） C 语言适用范围非常广，早期的 C 语言主要是用于 UNIX 系统。由于 C 语言的强大功能和各方面的优点逐渐为人们认识，所以到了 20 世纪 80 年代开始进入其他操作系统，当前 C 语言已广泛应用于 Windows、Linux、UNIX 等多种操作系统。C 语言适用于多种机型，在各类大、中、小和微型计算机上得到了广泛的使用，在嵌入式系统领域的应用也非常多。

（6） C 语言开发环境非常丰富，常用的有 VC 6.0、Dev-C++、Code::Blocks、Borland C++ Builder、Turbo C、C-Free、Win-TC、Xcode 等。

（7） C 语言对程序员要求较高，用 C 语言写程序限制少、灵活性大、功能强，但较其他高级语言在学习上要困难一些。

3. C 语言的符号与规则

（1） C 语言的字符集。

字符是组成语言的最基本的元素，C 语言字符集由字母、数字、空格、标点和特殊字符组成。在字符型常量、字符串常量和注释中还可以使用汉字或其他可表示的图形符号。

- 字母：小写字母 a～z 共 26 个，大写字母 A～Z 共 26 个。
- 数字：0～9 共 10 个。
- 空白符：空格符、制表符、换行符等统称为"空白符"，只在字符型常量和字符串常量中起作用。在其他位置出现时，只起间隔作用，编译程序忽略不计。在程序中适当使用空白符将提高程序的清晰性和可读性。
- 标点和特殊字符。

（2） C 语言词汇。

在 C 语言中使用的词汇分为如下 6 类。

- 标识符：在程序中使用的变量名、函数名、标号等统称为"标识符"。除库函数的函数名由系统定义外，其余函数的函数名都由用户自己定义。C 语言规定，标识符只能是字母（A～Z，a～z）、数字（0～9）、下画线（_）组成的字符串，并且其第 1 个字符必须是字母或下画线。

合法的标识符如 A、x、x3、BOOK_1、sum5。

非法的标识符如 3s（以数字 3 开头）、s*T（出现非法字符*）、+3x（以非法字符+开头)、bowy-1（出现非法字符-）。

在使用标识符时必须注意：一是标准 C 语言不限制标识符的长度，但受各种版本的 C 语言编译系统和具体机器的限制；二是 C 语言是大小写敏感语言，如 BOOK、BOOk、Book、book 是 4 个不同的标识符；三是标识符虽然可由程序员随意定义，但它是用于标识某个量的符号。因此命名应尽量有相应的意义，以便于阅读理解，做到"见名知义"。例如，PI 表示圆周率，area 变量表示所求圆的面积；四是标识符不要与系统所提供的关键字重名。

- 关键字：关键字是由 C 语言规定的具有特定意义的字符串，通常也称为"保留字"，用户定义的标识符不应与关键字相同。C 语言的关键字有 3 类，一是类型声明符，用于定义、声明变量、函数或其他数据结构的类型，如前面例题中用到的 int、double 等；二是语句定义符，用于表示一个语句的功能，如 if…else…就是条件语句的语句定义符；三是预处理命令字，用于表示一个预处理命令，如前面各例中用到的

include。

- 运算符：C 语言中含有相当丰富的运算符，由一个或多个字符组成。它与常量、变量、函数一起组成表达式，表示各种运算功能。
- 分隔符：在 C 语言中采用的分隔符有逗号和空格两种，逗号主要用在类型声明和函数参数表中，分隔各个变量；空格多用于语句中的单词之间，作为间隔符。在关键字与标识符之间必须要有一个以上的空格符作为间隔，否则将会出现语法错误。例如，把"int a;"写成"inta;"，C 编译器会把"inta"作为一个标识符处理，其结果必然出错。
- 常量：C 语言中使用的常量可分为数值常量、字符型常量、符号常量、转义字符等多种，在后面章节中将专门给予介绍。
- 注释符：C 语言的注释符是以"/*"开头并以"*/"结尾的块，在"/*"和"*/"之间的内容为注释，可出现在程序中的任何位置。程序编译时，不处理注释。注释用来解释程序的意义，以增加其可读性。在调试程序中对暂不使用的语句也可用注释符括起来使编译跳过不做处理，待调试结束后删除。

4. 书写程序时应遵循的规则

从书写清晰，以及便于阅读、理解和维护的角度出发，在书写程序时应遵循以下规则。

（1）一个声明或一个语句占一行。

（2）用花括号"{}"括起的部分通常表示程序的某一层次结构，左花括号"{"可以单独占一行，也可以与函数名或者语句放在同一行；右花括号"}"一般与该结构语句的第 1 个字母对齐，并单独占一行。

（3）低一层次的语句或说明可比高一层次的语句或说明缩进若干个空格（通常为 4 个）后书写，以便看起来更加清晰，增加程序的可读性。

（4）在逗号后面、语句中间的分号后面、双目运算符的两侧、关键字的两侧都可以加上空格，以达到规范的要求。

在编程时应力求遵循这些规则，以养成良好的编程风格。

（二）程序的灵魂——算法

一个程序应包括对数据的描述（在程序中要指定数据的类型和数据的组织形式，即数据结构）及对操作的描述（即操作步骤，也就是算法）。

著名的瑞士计算机科学家沃思（Nikiklaus Wirth）提出的公式为：

$$数据结构 + 算法 = 程序$$

1. 算法的概念

做任何事情都有一定的步骤，为解决一个问题而采取的方法和步骤即为算法，计算机算法可分为两大类，即数值运算类算法（求解数值）和非数值运算类算法（事务管理领域）。

【例 1-1】求 5!（5!=1×2×3×4×5）。

算法 1 表示如下。

第 1 步：先求 1×2，得到结果 2。

第2步：将上步得到的2继续与3求乘积得到结果6。

第3步：将上步得到的6继续与4求乘积得到结果24。

第4步：将上步得到的24继续与5求乘积得到结果120。

这样的算法虽然简单、正确，但太烦琐，不利于问题的扩展。

算法2（改进的算法）表示如下。

第1步：定义变量 t 并为其赋值1，即 $t=1$。

第2步：定义变量 i 并为其赋值1，即 $i=1$。

第3步：执行 $t×i$，乘积仍然放在变量 t 中。可表示为 $t×i→t$，即 $t=t×i$。

第4步：修改变量 i 的值，使其增加1，即 $i=i+1$。

第5步：判断 i 是否小于等于5，即 $i≤5$；若成立，则返回第3步继续执行；否则算法结束。

如果计算10!，算法1较麻烦；算法2只需将第5步中的"$i≤5$"改成"$i≤10$"即可。

如果求"$1×3×5×7×9×11$"，算法1比较麻烦；算法2只需将第4步中"修改变量 i 的值，使其增加1，即 $i=i+1$"改成"修改变量 i 的值，使其增加2，即 $i=i+2$"，并将第5步中的"$i≤5$"改成"$i≤11$"即可实现。

【思考】若将算法2中第5步的"$i≤5$"修改成"若 $i<5$"，结果如何？

【例1-2】有50个学生，要求将他们之中成绩在80分以上者打印出来。

如果用 n 表示学生数，grade 表示学生成绩，则算法可表示如下。

第1步：$1→n$。

第2步：输入 grade。

第3步：如果 grade≥80，则打印 n 和 grade；否则不打印。

第4步：$n+1→n$。

第5步：若 $n≤50$，返回第2步；否则结束。

【例1-3】找出2000—2500年中的闰年，并输出结果。

闰年的判断条件如下。

（1）能被4整除，但不能被100整除的年份。

（2）能被400整除的年份。

设 y 为被检测的年份，则算法可表示如下。

第1步：$2000→y$。

第2步：若 y 不能被4整除，则转到第5步。

第3步：若 y 能被4整除且不能被100整除，则输出 y"是闰年"，然后转到第5步。

第4步：若 y 能被400整除，则输出 y"是闰年"，然后转到第5步。

第5步：$y+1→y$。

第6步：当 $y≤2500$ 时，返回第2步继续判断；否则结束。

【例1-4】对一个大于或等于2的正整数，判断它是不是一个素数。

素数又称为"质数"，即除了1和它本身外不能被其他数整除的数。

算法可表示如下。

第 1 步：输入 n 的值。

第 2 步：$i = 2$。

第 3 步：n 对 i 求余，得余数 r。

第 4 步：如果 $r = 0$，表示 n 能被 i 整除并结束；否则继续。

第 5 步：$i+1 \rightarrow i$。

第 6 步：如果 $i \leqslant n-1$，返回第 3 步；若 $i = n$，则结束。

第 7 步：若 $i = n$，则打印 n "是素数"；否则打印 n "不是素数"。

算法改进如下。

第 6 步：如果 $i \leqslant \sqrt{n}$，返回第 3 步；若 $i = n$，则结束。

2. 算法的特性

（1） 有穷性：一个算法应包含有限的操作步骤。

（2） 确定性：算法中每一个步骤应当是确定的，而不能是含糊的、模棱两可的。

（3） 可行性：算法中每一个步骤应当能有效地执行，并得到确定的结果。

（4） 输入：有零个或多个输入。

（5） 输出：有一个或多个输出。

程序员必须会设计算法，并根据算法写出程序。

3. 算法的表示

（1） 用自然语言表示。

除了很简单的问题，一般不用自然语言表示算法。

（2） 用流程图表示。

流程图表示算法直观形象，易于理解。流程图有多种，如程序流程图、N-S 图、PAD 图等，本书以程序流程图为例。

程序流程图包括表示相应操作的框和带箭头的流程线，框内有必要的文字说明，程序流程图的基本符号如图 1-14 所示。

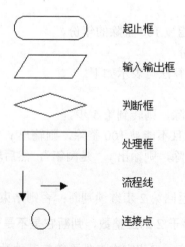

图 1-14　程序流程图的基本符号

【例 1-5】将例 1-1 求 5!的算法用程序流程图表示，如图 1-15 所示。

【例 1-6】将例 1-3 判定闰年的算法用程序流程图表示，如图 1-16 所示。

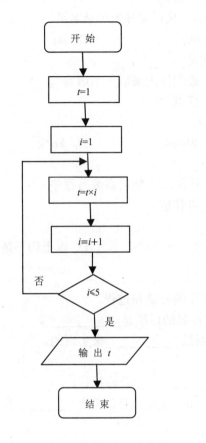

图 1-15　求 5!算法的程序流程图

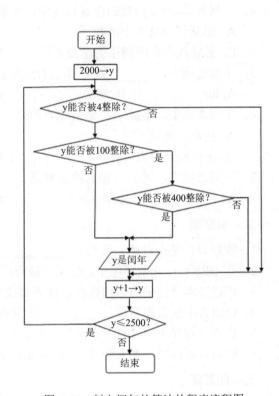

图 1-16　判定闰年的算法的程序流程图

本章小结

　　本章通过求圆的面积问题引入了 C 语言的程序，并介绍了程序与程序设计语言、计算机求解问题的步骤。通过案例 2 说明了 Dev-C++环境使用，以及 C 语言程序在其中的编辑、编译、运行的过程。然后介绍了 C 语言程序结构、C 语言发展史及特点、标识符的命名规则、程序书写应该遵循的规则，并且讲解了算法的概念、特性及其流程图表示方法。

习题

一、选择题

1. C 语言属于_____语言。

　　A. 机器　　　　　　B. 汇编　　　　　　C. 高级　　　　　　D. 自然

2．一个 C 语言源程序总是从活动文件中的_____开始执行。

  A．主函数   B．书写顺序的第 1 条执行语句

  C．书写顺序的第 1 个主函数   D．不确定

3．Dev-C++下将 C 语言源程序文件编译生成的可执行文件的扩展名是_____。

  A．.c   B．.exe   C．.obj   D．.ini

4．下列有关 main 函数的位置描述中，正确的是_____。

  A．必须作为第 1 个函数   B．必须作为最后一个函数

  C．必须放在它所调用的函数之后   D．任意

5．下列选项中，_____是 C 语言合法标识符。

  A．for   B．8book   C．_8book   D．_8b*k

6．下列选项中，不属于 C 语言优点的是_____。

  A．简洁、高效   B．运用二进制语言编写程序

  C．不依赖计算机硬件   D．可移植

7．下列选项中，属于 C 语言的注释是_____。

  A．//   B．#   C．/* */   D．以上均不是

二、填空题

1．程序设计是指设计、编制、_____程序的方法和过程。

2．在 DEV-C++开发环境中，C 语言源程序文件名的后缀是_____。

3．C 语言本身提供的语句很少，许多功能是通过_____来实现的。

4．C 语言中的语句是以_____结束的。

5．C 语言程序中可以有多个函数，但总是从_____开始执行。

6．C 语言程序中，如果使用 printf 函数或者 scanf 函数，应该包含_____头文件。

三、问答题

1．简述计算机解决问题的基本过程。

2．简述程序设计的步骤。

实训项目

一、利用 Dev-C++环境运行 C 语言程序

（1）实训目标。

- 熟悉 Dev-C++环境，掌握一个 C 语言程序的编辑、编译及运行过程。
- 掌握简单的调试方法。

（2）实训要求。

- 编辑并运行如下程序：

```
#include <stdio.h>
int main(){
    printf("This  is  a  my  first  program.\n ");
```

```
        return 0;
}
```

● 编辑如下有两处错误的程序，并采用插入断点和单步调试观察变量查错，修改正确后运行该程序：

```
#include <stdio.h>
int main(){
    int a, sum;
    a = 123;
    b = 456;
    sum = a + b;
    printf("sum  is  %d \n ",sam);
    return 0;
}
```

二、摄氏温度与华氏温度的转换问题

（1） 实训目标。

● 利用计算机完成摄氏温度转换为华氏温度。

● 熟悉顺序结构程序的设计方法。

（2） 实训要求。

● 用 C 语言编写将摄氏温度转换为华氏温度的程序。

● 新建一个以"学号+姓名"命名的工程，将编写的程序以"sx_1"为名存入新建工程对应的文件夹中。

● 调试并运行该程序。

第2章   简单的C语言程序

学习目标

通过学习本章内容，使读者具备编写 C 语言中简单的顺序、分支、循环 3 种程序结构的能力，了解基本数据类型的使用环境，以及代数表达式转换为 C 语言表达式的方法。并且理解赋值运算符的作用，熟练掌握运用赋值运算符为变量赋值的方法，巧用自增、自减运算符实现对变量值的运算。

主要内容

- ◆　顺序结构程序的编写。
- ◆　分支结构程序的编写。
- ◆　循环结构程序的编写。
- ◆　基本数据类型的介绍。
- ◆　常量与变量。
- ◆　算术运算符与算术表达式。
- ◆　赋值表达式。
- ◆　自增、自减运算符。

案例 1　超市收费程序的设计

【任务描述】

已知购买 298 套运动衣，每套单价为 216.8 元，请编写程序计算应付金额。

【任务分析】

本任务中涉及的量有运动衣的套数 298、每套单价 216.8 元、应付金额，其中套数及单价是已知量，需要通过单价乘以套数得到未知量——应付金额。

若要计算应付金额，需用单价乘以套数。用计算机来完成这一计算，需要将已知量、计算公式和计算过程用 C 语言编写程序，输入计算机调试运行，即可得出结果。

【解决方案】

（1）定义整型变量 x 表示所购运动衣套数。

（2）定义实型变量 y 和 z 分别表示运动衣的单价及应付金额。

（3）为整型变量 x 赋值 298，为实型变量 y 赋值 216.8。

（4）运用算术运算符乘（*）计算应付金额并赋值给实型变量 z。

（5）调用函数 printf 输出应付金额 z。

（6）结束程序。

【源程序】

```
/*程序名称：2_1.c                                        */
#include <stdio.h>
int main() {
    int x;      /*定义整型变量 x*/
    double y, z; /*定义浮点型变量 y 和 z*/
    x = 298;    /*将服装的套数存入变量 x 中*/
    y = 216.8;     /*将商品的单价存入变量 y 中*/
    z = x * y;     /*计算应付金额*/
    printf(" 应付金额 = %lf\n", z );     /*输出计算结果*/
    return 0;
}
```

【说明】

本程序的主要特点是按照解决问题的顺序写出相应的语句，执行顺序为按照书写次序自上而下依次执行，这种程序的结构属于顺序结构。

【思考题】

（1）试分析顺序结构程序的应用范围。

（2）计算 64.32 与 85.56 的和及平均值。

（3）求上底为 8、下底为 13.2、高为 5.97（单位：厘米）的梯形面积。

相关知识——算术表达式与赋值表达式

（一）常量与变量

1. 常量

在程序执行过程中，其值不改变的量为常量。

常量分为不同的类型，如 298、0、−12 为整型常量；216.8、9.6、−0.7 为实型常量；'a'、'b'、'c'等为字符型常量。有时为了使程序更加清晰和便于修改，用一个标识符来代表常量。

即为某个常量取个有意义的名字，这种常量称为"符号常量"。

使用关键字 const 定义符号常量，如：

```
const double PI=3.14159;
```

注意符号常量也是常量，它的值在其作用域内不能改变，也不能再被赋值。例如，再次使用以下语句为 PI 赋值：

```
PI=3.1415926;
```

是错误的。

习惯上符号常量名用大写字母来表示，变量名用小写字母来表示，以示二者的区别，并增加程序的可读性。

2. 变量

在程序执行过程中，其值可以改变的量为变量。

一个变量必须有一个名字，在内存中占据一定的存储单元，在该存储单元中存放变量的值。注意变量名和变量值是两个不同的概念，变量名在程序运行中不会改变；变量值会变化，在不同时刻其值可以不同。

变量名是一个标识符，必须遵守标识符的命名规则。

在程序中常量可以不经声明而直接引用，而变量则必须强制定义（声明），即"变量必须先声明，后使用"，如本章案例 1 中定义 x、y、z 后再使用。这样做的目的如下。

（1）凡未事先定义的不能作为变量名。

（2）每一个变量被指定为某一确定的数据类型，在编译时根据不同的数据类型为其分配大小不同的存储单元。

（3）每一个变量属于一个类型，便于在编译时据此检查所执行的运算是否合法。

（二）数据类型

C 语言的基本数据类型有整型、字符型、实型（浮点型）和枚举类型，这些数据类型由系统预先定义，又称为"标准类型"。

基本类型的数据又可分为常量和变量，它们可与数据类型结合起来分类，即整型常量、整型变量、实型常量、实型变量、字符型常量、字符型变量、枚举常量、枚举变量。

1. 整型数据

C 语言中的整型数据包括整型常量和整型变量，描述的是整数的一个子集。

（1）整型常量。

整型常量就是整常数，指不带小数的数。这些数能够直接参与算术运算，如 123、26、4 等。

（2）整型分类。

按照整型数据表示数的范围，整型数据分为基本型、短整型、长整型和无符号型，其类型声明符分别是 int、short、long、unsigned。

（3）整型变量的定义。

整形变量的定义即其声明，一般格式为：

```
类型声明符 变量名1[,变量名2[,...]];
```

例如：

```
int i, j;  /* i,j为整型变量*/
```

在定义时应注意以下几点。

- 允许在一个类型声明符后声明多个同类型的变量，但每个变量名之间必须用逗号间隔，类型声明符与变量名之间至少用一个空格间隔。
- 最后一个变量名之后必须以分号";"结尾，表示变量定义语句到此结束。
- 变量声明必须放在变量使用之前，即 C 语言中所有变量必须遵守"先定义，后使用"的规则，并且一般变量声明均放在函数体的开头部分。

另外，也可在声明变量为整型的同时给出变量的初值，其格式为：

```
类型声明符 变量名标识符1=初值1[,变量名标识符2=初值2[,...]];
```

例如：

```
int a = 1, b = 3, c = 110;
```

2. 实型数据

实型数也称为"实数"或者"浮点数"，即带有小数的数。根据有效数字的范围可以分为单精度实型数（类型声明符是 float）和双精度实型数（类型声明符是 double）。

实型变量的定义格式与整型变量类似，只是类型声明符的改变。

3. 字符型数据

字符型数据包括字符型常量、字符型变量和字符串常量，此外仅介绍字符型常量。

字符型常量是用单引号括起的一个字符，如'a'、'0'、'A'、'+'、'?' 都是合法的字符型常量。在 C 语言中字符型常量有以下特点。

- 只能用单引号括起，不能用双引号或其他括号。
- 只能由单个字符组成，不能由多个字符组成。
- 字符可以是字符集中任意字符，但数字被定义为字符型之后不再是原来的数值。如'5'和 5 是不同的量，'5'是字符型常量，仅表示一个字符；而 5 是整型常量，可执行各种算术运算。

除了以上形式的字符型常量外，C 语言还允许用一种特殊形式的字符型常量，即转义字符。它以反斜线"\"开头，后跟一个或几个字符。转义字符具有特定的含义，不同于字符原有的意义，故称为"转义字符"。例如，在前面案例中 printf 函数的格式串中用到的"\n"就是一个转义字符，其意义是"回车换行"。转义字符主要用来表示那些用一般字符不便于表示的控制代码。

常用的转义字符及其含义如表 2-1 所示。

表 2-1　常用转义字符及其含义

转义字符	含　义	转义字符	含　义
\n	回车换行	\\	反斜线符（\）
\t	横向跳到下一制表位置	\'	单引号符
\v	竖向跳格	\"	双引号符
\b	退格	\a	鸣铃
\r	回车	\ddd	1～3 位八进制数所代表的一个字符
\f	走纸换页	\xhh	1～2 位十六进制数所代表的一个字符

广义地讲，C 语言字符集中的任何一个字符均可用转义字符来表示。表 2-1 中的\ddd 和\xhh 正是为此而提出的，它们分别为八进制和十六进制的 ASCII 代码。例如：

```
#include <stdio.h>
int main(){
    printf("\0102\t\x41\t\065\x0a");
    return 0;
}
```

"\0102" 表示 ASCII 码为八进制 102 的字符，即字符'B' ；与此类似，"\065" 表示数字字符'5'；而 "\x41" 表示 ASCII 码为十六进制 41 的字符，即字符'A';"\xoa" 表示回车换行。

（三）算术运算符与算术表达式

C 语言中规定了各种运算符号，它们是构成 C 语言表达式的基本元素。

1. 运算符简介

运算是加工数据的过程，用来表示各种不同运算的符号为运算符。C 语言提供了丰富的运算符，除了一般高级语言所具有的算术运算符、关系运算符、逻辑运算符外，还提供了赋值运算符、位运算符和自增/自减运算符等。

C 语言的运算符如表 2-2 所示。

表 2-2　C 语言的运算符

类　型	运　算　符
算术运算符	+（正号）、-（负号）、*、/、%、+、-
自增、自减运算符	++、--
关系运算符	>、<、==、>=、<=、!=
逻辑运算符	!、&&、||
位运算符	<<、>>、~、|、^、&
赋值运算符	=及其扩展赋值运算符
条件运算符	? :
逗号运算符	,
指针运算符	*、&
求字节数运算符	Sizeof
强制类型转换运算符	(类型)
分量运算符	.、->
下标运算符	[ ]
其他	如函数调用运算符()

2. 算术运算符与算术表达式

（1） 算术运算符。

算术运算符中正值运算符（+）、负值运算符（-）是单目运算符，即该运算符使用时仅在其右侧提供一个运算量；除此之外，其他算术运算符均是双目运算符。即使用这些运算符时，左右两侧均需要提供一个运算对象。表 2-3 所示为算术运算符的种类和功能。

表 2-3　算术运算符的种类和功能

基本算术运算符	名　　称	例　　子	功　　能
+	取正值	+x	取 x 的正值
-	取负值	-x	取 x 的负值
+	加	x + y	求 x 与 y 的和
-	减	x - y	求 x 与 y 的差
*	乘	x * y	求 x 与 y 的积
/	除	x / y	求 x 与 y 的商
%	求余（或模）	x % y	求 x 除以 y 的余数

使用算术运算符应注意以下几点。

- 减法运算符"-"和加法运算符"+"分别可执行取负值运算符和取正值运算符，这时二者为单目运算符，如(x - y)、+10 等。
- 在代数表达式中乘号的表示方式有"×""·"或者直接省略；在 C 语言表达式中乘号只有一种表示形式，即"*"。
- 在代数表达式中除号的表示方式有"/""÷""－"及"%"等形式；在 C 语言表达式中除号同样只有一种表示形式，即"/"。例如，代数表达式中的"92.2%"用 C 语言表达式表示为"92.2/100"。
- 使用除法运算符"/"时，若参与运算的变量均为整数，其结果取商的整数部分（舍去小数）。例如，1/2 的结果为 0；6/5 的结果为 1。
- 使用求余运算符"%"时，要求参与运算的变量必须均为整型或字符型，其结果为两数相除所得的余数。一般情况下，所得的余数与被除数符号相同。例如，7%4 的结果为 3；10%5 的结果为 0；-8%5 的结果为-3；8%-5 的结果为 3。

（2） 算术表达式。

用算术运算符、圆括号将运算对象（或称为"操作数"）连接起来且符合 C 语言语法规则的式子，为 C 语言算术表达式，其中运算对象可以是常量、变量、函数等。例如，$a * b/c - 1.5 + \text{'a'}$。

C 语言算术表达式的书写形式与代数表达式的书写形式不同，在使用时要注意以下几点。

- 乘号不能省略，如数学式 $b^2 - 4ac$ 相应的 C 语言算术表达式应写成 $b * b - 4 * a * c$。
- 只能使用系统允许的标识符，如 πr^2 相应的 C 语言算术表达式应写成 3.1415926 * r * r；10.1% 相应的 C 语言表达式应写为 10.1/100。
- 必须书写在同一行，不允许有分子分母形式。必要时要利用圆括号保证运算的顺序，如数学式 $\dfrac{a+b}{c+d}$ 相应的 C 语言算术表达式应写为 $(a + b)/(c + d)$。

- 不允许使用方括号和花括号，只能使用圆括号帮助限定运算顺序。可以使用多层圆括号，但左右括号必须配对。运算时从内层圆括号开始，由内向外依次计算算术表达式的值，如代数表达式$\dfrac{1}{1+\dfrac{1}{1+\dfrac{1}{1+x}}}$对应的 C 语言算术表达式应写为 1/(1 + 1/(1 + 1/(1 + x)))。

（3）数学函数。

算术类运算中常用的函数包含在头文件 math.h 中。

例如，代数表达式$\dfrac{-b+\sqrt{b^2-4ac}}{2a}$中的平方根函数可以直接使用 math.h 中的 sqrt 函数计算，转换结果为(-b + sqrt(b * b – 4 * a * c)) /(2 * a)。

（4）算术运算符的优先级和结合性方向。

C 语言规定了求解表达式过程中每个运算符的优先级和结合性，一个表达式中如果有多个运算符，则计算有先后次序，这种先后次序即相应运算符的优先级。当一个运算对象两侧的运算符的优先级别相同时，运算（处理）的结合方向按"从右向左"的顺序运算，为右结合性；按"从左向右"的顺序运算，为左结合性。

表 2-4 所示为算术运算符的优先级和结合性。

表 2-4　算术运算符的优先级和结合性

运算种类	优 先 级	结 合 性
+（正）、–（负）	高	右结合
*、/、%	↓	左结合
+、–	低	左结合

在算术表达式中若包含不同优先级别的运算符，则按运算符的优先级别由高到低执行；若表达式中运算符的优先级别相同时，则按运算符的结合方向（结合性）执行。

在书写包含多种运算符的表达式时，应注意各个运算符的优先级，从而确保表达式中的运算符以正确的顺序执行。如果对复杂表达式中运算符的计算顺序没有把握，可用圆括号强制实现计算顺序。

（四）赋值运算符与赋值表达式

"="是赋值运算符，由其组成的表达式为赋值表达式，赋值表达式的一般形式为：

```
变量名 = 表达式
```

首先计算赋值运算符右侧表达式的值，然后将该值保存到以左边变量名为标识符的存储单元中。例如：

$a = 10$ 的作用是将整数 10 保存到以 a 为标识符的存储单元中。

$x = 10 + y$ 的作用是将 $10+y$ 的值保存到以 x 为标识符的存储单元中。

【说明】

（1）赋值运算符的左边必须是一个变量名，右边的表达式可以是常量、变量、表达式或者函数调用语句。

例如，下面是合法赋值表达式：

```
x = 10;              /*将整数 10 赋给变量 x*/
y = x + 10;          /*将变量 x 的值加上整数 10 后结果赋给变量 y*/
z = sqrt(5);         /*调用函数 sqrt，将函数 sqrt 的返回值赋给变量 y*/
```

（2）赋值符号 "=" 不同于数学中使用的等号，它没有相等的含义。

例如，$x = x + 1$;的含义是取出变量 x 中的值加 1 后，将结果再保存到变量 x 中。

（3）在一个赋值表达式中，可以出现多个赋值运算符，其运算顺序是从右向左结合。

例如，下面是合法的赋值表达式：

```
x = y = z = 0;       /*相当于 x = (y=(z=0)) */
```

运算时先把 0 赋给变量 z，再把变量 z 的结果赋予变量 y，最后把变量 y 的值赋给变量 x。

```
a = b = 3 + 5;       /*相当于 a = (b=3+5) */
```

运算时，先执行 3+5，得出结果 8 后将其赋给变量 b。然后把变量 b 的结果赋给变量 a，运算后，使 a、b 的值均为 8。

（4）执行赋值运算时，当赋值运算符两边的数据类型不同时，系统自动执行类型转换，称为 "赋值转换"。

赋值转换的规则是赋值运算符右边的数据类型转换成左边的变量类型，如表 2-5 所示。

表 2-5　赋值转换规则

左	右	转换说明
float	int	将整型数据转换成实型数据后赋值
int	float	自动截去小数部分，整数部分赋给整型变量，但编译系统提示警告
long int	int, short	值不变
int, short int	long int	右侧的值不能超过左侧数据类型的数的范围，否则将导致意外的结果
unsigned	signed	按原样赋值，如果数据范围超过相应整型的范围，将导致意外的结果
signed	unsigned	

（五）自增运算符、自减运算符

"++" 是自增运算符，"--" 是自减运算符。它们是单目运算符，即仅对一个运算对象施加运算，运算结果仍赋予该运算对象。

参加运算的运算对象只能是变量，而不能是表达式或常量。其功能是使变量值自增 1 和自减 1，如表 2-6 所示。

表 2-6　自增运算符、自减运算符

运 算 符	名　称	例　子	等 价 于
++	加 1	i++或++i	$i = i + 1$
--	减 1	i--或--i	$i = i - 1$

从表中可以看出，自增、自减运算符可以用在运算量之前（如++i, --i），称为 "前置运算"；自增、自减运算符也可以用在运算量之后（如 i++, i--），称为 "后置运算"。

若将++i 或 i++单独构成语句，其运算结果均使变量 i 值加 1；若将++i 或 i++构成表达式或语句，则"++i"执行"i = i + 1"后使用 i 的值，即"先增再用"。而"i++"是使用 i 的值后执行"i = i +1"，即"先用再增"。

例如：

```
int i = 3, j;
j = ++i;  /*i 的值自增 1 后值为 4，将 4 赋给 j*/
j = i++;  /*将 i 的值 3 赋给 j，然后 i 自增 1 后值为 4*/
```

综上所述，前置运算符与后置运算符的区别如下。

（1） 前置运算符使变量的值先加 1 或减 1，然后以该变量变化后的值参与其他运算。

（2） 后置运算符是变量的值先参加有关运算，然后将变量的值加 1 或减 1，即参加运算使用的是变量变化前的值。

【说明】

（1） 自增运算符（++）或自减运算符（--）只能用于变量，而不能用于常量或表达式。例如，6++或$(a + b)$++都是不合法的。

（2） 自增运算符（++）或自减运算符（--）的结合方向是自右至左。例如，-i++，因为"-"和"++"的优先级相同，而结合方向为自右至左，即相当于-(i++)。

```
#include <stdio.h>
int main(){
   int a = 1,b = 2,c,d;
   c = a++ + b++;/*先用 a 和 b 的值执行算术加,将结果 3 赋值给 c,然后 a 和 b 自增 1*/
   printf("a=%d,b=%d,c=%d\n",a,b,c);/*a=2,b=3,c=3*/
   d = ++a + b++;/*先将 a 的值自增 1，加 b 的值后赋值给 d，然后 b 自增 1*/
   printf("a=%d,b=%d,d=%d\n",a,b,d);/*a=3,b=4,d=6*/
   /*d = ++a + ++b;*///自增是右结合性导致 a 前的自增运算符没有合适的运算量错误*/
   return 0;
}
```

案例 2 超市促销活动收费程序的设计

【任务描述】

某超市在"十一黄金周"时推出促销活动，活动方案是购物总金额超过 200 元（含）按 8 折收费。若小明购物为 x 元，编程计算其应付金额。

【任务分析】

本任务中涉及的量有购物总金额、活动分界线（200 元）、活动方案（8 折）、应付金额，其中购物总金额需要输入，200 元及 8 折都是已知量，需要计算的量是应付金额。

若要计算应付金额，首先输入购物总金额 x。然后判断购物总金额是否超过 200 元，若超过，则应付金额为 x×0.8 元；否则按原金额付费。

【解决方案】

（1）定义实型变量 x 和 y 用于保存所购商品总金额及折扣后应付金额。

（2）调用 printf 函数提示输入所购商品总金额，调用 scanf 函数输入总金额到变量 x。

（3）使用 if 语句判断购物总金额 x 的值是否大于等于 200，如果条件成立，则修改应付金额 y 为总金额 x 的 0.8 倍，即 8 折；否则应付金额 y 等于总金额 x，即不享受折扣优惠。

（4）打印输出应付金额并结束程序。

【源程序】

```
/*程序名称：2_2.c                                        */
#include <stdio.h>
int main() {
   double x, y;               /*定义实型变量 x 和 y*/
   printf("请输入购物总金额: ");
   scanf("%lf", &x);          /*将购物总金额存入变量 x 中*/
   if(x>= 200)                /*判断总金额是否超过 200 元*/
     y = x * 0.8;             /*若是，按 8 折计算应付金额*/
   else
     y = x;                   /*应付金额等于总金额*/
   printf("应付金额 = %.2lf\n", y );  /*输出应付金额*/
   return 0;
}
```

【说明】

本任务需要输入购物总金额后判断是否满足条件，以决定最终应付金额，采用顺序结构的程序无法实现。C 语言提供了分支结构的程序设计方法，分支结构的执行是依据一定的条件选择执行路径，而不是严格按照语句出现的物理顺序。该设计方法的关键在于构造合适的分支条件和分支程序流程，根据不同的程序流程选择适当的分支语句，分支结构的实现采用 if 语句或 switch 语句。

相关知识——二分支 if 语句

（一）简单语句与复合语句

简单语句是用分号结束的语句，复合语句使用花括号"{}"把一个或者多个简单或者复合语句组合到一起，形成单条语句。二者的不同之处是复合语句不用分号结尾，简单语句必须以分号结尾。

复合语句一般应用在语法要求某处只能是一个语句，但程序却必须执行多个语句的情况。例如，在 if 语句中若条件成立时需要执行多个语句，但 if 语句的语法格式要求当条件成立时只能是一个语句，此时必须使用复合语句实现功能要求。

另外，为了程序的结构清晰及防止分支语句或者循环语句应用的错误，可以将所需要执行的语句用花括号括起来构成复合语句。

（二）二分支 if 语句

二分支 if 语句的格式为：

```
if(条件表达式)
    语句1；
else
    语句2；
```

其语义是如果条件表达式的值为真，则执行语句 1；否则执行语句 2。

二分支 if 语句的执行流程图如图 2-1 所示。

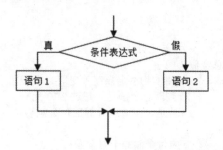

图 2-1　二分支 if 语句的执行流程图

"语句 1" 或者 "语句 2" 可以是简单语句，也可以是复合语句。

【例 2-1】使用 if-else 语句判断输入数值的奇/偶。

```c
/*程序名称：2_3.c                              */
#include <stdio.h>
int main() {
  int n;
  printf("请输入一个大于零的整数:");
  scanf("%d", &n);
  if(n % 2 == 0)
    printf("此数是偶数!\n");
  else
    printf("此数是奇数!\n");
  return 0;
}
```

【思考题】

（1）　试分析二分支 if 语句的适用范围。

（2）　居民天然气收费标准是月使用量不超过 50 米^3，则 2.19 元/米^3；超过 50 米^3，则超过部分按照 2.89 元/米^{3}收费。输入小张家月使用天然气量，计算并输出应交费用，要求输出时保留小数点后两位。

案例 3　超市收银程序的设计

【任务描述】

顾客在超市采购多种商品，每种商品的价格已经标出，计算顾客应付金额。

【任务分析】

本任务中涉及的量有每种商品的价格和应付金额，前者是输入量；后者是未知量。

本任务需要重复执行的操作是商品价格累加，但是不知道所购某种商品的数量。从超市所售商品价格可知，所有商品的价格均是正数，即所有商品价格均大于零。因此只须判断所输入的价格大于零的商品，当出现所购商品价格不大于零的情况，说明累加完毕。

为计算应付金额，首先需要输入当前商品的价格。判断其价格是否大于零，若大于零，则累加。然后要求用户继续输入下一种商品的价格，继续判断是否满足条件。若发现所购商品价格不大于零，表示计算完毕。结束循环输出累加和，即应付金额。

【解决方案】

（1）　定义实型变量 x 和 sum 分别用于表示当前商品的价格及应付金额。

（2）　输出提示信息，提示用户输入当前商品的价格。

（3）　调用 scanf 函数读入当前商品价格保存在 x 中。

（4）　判断 x 是否大于零，若大于零，则继续下一步；否则转（9）执行。

（5）　将 x 累加到应付金额 sum 中。

（6）　输出提示信息，提示用户输入下一种商品的价格。

（7）　调用 scanf 函数读入下一种商品的价格并保存在 x 中。

（8）　转第（4）步继续执行。

（9）　输出应付金额 sum 后结束程序。

【源程序】

```
/*程序名称：2_4.c                        */
#include <stdio.h>
int main() {
    double x, sum;          /*定义实型变量 x 和 sum*/
    printf("请输入商品价格: ");
    scanf("%lf", &x);       /*将所购商品的价格存入 x 中*/
    sum = 0;
    while(x> 0) {
        sum = sum + x;      /*计算应付金额*/
        printf("请输入商品价格: ");
        scanf("%lf", &x);  /*将所购商品的价格输入变量 x 中*/
    }
    printf("应付金额 = %lf\n", sum ); /*输出应付金额*/
    return 0;
}
```

【说明】

在本任务的解决方案中，由第（4）～（8）步构成代码的重复执行。此结构为循环结构，即先输入顾客所购商品价格，然后判断是否满足条件（大于零）。若满足，则累加后继续输入下一种商品价格并转回判断是否满足条件；若不满足，则退出循环，执行后面的其他语句。

循环结构是在一定条件下反复执行某段程序的流程结构，反复执行的程序段为循环体。C语言的循环结构可由while、do-while或for语句实现。

相关知识——while 语句

在C语言中，while语句的一般格式为：

```
while(条件表达式)
    循环体
```

其语义是判断条件表达式是否为真，若为真，则执行循环体，然后返回while语句的开始处判断条件表达式；若为假，则跳过循环体直接执行while语句后面的语句。

while语句由判断部分（条件）与执行部分（循环体）组成。

注意：while语句条件表达式的右括号后面直接加分号，表示循环体语句为空语句的特殊情况，一般不推荐使用。

while语句的执行流程图如图2-2所示。

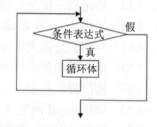

图2-2　while语句的执行流程图

【思考题】

（1）　分析以下程序段的运行结果。

```
int x = 1, sum = 0;
while( x <= 10 ){
    sum = sum + x;
    x = x + 1;
}
printf("sum=%d\n", sum);
```

（2）　分析以下程序段的执行情况。

```
int x = 1, sum = 0;
while( x> 0 ){
    sum = sum + x;
}
printf("sum=%d\n", sum);
```

（3）　输入本班每个学生的身高（单位：米），编程输出全班的平均身高。

本章小结

本章通过 3 个案例初步展示了顺序、分支、循环结构的程序设计方法，使读者对 C 语言程序的 3 种结构有一个较完整的认识，并且介绍了 C 语言中常量、变量、基本数据类型、算术运算符与算术表达式、赋值运算符与赋值表达式，以及自增、自减运算符等内容。

习题

一、选择题

1．以下标识符中，不合法的用户标识符为_____。

    A. Pad   B. a_10   C. CHAR   D. a#b

2．以下标识符中，合法的用户标识符为_____。

    A. long   B. E2   C. 3AB   D. enum

3．以下错误的转义字符是_____。

    A. '\\'   B. '\n'   C. '\0'   D. '//'

4．若 x 为 int 型变量，则执行下列语句后 x 的值为_____。

```
x = 6;
x = x + 1;
```

    A. 7   B. 6   C. 1   D. 0

5．若有定义语句 "int $i = 6, j$;"，则执行语句 "$j = i$++;" 后 j 的值为_____。

    A、6   B. 1   C. 7   D. 5

6．设 x 和 y 均为 int 型变量，则执行以下语句后的输出为_____。

```
x = 15;
y = 5;
printf("%d\n", x % y);
```

    A. 15   B. 5   C. 0   D. 3

二、计算题

1．$((4 - 2) * (4 + 1 / 2))$ 的结果是_____。

2．$1/(5 * (3 \% 16 + 2))$ 的结果是_____。

3．$\mathrm{sqrt}(4) + 6 / 3 * 5$ 的结果是_____。

三、编程题

1．调用 math 库中的函数计算 cos3.5678 和 log90 的值。

2．输入一个圆柱体的底面半径和高，计算并输出该圆柱体的体积。

3．输入一位同学的年龄，判断其是否成年。是，则输出"已成年"；否则输出"未成年"。

4．输入本班每位同学的体重（单位：KG），求本班同学的平均体重。

5．"双十一"活动结束后，统计个人网购商品总金额。

实训项目

一、计算运费问题

（1）实训目标。

- 完成运费的计算。
- 熟悉选择结构程序的设计方法。

（2）实训要求。

- 编写一个运费计算程序，货重 10 吨以内时货物运费价格为 126 元/吨；超过 10 吨（不含 10 吨）执行运费 92 折优惠。
- 新建一个以"学号+姓名"为名的工程，将编写的程序输入计算机并以 sx_1 为名存入新建工程对应的文件夹中，调试并运行该程序。

二、计算一名学生的总成绩

（1）实训目标。

- 完成总成绩的计算。
- 熟悉 while 循环结构程序设计方法。

（2）实训要求。

- 用 C 语言编写一个计算程序，求任意一名学生（所考课程数不确定）所考科目的总成绩并输出。
- 将程序以 sx_2 为名存入"学号+姓名"（上题所建的）工程中。
- 调试并运行该程序。

第3章　分支结构程序设计

学习目标

通过本章的学习，使读者具备运用 C 语言书写关系和逻辑表达式的能力，并且学会运用 C 语言中 if 语句、嵌套 if 语句和 switch 语句解决实际分支问题的能力。

主要内容

◆ 关系运算符与关系表达式。

◆ 逻辑运算符与逻辑表达式。

◆ if 语句的 3 种格式与应用。

◆ switch 语句的格式与应用。

案例 1　计算阶梯电费

任务 1 分月计算阶梯电费

【任务描述】

河南省居民阶梯电价第 1 档电量标准定为每户每月 180 度，此基数以下的电量执行平价电，即 0.56 元/度；第 2 档电量标准定为每户每月 180～260 度，电价为 0.61 元/度；第 3 档电量标准定为每户每月 260 度以上，电价为 0.86 元/度。

家住郑州的小张二月份用电 258 度，应缴多少电费？

【任务分析】

本任务涉及的量有第 1 档用电量上限 180、第 1 档电价 0.56，第 2 档用电量上限 260、第 2 档电价 0.61，第 3 档用电量下限 260、第 3 档电价 0.86，二月份用电量 258、应缴电费，其中除应缴电费为未知量外，其余均为已知量。

阶梯电费问题实质是分段函数求解，如公式 3-1 所示，使用 C 语言中的分支结构求解。

$$f(x) = \begin{cases} 0.56x & (x \leq 180) \\ 0.56 \times 180 + 0.61 \times (x-180) & (180 < x \leq 260) \\ 0.56 \times 180 + 0.61 \times (260-180) + 0.86 \times (x-260) & (x>260) \end{cases}$$

（公式 3-1）

小张家二月份用电量为 258 度，首先判断用电量是否符合第 1 档电量标准。若符合，则采用第 1 档用电量标准计算电费。经判断不符合第 1 档用电标准，则继续判断用电量是否符合第 2 档用电量标准。经判断发现符合第 2 档用电量标准，因此小张家应缴 0.56×180+0.61×(258−180)=148.38（元）。再次判断其不符合第 3 档用电量标准，输出应缴电费的结束程序。

【解决方案】

（1） 定义整型变量 x 用于保存每月用电量，定义实型变量 total 用于保存电费。

（2） 输入小张家二月份用电量 x 的值。

（3） 运用 if 语句判断本月的用电量符合第几档用电量标准，根据对应标准计算电费。

（4） 输出应缴电费后结束程序。

【源程序】

```c
/*程序名称：3_1.c                        */
#include <stdio.h>
int main() {
  int x;                   /*x用来保存小张家二月份所用电量*/
  double total;            /*用来表示小张家应缴电费*/
  printf("请输入用电量: ");
  scanf ("%d", &x);        /*输入小张家二月份用电量保存在 x 中*/
  if(x <= 180) {           /*判断是否符合第1档电价*/
    total = x * 0.56;      /*按第1档电价计算电费*/
  }
  if(x> 180 && x <= 260) { /*判断是否符合第2档梯电价*/
    total = 180 * 0.56 + (x - 180) * 0.61; /*按第2档电价计算电费*/
  }
  if(x> 260) {  /*判断是否符合第3阶梯电价*/
    /*按第3档电价计算电费*/
    total = 180*0.56+(260-180)*0.61+(x-260)*0.86;
  }
  printf("用电量是%d, 需交电费是%.2lf\n", x, total); /*输出电费时保留两位小数*/
  return 0;
}
```

【思考题】

（1） 试分析下列两个程序段的区别。

```c
/*程序段1*/
int x = 0;
if(x = 1){
    x = x + 1;
```

```
    }
    printf("x=%d\n", x);
    /*程序段 2*/
    int x = 0;
    if(x == 1){
        x = x + 1;
    }
    printf("x=%d\n", x);
```

（2） 2018 年北京居民阶梯用水量按全年用水量收费，确定为第 1 阶梯用水量不超过 180 米^3，5 元/米^3；第 2 阶梯用水量在 181～260 米^3 之间，7 元/米^3（超过 180 米^3，按照 180 米^3 及以下 5 元/米^3，超过部分按照 7 元/米^3）；第 3 阶梯用水量为 260 米^3 以上，按照 9 元/米^3（计算方法类同）。

编程输入小王家年用水量，计算并输出应缴水费。

相关知识——关系表达式与逻辑表达式

（一）关系运算符与关系表达式

（1）关系运算符及其优先次序。

C 语言中的关系运算符为<（小于）、<=（小于或等于）、>（大于）、>=（大于或等于）、==（等于）、!=（不等于）。

关系运算符为双目运算符，其结合性均为左结合。其优先级低于算术运算符，高于赋值运算符。在 6 个关系运算符中，<、<=、>、>=的优先级相同，==和!=的优先级相同，并且前 4 个关系运算符的优先级别高于==和!=。

（2）关系表达式。

由关系运算符构成的表达式称为关系表达式，关系表达式的一般形式为：

表达式 关系运算符 表达式

例如，$x > 3 / 2$、$'a' + 1 < c$、$-i - 5 * j == k + 1$ 都是合法的关系表达式。

关系表达式的结果是真或假，输出分别用 1 与 0 表示。

例如，语句 "printf("%d\n", 5 > 0);"。

由于关系表达式 $5 > 0$ 的结果为真，因此该语句的输出结果为 1。

对于日常遇到的一些问题，能够运用关系运算表达。

例如，n 是否为偶数，$n \% 2 == 0$；m 是否为 n 的倍数，$m \% n == 0$。

由于表达式可以由常量、变量、函数或者表达式构成，本身还可以是关系表达式。因此允许出现嵌套的情况。例如，$0 < (-1 > -2)$，先判断 "$-1 > -2$"，结果为 "真"；将 "真" 代入式子 "$0 < 1$"，结果为真。

$1 != (3 >= 4)$，先判断 "$3 >= 4$"，结果为 "假"。将 "假" 代入式子 "$1 != 0$"，结果为真。

关系表达式 $(a = 3) > (b = 5)$ 的运算过程是先将常量 3 赋值给变量 a，再将常量 5 赋值给变量 b。最后比较变量 a 与变量 b 的大小，即比较两变量的值 $3 > 5$，显然不成立。故表达式的值为假，输出表示为 0。

【例3-1】求各种关系运算符的值。

```
/*程序名称：3_2.c                              */
#include <stdio.h>
int main(){
    char c = 'k';
    int i = 1, j = 2, k = 3;
    double x = 300000, y = 0.85;
    printf("%d, %d\n", 'a' + 5 < c, -i - 2 * j>= k + 1);
    printf("%d, %d\n",(1> j )> 5, x - 5.25 <= x + y);
    printf("%d, %d\n", i + j + k == -2 * j, k != j != i + 5);
    return 0;
}
```

在本例中给出每个关系运算符的应用实例，字符型变量以其对应的ASCII码参与运算。包含多个关系运算符的表达式，如 $k != j != i + 5$，根据运算符的左结合性先计算 $k != j$。该式成立，其值为真。然后计算 $1 != i + 5$ 成立，故表达式值为1。

（二）逻辑运算符与逻辑表达式

（1）逻辑运算符及其优先级。

C语言中的3个逻辑运算符为!（非运算符）、&&（与运算符）、||（或运算符）。

非运算符!为单目运算符，具有右结合性；与运算符&&和或运算符||为双目运算符，具有左结合性。

逻辑运算符的优先级别由高到低为!（非）→&&（与）→||（或）。

逻辑运算符和其他运算符优先级的关系为!优先级高于算术运算符*与/的优先级；&&和||的优先级低于关系运算符，但高于赋值运算符=。

按照运算符的优先顺序可以得出：

$a > b$ && $c > d$ 等价于 $(a > b)$ && $(c > d)$。

$!b == c$ || $d < a$ 等价于 $((!b) == c)$ || $(d < a)$。

$a + b > c$ && $x + y < b$ 等价于 $((a + b) > c)$ && $((x + y) < b)$。

（2）逻辑运算符的运算规则。

逻辑运算的结果为真或假，在C语言输出中分别以1或0表示，逻辑运算符的运算规则如下。

- 与运算符&&：参与运算的两个量都为真时，结果为真；否则为假，即"全1为1，有0为0"。

例如，5> 0 && 4> 2。由于5> 0且4> 2为真，因此结果也为真。

- 或运算符||：参与运算的两个量只要有一个为真，结果就为真；两个量都为假，结果就为假，即"全0为0，有1为1"。

例如，5> 0 || 5> 8。由于5> 0为真，因此相或的结果为真。

- 非运算符!：参与非运算的运算量为真时，结果为假；否则为真，即"真是假来假是真"。

例如，!(5> 0)的结果为假。

C 语言规定数值 0、字符串结束符'\0'及 NULL 值均为假；以非 0 数值、非空字符串或非空指针均为真。

例如，由于整数 5 和 3 均为非 0 值，即真，因此 5 && 3 的结果为真。

又如 5 && 0 的结果为假。

（3）逻辑表达式。

由逻辑运算符连接起来的式子为逻辑表达式，其一般形式为：

```
表达式 逻辑运算符 表达式
```

逻辑表达式的结果为真或假。

例如：

```
c>= 'a' && c <= 'z';     /*判断 c 是否为小写英文字母*/
2019 % 4 == 0 && 2019 % 100 != 0 || 2019 % 400 == 0;  /*2019 年是否为闰年*/
```

例如：

```
x∈[1,10];
x>= 1 && x <= 10;
```

其中的表达式又可以是逻辑表达式，从而组成了嵌套的情形。

对于区间判断，C 语言必须使用上面的形式，不能使用代数表示形式。

例如：

```
1 <= x <= 10;
```

按照关系运算符的运算次序，两个<=属于同级运算，因此从左向右计算。不管 x 的取值是多少，1<= x 的结果只能是两种情况之一，即真或假。继续将此运算结果参与运算时，真用 1 表示，假用 0 表示。不管是 1 还是 0，均小于等于 10。所以该表达式是永真式，并不能判断 x 是否在区间[1,10]中。

【例 3-2】输入当年年份，判断是否是闰年。

按照本书第 1 章算法中例 3 所述，输入年份，判断本年是否是闰年。

```
/*程序名称：3_3.c                              */
#include <stdio.h>
int main() {
  int year;
  scanf("%d", &year);      /*输入年份*/
  if((year % 4 ==0 && year % 100 !=0) || year % 400 == 0)
    /*能被 4 整除但不能被 100 整除，或者能被 400 整除的年份是闰年*/
    printf("%d 年是闰年。\n", year);    /*输出是闰年的提示信息*/
  else   /*条件不成立*/
    printf("%d 年不是闰年。\n", year);    /*输出不是闰年的提示信息*/
  return 0;
}
```

（4）逻辑短路问题。

在求解逻辑表达式时，当表达式最终结果由逻辑与决定时，若求解逻辑与左侧运算量为假，则系统不会再计算右侧运算量，直接给出表达式的结果为假；当表达式最终结果由逻辑或决定时，若求解逻辑或左侧运算量的结果为真，则系统不会再计算右侧运算量，直接给出表达式的结果为真。这两种情况均为逻辑运算的短路问题，简称为"逻辑短路问题"。

【例3-3】逻辑短路问题。

```
/*程序名称：3_4.c                              */
#include <stdio.h>
int main() {
  int a = 5, b = 0, c = 0, d = 0;
  d = a > 5 || (b = a) || (c = a - 4);/*短路c=a-4*/
  printf("a=%d,b=%d,c=%d,d=%d\n", a, b, c, d);
  d = a < b && (b = 2 * a) && (c = -a);/*短路(b = 2*a) && (c = -a)*/
  printf("a=%d,b=%d,c=%d,d=%d\n", a, b, c, d);
  return 0;
}
```

【思考题】

（1）试分析下列两个程序段的输出结果。

```
/*程序段1*/
int x = 5;
if(0 < x and x < 2){
    x = x + 1;
  }
printf("x=%d\n", x);
/*程序段2*/
int x = 5;
if(0 < x < 2){
    x = x + 1;
  }
printf("x=%d\n", x);
```

（2）对国际时装女模特的要求是身高1.75～1.80 m、胸围84～90 cm、腰围60～63 cm、臀围86～90 cm、鞋为37～40号。输入小莉的身高、胸围、腰围、臀围和鞋的信息，判断其是否符合国际时装女模特的要求。

任务2 年度累计电费计算

【任务描述】

2012年河南省发展改革委员会在充分听取听证会参加人的意见后，为防止夏季和冬季居民用电量过多可能造成费用大幅增加的问题，决定不采取按月阶梯收费，而是采取按年度来结算费用。用户一年内累计用电量不高于2 160度的部分，仍按原规定电价执行；高于 2 160 度且不高于 3 120 度的部分，按第 2 档电价标准执行；高于 3 120 度的部分，按第 3 档电量电价标准执行。如果前 10 个月小明家累计用电 2 100 度，11 月份用电 178 度，则计算其应缴多少电费。

【任务分析】

本任务所涉及的已知量为第 1 档用电量上限 2 160 度及 0.56 元/度、第 2 档用电量上限 3 120 度及 0.61 元/度、第 3 档用电量下限为 3 120 度及 0.86 元/度、本月之前年度累计用电量 2 100 度、本月用电量 178 度，应缴电费为未知量。

从年度累计计算阶梯电费的描述来看该问题仍属于分段函数求解问题，只是比按月计算复杂一些，我们可采取嵌套 if-else 语句来实现。

根据上月年累计用电量（p）、本月用电量（x）、本月年累计用电量（c）与各档电价的关系，计算本月应缴的电费（t）的公式如公式 3-2 所示。

$$t = \begin{cases} x * 0.56 & c \leqslant 2160 \\ (2160 - p) * 0.56 + (c - 2160) * 0.61 & 2160 < c \leqslant 3120, p \leqslant 2160 \\ x * 0.61 & 2160 < c \leqslant 3120, p > 2160 \\ (3120 - p) * 0.61 + (c - 3120) * 0.86 & c > 3120, p \leqslant 3120 \\ x * 0.86 & p > 3120 \end{cases} \quad \text{（公式 3-2）}$$

【解决方案】

（1）定义整型变量 p、x 和 c 分别用于保存上月年累计用电量、本月用电量、本月年累计用电量，并为 p 初始化为 2 100，x 初始化为 178。

（2）定义实型变量 t 用于保存本月应缴电费。

（3）由上月年累计用电量 p 和本月用电量 x 计算本月年累计用电量 c。

（4）若 c 不大于 2 160，表示没有超出第 1 档电价标准，按第 1 档电价计算 t，然后转到（9）执行；否则继续下一步。

（5）若 c 大于 2 160 但不大于 3 120，表示已经超出计算档电价标准，则继续判断 p 是否不大于 2 160。如果不大于，则表示上个月没有超出计算档电价标准。但累计本月，则已经有部分超出。因此 t 由两部分组成，分别按第 1 档和第 2 档电价计算，然后转到（9）执行；否则继续下一步。

（6）若 c 大于 2 160 但不大于 3 120，表示已经超出第 1 档电价标准；同时 p 大于 2 160，表明上月已经超出第 1 档电价标准，则本月全部按照第 2 档电价计算 t，然后转到（9）执行；否则继续下一步。

（7）若 c 大于 3 120，表示本月已经超出第 2 档电价标准。继续判断 p 是否不大于 3 120，如果不大于，则表示上个月没有超出第 2 档电价。但累计本月，则已经有部分超出第 2 档电价标准。因此 t 由两部分组成，分别按第 2 档和第 3 档电价计算，然后转到（9）执行；否则继续下一步。

（8）若 p 大于 3 120，表明上月已经超出第 2 档电价标准，则本月直接按第 3 档电价计算电费 t。

（9）输出应交电费 t 后结束程序。

【源程序】

```
/*程序名称：3_5.c                                  */
#include <stdio.h>
int main() {
    int p = 2100, x = 178, c;
    double t = 0;
    c = p + x;
    if(c <= 2160) { /*本月年度累计电量不高于2160*/
        t = x * 0.56;
    } else if(c <= 3120 && p <= 2160) {
        /*本月年度累计电量高于2160但不高于3120，而上月年度累计电量不高于2160*/
        t = (2160 - p) * 0.56 + (c - 2160) * 0.61;
    } else if(c <= 3120 && p> 2160) {
        /*本月年度累计电量高于2160但不高于3120，而上月年度累计电量高于2160*/
        t = x * 0.61;
    } else if(c> 3120 && p <= 3120) {
        /*本月年度累计电量高于3120，而上月年度累计电量不高于3120*/
        t = (3120 - p) * 0.61 + (c - 3120) * 0.86;
    } else if(p> 3120) {
        /*本月年度累计电量高于3120，而上月年度累计电量已高于3120*/
        t = x * 0.86;
    }
    printf("本月应缴电费是%.2lf\n", t);
    return 0;
}
```

【思考题】

（1）试分析以下程序段的功能并给出输出结果。

```
int x = 5;
if(x> 0) {
    printf("sgn(%d)=1\n", x);
}
else if(x < 0) {
    printf("sgn(%d)=-1\n", x);
}
else {
    printf("sgn(%d)=0\n", x);
}
```

（2）运用基本 if 语句修改程序 3_5.c，实现同样功能后试分析两个程序的不同。

（3）国家语言文字工作委员会颁布的《普通话水平测试等级标准》是划分普通话水平等级的全国统一标准。普通话水平等级分为 3 级 6 等，其中一级甲等，失分在 3%以内；一级乙等，失分在 8%以内；二级甲等，失分在 13%以内；二级乙等，失分在 20%以内；三级甲等，失分在 30%以内；三级乙等，失分在 40%以内。

编程输入应试者的普通话水平测试得分，输出其普通话水平等级。

相关知识——if 语句

if 语句的形式有基本 if 语句、二分支 if 语句、多分支 if 语句（嵌套的特殊情况）及嵌套 if 语句。

（1）基本 if 语句。

基本 if 语句的格式为：

```
if(条件表达式)
    语句
```

其语义是如果条件表达式的值为真，则执行其后面的语句；否则不执行，其执行流程图如图 3-1 所示。

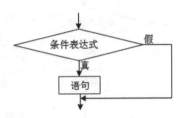

图 3-1　基本 if 语句的执行流程图

【例 3-4】输入年龄，若成年，则输出对应的提示信息。

```
/*程序名称：3_6.c                            */
#include <stdio.h>
int main() {
    int a;
    printf("请输入个人年龄:");
    scanf("%d", &a);
    if(a>= 18)
        printf("您已经成年!\n");
    return 0;
}
```

（2）多分支 if 语句。

若问题的核心是有限个量，而且每个量可能会出现相互对立的多种情况，需要分别处理每种情况或者同类情况时考虑使用 if-else-if 语句。

例如，百分成绩转等级成绩时，问题核心量是百分成绩。而该问题可能会出现多种情况（若取整数，则有 101 种情况），需要对 60 分以下、60～70 分、70～80 分等执行相同处理。

if-else-if 语句的一般格式为：

```
if(条件表达式 1)
    语句 1
else if(条件表达式 2)
    语句 2
else if(条件表达式 3)
    语句 3
    ⋮
else if(条件表达式 m)
    语句 m
else
    语句 m+1
```

其语义是先判断条件表达式 1 的值，若为真，则执行语句 1，然后直接执行该多分支 if 语句后面的其他语句；否则继续判断条件表达式 2 的值，依此类推。如果所有条件表达式的值均为假，则执行语句 m+1，然后继续执行该多分支 if 语句后面的其他语句。4 个条件问题对应的 if-else-if 语句的执行过程如图 3-2 所示。

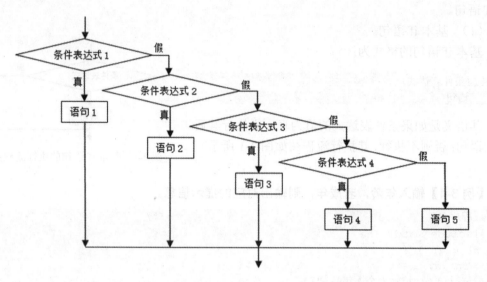

图 3-2   4 个条件问题对应的 if-else-if 语句的执行过程

例如，在判断键盘输入字符的类别时可以根据输入字符的 ASCII 码来判断类型。由 ASCII 码表可知 ASCII 值在 0~9 之间的为数字字符、在 A~Z 之间的为大写字母、在 a~z 之间的为小写字母，其余为其他字符。

【例 3-5】判断键盘输入字符的类别。

```
/*程序名称：3_7.c                              */
#include<stdio.h>
int main() {
  char c;
  printf("请输入一个字符：");
  c = getchar();
  if(c>= '0' && c <= '9')
    printf("数字字符\n");
  else if(c>= 'A' && c <= 'Z')
    printf("大写字母\n");
  else if(c>= 'a' && c <= 'z')
    printf("小写字母\n");
  else
    printf("其他字符\n");
  return 0;
}
```

（3）嵌套 if 语句。

在 if 语句中当条件表达式成立或者不成立时均需要执行对应的语句，而 if 语句也是语句，因此在 if 语句中出现的 if 语句为嵌套的 if 语句。

【例 3-6】输入个人性别与身高，输出是否符合国内模特的身高要求。

```
/*程序名称：3_8.c                              */
#include<stdio.h>
int main() {
    char sex;
    double height;
    printf("请输入性别（m表示男，w表示女：）");
    sex = getchar();
    printf("请输入身高（单位是米):");
    scanf("%lf", &height);
    if(sex == 'm' ) {
        if(height>= 1.78 && height <= 1.92)
            printf("您符合国内男模身高要求！\n");
        else
            printf("您不符合国内男模身高要求！\n");
    } else if(sex == 'w' ) {
        if(height>= 1.72 && height <= 1.83)
            printf("您符合国内女模身高要求！\n");
        else
            printf("您不符合国内女模身高要求！\n");
    } else
        printf("您输入的性别错误！\n");
    return 0;
}
```

使用 if 语句时应注意以下问题。

（1）if 语句的条件。

在 if 语句中的条件表达式通常是逻辑表达式或关系表达式，也可以是其他表达式，如算术表达式、赋值表达式等，甚至可以是一个变量或常量。

例如，如下语句是合法的：

```
if( a = 5) ;/*先将常量5赋值给变量a，再判断a的真假，非0为永真条件*/
if((3 + 2) * (0 /8)) ;/*先计算算术表达的值，再用结果作为条件，零为永假条件*/
```

又如程序段：

```
if(a = b)
    printf("%d", a);
else
    printf("a=0");
```

本程序段的语义是把 b 值赋予 a，若 a 为非 0，则输出其值；否则输出"a=0"。

变量作为条件允许在程序中出现，因此特别注意不要将=和==混用。

（2） else 与 if 的对应关系。

在嵌套的 if 语句中，处于同一层的 else 与 if 的配对关系是 else 与在其前面、距其最近且尚没有 else 与其配对的 if 语句配对。

（3） if 语句的书写格式。

在 if 语句中，条件表达式必须用圆括号括起；另外，if 语句由判断部分与执行部分组成，因此不要随意在条件表达式后面加分号。

【思考题】

（1） 思考每种 if 语句的适用范围。

（2） 2018 年几家银行按家庭净资产（单位：万元）划分，[0, 20)为贫穷家庭、[20, 50)为贫困家庭、[50, 80)为低收入家庭、[80, 300)为中等收入家庭、[300, 500)为高收入家庭、[500, 1 000)为富裕家庭、净资产 1 000 万及其以上者为富豪家庭。

编程输入个人家庭净资产，判断并输出其所属等级。

案例 2　简单算术计算器的设计

【任务描述】

编写一个程序实现简单算术计算器，通过键盘输入一个算术表达式，如 2 + 3，然后在屏幕上显示结果。

【任务分析】

本任务所涉及的量有算术运算量 1、算术运算符、算术运算量 2 及运算结果。

除运算结果外，其他量需要从键盘输入。

要实现四则运算的简单计算器，关键是根据输入的运算符选择相应的操作。

可以考虑通过 scanf 函数格式化输入第 1 个数、运算符、第 2 个数，分别赋给运算量 1、运算符、运算量 2，根据运算符的值，选择相应的计算公式得出运算结果。

【解决方案】

（1） 定义实型变量 $d1$、$d2$、r 用于保存两个运算量与运算结果，定义字符型变量 c 保存操作符。

（2） 使用 scanf 函数输入操作数 $d1$、运算符 c、操作数 d 的值。

（3） 根据运算符 c 判断采用何种运算，若 c 是 "+"，则 r 等于 $d1$ 加 $d2$；若 c 是 "-"，则 r 等于 $d1$ 减 $d2$；若 c 是 "*"，则 r 等于 $d1$ 乘 $d2$；若 c 是 "/"，则 r 等于 $d1$ 除 $d2$（此处不考虑除数为 0 的特殊情况）。

（4） 输出 result 后结束程序。

【源程序】

```
/*程序名称：3_9.c                              */
#include <stdio.h>
int main() {
    double d1, d2, r;
    char c;
    printf("请输入四则运算式: ");
    scanf("%lf%c%lf", &d1, &c, &d2);
    printf("%.2lf%c%.2lf=", d1, c, d2);
```

```
    switch(c) {
      case '+':
          r = d1 + d2;
          break;
      case '-':
          r = d1 - d2;
          break;
      case '*':
          r = d1 * d2;
          break;
      case '/':
          r = d1 /d2;
          break;
    }
    printf("%.3lf\n", r);
    return 0;
}
```

本案例也可以采用嵌套 if 语句实现，读者可以自行尝试。

【思考题】阅读以下程序，分析其功能：

```
/*程序名称：3_10.c                                    */
#include<stdio.h>
int main() {
    int s, d;
    printf("请输入一个 100 以内的整数");
    scanf("%d", &s);
    d = s /10;
    if(d <= 5)
      d = 5;
    switch( d ) {
      case 5:
          printf("不及格\n");
          break;
      case 6:
          printf("及格\n");
          break;
      case 7:
          printf("中等\n");
          break;
      case 8:
          printf("良好\n");
          break;
      case 9:
      case 10:
          printf("优秀\n");
          break;
    }
    return 0;
}
```

相关知识——switch 语句

C 语言还提供了另一个多分支选择语句，即 switch 语句，其格式为：

```
switch(表达式){
case 常量表达式 1:
    语句 1;
case 常量表达式 2:
    语句 2;
 ⋮
case 常量表达式 n:
    语句 n;
default:
    语句 n+1;
}
```

其语义是首先计算表达式的值，然后与常量表达式 1 比较。如果相等，则执行语句 1，然后不再判断其他 case 后的常量表达式的值而直接执行后继的其他语句；否则继续判断表达式的值与常量表达式 2 的值是否相等，依次继续。若表达式的值与所有 case 后的常量表达式均不相等，则执行 default 后的语句 n+1。

【例 3-7（反例）】输入一个 1～7 之间的整数，将其转换为对应的星期的英文单词输出。如果输入的整数不在 1～7 之间，则提示错误信息。

```c
/*程序名称：3_11.c                              */
#include<stdio.h>
int main() {
  int a;
  printf("input integer number: ");
  scanf("%d", &a);
  switch( a ) {
    case 1:
        printf("Monday\n");
    case 2:
        printf("Tuesday\n");
    case 3:
        printf("Wednesday\n");
    case 4:
        printf("Thursday\n");
    case 5:
        printf("Friday\n");
    case 6:
        printf("Saturday\n");
    case 7:
        printf("Sunday\n");
    default:
```

```
        printf("error\n");
    }
    return 0;
}
```

输入 5 后执行了 case 5 及其后的所有语句，输出 Friday 及其后的所有单词，这当然不是我们所希望的。

这恰恰说明在 switch 语句中，case 常量表达式只相当于一个语句标号，表达式的值和某标号相等则转向该标号执行。但该标号后的语句执行后并不结束 switch 语句而继续执行后面所有 case 后的语句，并且不再与 case 后的常量进行比较。这与前面介绍的 if 语句完全不同，应特别注意。

为了避免上述情况发生，C 语言提供了 break 语句，其功能之一用于结束 switch 语句。break 语句只有关键字 break。

修改上例程序，在每一个 case 语句后增加 break 语句，使每一次执行后均可结束 switch 语句，从而避免输出不应有的结果。

【例 3-8】改写例 3-7，要求输入一个数字，将其转换为英文单词输出对应的星期。

```
/*程序名称：3_12.c                            */
#include <stdio.h>
int main() {
    int a;
    printf("input integer number: ");
    scanf("%d",&a);
    switch( a ) {
      case 1:
          printf("Monday\n");
          break;
      case 2:
          printf("Tuesday\n");
          break;
      case 3:
          printf("Wednesday\n");
          break;
      case 4:
          printf("Thursday\n");
          break;
      case 5:
          printf("Friday\n");
          break;
      case 6:
          printf("Saturday\n");
          break;
      case 7:
          printf("Sunday\n");
          break;
```

```
    default:
        printf("error\n");
        break;
    }
    return 0;
}
```

在使用 switch 语句时还应注意以下几点。

（1） 在 case 后的每个常量表达式的值不能相同，否则会出现错误。

（2） 每个 case 和 default 子句的先后顺序可以变动，而不会影响程序运行结果。

（3） default 子句可以省略不用。

（4） 凡是用 switch 解决的问题都可以运用多分支 if 改写，但用多分支 if 解决的问题不一定能使用 switch 改写。

【思考题】

（1） 分析 switch 语句的适应范围。

（2） 思考 break 语句在 switch 语句中的作用。

（3） 国际 IQ 测试标准之一为[0, 70）分为弱智、[70, 89）分为智力低下、[90, 100）分为智力中等、[100, 110）分为智力中上、[110, 119）分为智力优秀、[120, 130）分为智力非常优秀、[130, 140）分为智力非常非常优秀、140 分为天才。

编程输入小张的 IQ 测试成绩，判断其 IQ 所属等级。

案例3 自动售货机商品价格的查询

【任务描述】

自动售货机可以出售 4 种商品，薯片 3.0 元/包、爆米花 2.5 元/桶、巧克力 4.0 元/块、可口可乐 3.5 元/瓶。在屏幕上显示菜单，用户可以连续查询商品的价格。当查询次数超过 3 次时，自动退出；查询次数不到 3 次时，用户可以继续查询，也可以选择退出。当用户输入编号 1~4，显示相应商品的价格（保留一位小数）；输入 0，退出查询；输入其他编号，显示"输入有误，请查证后使用！"。

【任务分析】

我们可以使用 while 语句实现连续查找，通过 case 语句判断查找商品的价格后输出。

自动售货机商品价格的查询流程图如图 3-3 所示。

【解决方案】

（1） 定义整型变量 x 保存用户输入编号，定义整型变量 i 作为计数器，定义双精度变量 y 保存价格。

（2） 使用 while 循环控制查询次数不超过 3 次，根据提示用户输入商品编号给 x。

（3） 根据 x 的值使用 switch 语句判断用户选择商品价格 y 的值。

（4） 输出商品价格 y。

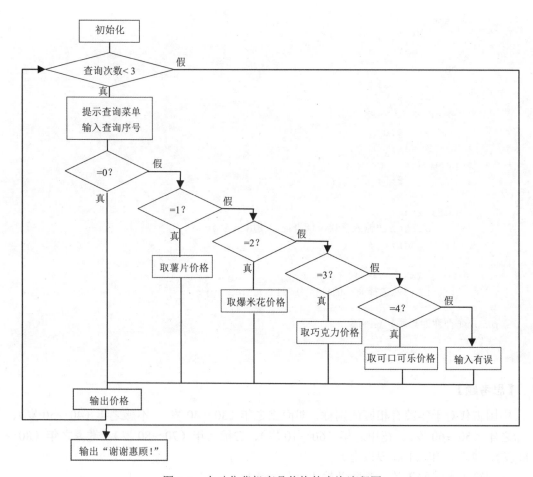

图 3-3　自动售货机商品价格的查询流程图

【源程序】

```c
/*程序名称：3_13.c                                    */
#include<stdio.h>
int main() {
  int x, i = 0;
  double y;
  while(i < 3) {
   i = i + 1;
   printf("***************************************\n");
   printf("*      1 薯片        2 爆米花          *\n");
   printf("*      3 巧克力       4 可口可乐        *\n");
   printf("*      0 退出                          *\n");
   printf("***************************************\n");
   printf("请输入您的选项:");
   scanf("%d", &x);
   if(x == 0)
       break;
   switch( x ) {
```

```
        case 1:
            y = 3.0;
            break;
        case 2:
            y = 2.5;
            break;
        case 3:
            y = 4.0;
            break;
        case 4:
            y = 3.5;
            break;
        default:
            printf("输入有误,请查证后使用!\n");
            break;
    }
    if(x>= 1 && x <= 4)
        printf("您选择商品的价格为%.1f 元\n", y);
    }
    printf("谢谢惠顾! \n");
    return 0;
}
```

【思考题】

中国古代对于年龄有相应的别称，即而立之年（30～40岁）、不惑之年（40～50岁）、知命之年（50～60岁）、花甲之年（60～70岁）、古稀之年（70～80岁）、耄耋之年（80～100岁）、期颐之年（100岁以上）。

编程输入老张的年龄，判断并输出其年龄别称。

本章小结

本章结合案例介绍了关系运算符与关系表达式、逻辑运算符与逻辑表达式、基本if语句及多分支if语句、switch语句、break语句，并且阐述了分支结构、分支嵌套结构的规则及作用。最后结合实际问题的处理进一步讨论了如何运用分支语句、分支嵌套语句及switch语句相互配合实现复杂问题的处理。

习题

一、选择题

1. 阅读以下程序：

```
#include<stdio.h>
int main() {
  int x;
  scanf("%d", &x);
```

```
if(x-- < 5)
    printf("%d", x);
else
    printf("%d\n", x++);
return 0;
}
```

程序运行后，如果输入 5，则输出结果是_____。

A. 3   B. 4   C. 5   D. 6

2．以下程序的输出结果是_____。

```
#include<stdio.h>
int main() {
 int a = 5, b = 4, c = 3, d = 2;
 if(a> b> c)
    printf("%d\n", d);
 else if((c - 1>= d) == 1)
    printf("%d\n", d+1);
 else
    printf("%d\n", d+2);
 return 0;
}
```

A. 2   B. 3   C. 4   D. 编译时有错，无结果

3．有语句 int $a = 1$，$b = 2$，$c = 3$，x;，则以下选项中各程序段执行后，x 的值不为 3 的是_____。

A. if $(c < a)$ $x = 1$;
   else if $(b < a)$ $x = 2$;
   else $x = 3$;

B. if $(a < 3)$ $x = 3$;
   else if $(a < 2)$ $x = 2$;
   else $x = 1$;

C. if $(a < 3)$ $x = 3$;
   if $(a < 2)$ $x = 2$;
   if $(a < 1)$ $x = 1$;

D. if $(a < b)$ $x = b$;
   if $(b < c)$ $x = c$;
   if $(c < a)$ $x = a$;

4．有符号函数 $y = \begin{cases} 1 & x > 0 \\ 0 & x = 0 \\ -1 & x < 0 \end{cases}$，以下程序段中不能根据 x 值正确计算出 y 值的是____。

A. if$(x > 0)$ $y = 1$;
   else if$(x == 0)$ $y = 0$;
   else $y = -1$;

B. $y = 0$;
   if$(x > 0)$ $y = 1$;
   else if$(x < 0)$ $y = -1$;

C. $y = 0$;
   if$(x >= 0)$;
   if$(x > 0)$ $y = 1$;
   else $y = -1$;

D. if$(x >= 0)$
   if$(x > 0)$ $y = 1$;
   else $y = 0$;
   else $y = -1$;

5．以下程序的输出结果是_____。

```
#include<stdio.h>
int main() {
 int a = 15, b = 21, m = 0;
 switch(a % 3) {
    case 0:
        m++;
        break;
    case 1:
        m++;
        switch(b % 2) {
            default:
                m++;
            case 0:
                m++;
                break;
        }
 }
 printf("%d\n", m);
 return 0;
}
```

A. 1　　　　　　　B. 2　　　　　　　C. 3　　　　　　　D. 4

6. 以下程序的输出结果是_____。

```
#include<stdio.h>
int main() {
 int a = 3, b = 4, c = 5, d = 2;
 if(a> b)
    if(b> c)
        printf("%d", d++ + 1);
    else
        printf("%d", ++d + 1);
 printf("%d\n", d);
 return 0;
}
```

A. 2　　　　　　　B. 3　　　　　　　C. 43　　　　　　　D. 44

7. 以下条件语句中，功能与其他语句不同的是_____。

A. if(a) printf("%d\n", x); else printf("%d\n", y);

B. if(a == 0) printf("%d\n", y); else printf("%d\n", x);

C. if (a != 0) printf("%d\n", x); else printf("%d\n", y);

D. if(a == 0) printf("%d\n", x); else printf("%d\n", y);

8. 以下程序在运行时输入 3 和 4，则输出结果是_____。

```
#include<stdio.h>
int main() {
 int a, b, s = 0;
 scanf("%d %d", &a, &b);
```

```
if(a> b);
{
    s = a;
    s = s * s;
    printf("%d\n", s);
}
return 0;
}
```

A. 9   B. 16   C. 18   D. 无输出

9. 以下程序_____。

```
#include<stdio.h>
int main() {
 int x = 3, y = 0, z = 0;
 if(x = y + z)
    printf("* * * *\n");
 else
    printf("# # # #\n");
 return 0;
}
```

A. 有语法错误不能通过编译   B. 输出＊＊＊＊

C. 可以通过编译，但是不能通过连接，因而不能运行   D. 输出＃＃＃＃

10. 以下程序的输出结果是_____。

```
#include<stdio.h>
int main() {
 int a = 0, b = 0, c = 0;
 int x = 35;
 if(!a) x = x - 1;
 else if(b);
 if(c) x = 3;
 else x = 4;
 printf("%d", x);
 return 0;
}
```

A. 35   B. 34   C. 4   D. 3

11. 以下程序的输出结果是_____。

```
#include<stdio.h>
int main() {
 int  i = 1, j = 2, k = 3;
 if(i++ == 1 && ( ++j == 3 || k++ == 3))
    printf("%d  %d  %d\n", i, j, k);
 return 0;
}
```

A. 1 2 3   B. 2 3 4   C. 2 2 3   D. 2 3 3

12. 以下程序在运行时输入 5，则输出结果是_____。

```c
#include<stdio.h>
int main() {
  int x;
  scanf("%d", &x);
  if(x++> 5)
      printf("%d\n", x);
  else
      printf("%d\n", x--);
  return 0;
}
```

A. 7   B. 6   C. 5   D. 4

二、填空题

1. 以下程序的输出结果是_____。

```c
#include<stdio.h>
int main() {
  int a = 1, b = 3, c = 5;
  if(c = a + b)
      printf("yes\n");
  else
      printf("no\n");
  return 0;
}
```

2. 以下程序的输出结果是_____。

```c
#include<stdio.h>
int main() {
  int i = 9, m = 0, n = 0, k = 0;
  while(i <= 11) {
      switch(i /10) {
          case 0 :
              m = m + 1;
              break;
          case 10:
              n = n + 1;
              break;
          default:
              k = k + 1;
      }
      i = i + 1;
  }
  printf("%d %d %d\n", m, n, k);
  return 0;
}
```

3. 以下程序的输出结果是_____。

```c
#include<stdio.h>
int main() {
 int n = 0, m = 1, x = 2;
 if(!n )
     x = x - 11;
 if( m )
     x = x - 2;
 if(x)
     x=x-3;
 printf("%d\n", x);
 return 0;
}
```

4. 以下程序的输出结果是_____。

```c
#include<stdio.h>
int main() {
 int x = 1, y = 0, a = 0, b = 0;
 switch( x ) {
     case 1:
         switch( y ) {
             case 0:
                 a++;
                 break;
             case 1:
                 b++;
                 break;
         }
     case 2:
         a++;
         b++;
         break;
 }
 printf("%d  %d\n", a, b);
 return 0;
}
```

5. 以下程序的输出结果是_____。

```c
#include<stdio.h>
int main() {
 int x = 100, a = 10, b = 20, ok1 = 5, ok2 = 0;
 if(a < b)
     if(b != 15)
         if(!ok1)
             x = 1;
         else if(ok2)
             x = 10;
 x = -1;
 printf("%d\n", x);
```

```
    return 0;
}
```

6. 以下程序的输出结果是_____。

```
#include<stdio.h>
int main() {
 int  n = 'c';
 switch(n++) {
    default:
        printf("error");
        break;
    case 'a':
    case 'A':
    case 'c':
    case 'C':
        printf("pass");
    case 'b':
    case 'B':
        printf("good");
        break;
    case 'd':
    case 'D':
        printf("warn");
 }
 return 0;
}
```

7. 以下程序在运行时输入58，则输出结果是_____。

```
#include<stdio.h>
int main() {
 int  a;
 scanf("%d", &a);
 if(a> 50)  printf("%d", a);
 if(a> 40)  printf("%d", a);
 if(a> 30)  printf("%d", a);
 return 0;
}
```

8. 以下程序的输出结果是_____。

```
#include<stdio.h>
int main()
{
int i = 1, j = 1, k = 2;
if((j++ || k++) && i++)
    printf("%d,%d,%d\n", i, j, k);
return 0;
}
```

9．以下程序在运行时输入 58，则输出结果是＿＿＿＿＿＿＿＿。

```c
#include<stdio.h>
int main() {
  int a;
  scanf("%d", &a);
  if(a> 50) printf("%d", a);
  else if(a> 40) printf("%d", a);
  else if(a> 30) printf("%d", a);
  return 0;
}
```

三、编程题

1．某超市为了节日促销，规定购物不足 50 元的按原价付款；超过 50 元且不足 100 元的按 9 折付款；超过 100 元的，超过部分按 8 折付款。

编写程序完成超市的自动计费的工作。

2．输入 a，b，c 共 3 个不同的整数，将它们按由小到大的顺序输出。

3．输入一个 3 位整数，将数字位置重新排列，组成一个尽可能大的 3 位整数。例如，输入 397，则输出应为 973。

4．输入 3 个整数，判断能否构成三角形，能构成输出 "YES"；否则输出 "NO"。

5．输入一个字符，判断该字符是否是英文字母 A、B、C、D 或 a、b、c、d。若是，则转换成整数 1、2、3、4，其余字符转换成 5。例如，大写字母 B 对应的数字是'B'-'A'+1；小写字母 b 对应的数字是'b'-'a'+1

6．当前小学生的成绩单由以前的百分制改为优秀、良好、合格、不合格 4 个等级，编写程序完成分数的自动转换，转换规则为 60 分以下的为不合格；60～69 分的为合格；70～89 分的为良好；90 分以上的为优秀。

7．输入一个 3 位数，判断该数是否为水仙花数，是，则输出 "YES"；否则输出 "NO" 水仙花数是指一个 3 位数，其各位数字的立方和等于该数本身。例如，153 是一个水仙花数，因为 153=13＋53＋33。

8．查询本年浙江大学计算机专业研究生复试分数线，输入某位同学的研究生考试成绩，输出该生是否具备复试资格。

实训项目

一、身体健康指数（BMI）

（1）实训目标。

- 了解身体健康指数的定义标准。
- 熟练掌握运用多分支 if 语句解决分支问题。

（2）实训要求。

- 定义两个实型变量分别接收从键盘输入的身高与体重。
- 运用数学表达式计算对应的 BMI 值。

- 运用多分支 if 语句对照 BMI 分类中国参考标准判断 BMI，如果 BMI<18.5，则输出"体重过低"；如果18.5≤BMI<24，则输出"正常范围"；如果24≤BMI<28，则输出"体重超重但不是肥胖"；如果28≤BMI<30，则输出"肥胖"；如果30≤BMI，则输出"过度肥胖"。

二、出租车计费器

（1）实训目标。

- 了解本市出租车的收费标准。
- 掌握运用逻辑运算符书写逻辑表达式的方法。
- 熟练掌握运用嵌套的 if 语句解决多分支问题。

（2）实训要求。

- 定义实型变量表示行驶里程（单位：公里）。
- 定义整型变量表示停车等待时间（单位：分钟）。
- 定义实型变量用于保存乘客应付车费（四舍五入到角，即小数点后一位）。
- 结合本市出租车收费标准，即起步里程 3 公里，起步费 13 元；超起步里程后 15 公里内，每公里租费 2.3 元；超过 15 公里以上部分加收 50%的回空补贴费，采用嵌套的 if 语句计算乘客应付车费。
- 停车等待 3 分钟内不收费，超过 3 分钟的，每分钟按车公里价（即 2.3 元）的 20%加收停车等候费。

提示：回空补贴费指行驶里程超过 15 公里后，每公里按行驶公里价增加 50%的收费方式计费。

第4章　循环结构程序设计

学习目标

通过本章的学习，读者能够利用循环语句编写循环结构程序、具备解决需要重复执行某些操作的实际问题的能力，并且通过分析经典问题的算法培养探索能力、逻辑思维能力和程序表达能力。

主要内容

- do-while 的基本格式及其执行过程。
- for 语句的基本格式及其执行过程。
- 根据经典问题学会确定程序中的循环变量、循环条件和循环体的方法。
- break 和 continue 语句的使用。

案例 1　日积硅步

【任务描述】

小张计划每天在个人原有知识水平的基础上进步 0.5%，计算一年结束时他的进步量。

【任务分析】

本任务所涉及的已知量为每天的进步量、天数、一年（整常量 365）、前一天的原有量，所求量为今天的进步量。

在本任务中，计算今天比前一天进步多少的公式如下：

今天进步量=前一天的原有量*(1+每天进步量)

另外，今天的进步量到了明天，又成为前一天的原有量，因此可将今天进步量和前一天的原有量定义为同一个量。在运算时，从该量中读出前一天的原有量，计算最终结果后将最终结果写回到该量中。

此任务是反复运用上面公式计算今天的进步量，次数是 365。

【解决方案】

（1）定义一个实型变量 p 和 s，分别用于保存每天和今天的进步量，并为今天的进步量 s 赋初值 1，即原有知识水平为 1。

（2）定义一个整型变量 i，用于表示天数。

（3）将 0.5 除以 100 赋值给每天进步量 p。

（4）为天数 i 赋值 1。

（5）判断 i 是否超过一年（365 天），若是，则转到（9）执行；否则继续下一步。

（6）将 s 乘以 1 加每天进步量 p 的和赋值给 s。

（7）天数 i 增加 1。

（8）转到（5）继续执行。

（9）输出一年后的进步量 s 后结束程序。

【源程序】

```
/*程序名称：4_1.c                                    */
#include<stdio.h>
int main() {
    double p, s = 1;
    int i;
    p = 0.5 /100; /*设置每天进步的量*/
    for(i = 1; i <= 365; i++) {
        /*设一年 365 天，循环求解*/
        s = s * (1 + p); /*计算当天比前一天进步多少*/
    }
    printf("一年后比原来进步了%.4lf\n", s);
    return 0;
}
```

相关知识——for 语句

在 C 语言中，for 语句的一般格式为：

> for(表达式 1；表达式 2；表达式 3)
>   循环体语句

在 for 语句的开始部分用两个分号分隔 3 个表达式，与其后的循环体语句合起来作为一个完整的 for 语句。

for 语句的执行流程图如图 4-1 所示。

在 for 语句的执行过程中，表达式 2、循环体和表达式 3 将重复执行，而表达式 1 只在进入循环时执行一次。

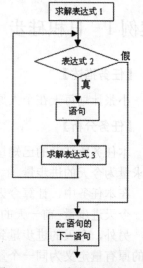

图 4-1 for 语句的执行流程图

1. 格式说明

（1） 表达式1：初值表达式，为循环变量赋初值，指定循环的起点。

如 $i = 1$，即循环变量从1开始。

（2） 表达式2：条件表达式，给出循环的条件。通常判断循环变量是否超过循环的终值，即终点。若该表达式的值为真，则继续循环；否则结束循环。如 $i \leqslant 365$，该表达式的值为假，循环随之结束；否则继续执行循环。

（3） 表达式3：步长表达式，设置循环的步长改变循环变量的值，从而改变表达式2的值。

如 i++ 使 i 的值增1，这样最终使 $i \leqslant 365$ 的值为假，循环正常结束。

（4） 循环体语句：被反复执行的语句。

循环体可以是单个语句，也可以是由多条语句组成的复合语句。

注意：为了结构清晰，一般情况下，循环体都用一对花括号括起构成复合语句。

for 语句反映了循环（重复执行）的规则，从哪里开始（起点）、到哪里结束（终点）、每次跨多大的步子（步长），以及重复做什么（循环体）。例如，$s = s * (1 + p)$ 是循环体。

for 语句中3个表达式可以是任意合法的表达式，并且每个表达式可有可无，但一般情况下3个表达式均出现。

2. for 语句的执行过程

for 语句的执行过程如下。

（1） 求解表达式1。

（2） 求解表达式2，若其值为真，则继续下一步；否则结束循环，转到（6）执行。

（3） 执行循环体语句。

（4） 求解表达式3。

（5） 转到（2）继续执行。

（6） 循环结束，执行 for 语句后面的其他语句。

例如：

```
for(i = 1; i <= 100; i++) {
    sum = sum + i;
}
```

先为 i 赋初值1，判断 i 是否小于等于100。若是，则执行循环体语句。之后 i 值增加1，再重新判断。直到条件为假，即 $i > 100$ 时，结束循环。使用 while 语句改写如下：

```
i = 1;
while(i <= 100) {
    sum = sum + i;
    i++;
}
```

在 C 语言中，仅由一个分号 ";" 构成的语句为空语句，不执行任何操作。

如果将上述 for 语句改为：

```
/*常见错误分析*/
sum = 0;
for(i = 1; i <= 100; i++) ;  /*分号代表空语句，即循环体为空*/
    sum = sum + i;
printf("%d\n", sum);
```

则循环体就是空语句，sum=sum+i 不是循环体。循环结束后执行 sum=sum+i，最后输出的结果是 101。即循环变量 i 退出 for 循环后，执行 sum=sum+i，导致 sum 的值是 101。这也是初学者常犯的错误，程序运行时系统不会有任何出错提示，因为这是程序的逻辑错误。

3. for 语句的循环次数

for 循环为计数型循环语句，其执行次数通过公式 4-1 计算：

$$\frac{循环终值 - 循环初值}{步长值} + 1 \qquad (公式 4-1)$$

例如，对于步长值为正值的情况，有程序段：

```
for(i = 1; i <= 10; i = i + 2)
    sum = sum + i;
```

其执行次数的计算方法是：

$$\frac{10-1}{2}+1 = \frac{9}{2}+1 = 4+1 = 5$$

例如，对于步长值为负值的情况，有程序段：

```
for(i = 10; i>= 1; i = i - 2)
    sum = sum + i;
```

其执行次数的计算方法是：

$$\frac{1-10}{-2}+1 = \frac{-9}{-2}+1 = 4+1 = 5$$

虽然以上两个程序段结构类似，执行次数都是 5 次，但其功能不相同。

4. for 语句中复杂的循环体

for 语句的循环体允许使用 C 语言的任何合法语句，因此可在其中使用分支语句或者循环语句解决较复杂的问题。

【例 4-1】将案例 1 的"日积跬步"改为"三天打鱼，两天晒网"。

```
/*程序名称：4_2.c                                      */
#include<stdio.h>
int main() {
    double p, s = 1;
    int i, d;
    p = 0.5 /100;  /*设置每天进步的比率*/
    for(i = 1; i <= 365; i++) {  /*设一年 365 天，循环求解*/
        d = i % 5;
```

```
        if(d == 1 || d == 2 || d == 3) {
            s = s * (1 + p);
        }
    }
    printf("一年后比原来进步了%.4lf\n", s);
    return 0;
}
```

【思考题】

（1）　试修改案例 1 中每天进步量为 1%，输出最终进步量。

（2）　水仙花数指一个 3 位数，其各位数字的立方和等于该数本身，输出所有水仙花数。

案例 2　寻找行李箱密码

【任务描述】

小张忘记了个人行李箱的 4 位密码，每位密码由 0～9 之间的数字构成，编程模拟小张寻找密码的过程。

【任务分析】

该任务的已知量为尝试密码，取值范围为[0,9999]，未知量为原始密码。需要从尝试密码范围内逐个取出一个 4 位数与原始密码进行比较，若相等，则找到密码；否则继续取下一个 4 位数与原始密码进行比较。重复此比较操作，直到相等为止。

【解决方案】

（1）　定义一个整型变量 password，用于保存行李箱的原始密码并赋初值。

（2）　定义一个整型变量 guess，用于暂存当前计算机尝试密码，并赋初值为-1（由于在循环体内部先对所猜密码自增 1 后判断是否相等，因此若初值为 0，则少判断一个密码 0000 的情况）。

（3）　所猜密码自增 1。

（4）　判断 guess 小于等于 9999 并且与 password 的值不相等，则转到（3）执行；否则继续下一步。

（5）　判断 guess 的值，若在[0,9999]范围内，则输出找到的 4 位密码；否则提示相关信息。

（6）　结束程序。

【源程序】

```
/*程序名称: 4_3.c                                    */
#include <stdio.h>
int main() {
    int password = 7691;
    int guess = 0;
```

```
do {
    guess++;
} while(guess <= 9999 && guess != password);
if(guess>= 0 && guess <= 9999)
    printf("被小张遗忘的行李箱密码为: %04d\n ", guess);
else
    printf("您的行李箱还没有设置密码! \n");
return 0;
}
```

该程序的运行结果如图 4-2 所示。

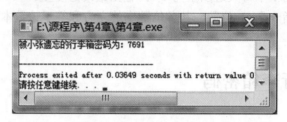

图 4-2 程序 4_3 的运行结果

相关知识——do-while 语句

do-while 语句的一般格式为：

```
do{
    循环体语句
}while(条件表达式) ;
```

while 语句与 do-while 语句的相同之处是条件成立时继续执行循环体；不同之处在于 while 语句是先判断循环条件，当条件成立时执行循环体。而 do-while 语句是先执行循环体，再判断循环条件，当条件成立时继续执行循环体。

所以对于不同的循环条件，while 语句的循环体有可能一次也不执行；do-while 语句不管条件真假至少执行一次循环体。

do-while 语句的执行流程图如图 4-3 所示。

第 1 次进入循环时，首先执行循环体语句，然后计算条件表达式。若值为真，则继续执行循环。直到条件表达式的值为假，循环结束，执行 do-while 语句后的其他语句。

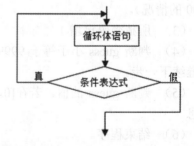

图 4-3 do-while 语句的执行流程图

【思考题】

（1） 分析以下程序的运行结果并阐述原因：

```
#include <stdio.h>
int main() {
  int x = 20, sum = 0;
```

```
    while(x <= 10) {
        sum = sum + x;
        x = x + 1;
    }
    printf("sum=%d\n", sum);
    x = 20, sum = 0;
    do {
        sum = sum + x;
        x = x + 1;
    } while(x <= 10);
    printf("sum=%d\n", sum);
    return 0;
}
```

（2） 输入一个整数，编程输出该整数是几位数。

（3） 某快递公司的快递员收入为基本工资+提成，提成标准是每收一件提运费的 10%，每派一单 0.6 元。若输入 0，表示派一单；输入正数，表示收一单的运费。输入某位快递员的派单/收单，运用 do-while 语句计算其日提成收入。

案例 3   幸运编号

【任务描述】

输入一个整数，判断该整数是否为素数。若为素数，则该整数即为您当日的幸运编号；否则提示该整数不是您当日的幸运编号。

素数即质数，是除了 1 和其本身外不能被其他数整除的数。

【任务分析】

该任务的量有输入的整数与循环变量。

本任务的核心是重复使用输入的整数对循环变量求余，余数不为 0，继续；否则表示除了 1 和其本身之外，还有其他数能被该数整除，故停止执行。

循环的结束有两种情况，一是循环变量到达终值，即等于输入的整数；二是在循环体内部发现有其他数能被该整数整除，提前结束循环。

退出循环后，判断循环变量与输入整数的关系。若相等，则表示是素数，输出相应信息；否则输出其他信息。

【解决方案】

（1） 定义整型变量 n 用于保存输入的整数。

（2） 定义整型变量 i 用于控制循环的过程。

（3） 调用 scanf 函数为 n 输入数据。

（4） 为 i 赋值 2。

（5） 判断 i 是否小于 n，若不小于，则转到（8）执行；否则执行下一步。

（6） 判断 n 对 i 求余的结果是否等于 0，若等于 0，则用 break 语句提前结束循环转到（8）执行；否则执行下一步。

（7） *i* 自增 1 后转到（5）继续执行。

（8） 判断 *i* 是否等于 *n*，若等于，则输出 "*n* 是您今日的幸运编号！"；否则输出 "*n* 不是您今日的幸运编号！"，最后结束程序。

【源程序】

```c
/*程序名称: 4_4.c                                      */
#include <stdio.h>
int main() {
  int i, n;
  printf("请输入一个整数:");
  scanf("%d", &n);
  for(i = 2; i < n; i++) {    /*对 2 到 n-1 之间的数进行尝试*/
    if(n % i == 0)            /*若 n 对 i 求余等于零*/
        break;                /*提前结束程序*/
  }
  if(n == i) {               /*若 n 等于 i，则表示是素数*/
    printf("%d是您今日的幸运编号!\n", n);
  } else {                   /*n 不是素数*/
    printf("%d不是您今日的幸运编号!\n", n);
  }
  return 0;
}
```

相关知识——break 语句与 continue 语句

（一）break 语句

break 语句用在循环语句或者 switch 语句中。

break 语句在 switch 语句中的用法已在第 3 章案例 3 中介绍过，这里不再赘述。

当 break 语句用在 do-while、for、while 循环语句的循环体时，可使程序提前终止循环而执行循环体后面的其他语句。用法是 break，循环体会有 if 语句判断是否满足某条件，若满足条件，则执行 break 语句。

【注意】

break 语句对 if-else 语句无效，且在多层循环中它只结束当前循环体的执行。

（二）continue 语句

continue 语句的作用是跳过循环体中剩余的语句而强制执行下一次循环，它只能用在 for、while、do-while 这 3 个循环语句的循环体中。该语句常与 if 条件语句一起使用，用来加速循环。break 语句和 continue 语句的区别如图 4-4 所示。

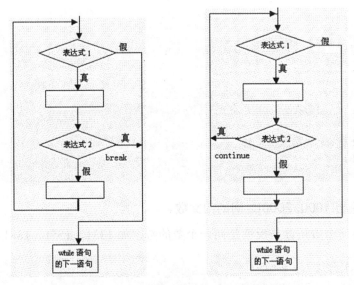

图 4-4　break 语句和 continue 语句的区别

例如：

```
while(表达式 1)                    while(表达式 1)
    { ……                          { ……
        if(表达式 2)                     if(表达式 2)
        break;                        continue;
        ⋮                              ⋮
    }                              }
```

【例 4-2】输出 100～200 之间所有能被 7 整除的数。

```c
/*程序名称: 4_5.c                                    */
#include <stdio.h>
int main() {
    int i;
    for(i = 100; i <= 200; i++) {
        if(i % 7 != 0)
            continue;
        printf("%4d", i);
    }
    printf("\n");
    return 0;
}
```

【例 4-3】打印输出阶乘值最接近 10 000 的数。

```c
/*程序名称: 4_6.c                                    */
#include <stdio.h>
#include <math.h>
int main() {
    int i, m = 1;
```

```
    for(i = 1; i <= 100; i++) {
      m = m * i;
      if(m>= 10000)
          break;
    }
    if(abs(10000 - m) <= abs(m /i - 10000))
      printf("%d!最接近10000\n", i);
    else
      printf("%d!最接近10000\n", i - 1);
    return 0;
}
```

【例 4-4】 输出[1000, 2000]之间的回文数。

回文数是指一个数正读与反读是同一个数的数，如 1331、1551、1881。

```
/*程序名称: 4_7.c                                   */
#include <stdio.h>
int main(void) {
    int i, m, n;
    for(i = 1000; i <= 2000; i++) {
      m = i /10 % 10;
      n = i /100 % 10;
      if(m != n)
          continue;
      if(i /1000 != i % 10)
          continue;
      printf("%-5d", i);
    }
    printf("\n");
    return 0;
}
```

【思考题】

（1）　分析 break 语句与 continue 语句的适用范围与区别。

（2）　输入一个整数，判断该数每位数字是否均是奇数。若是，则输出"YES"；否则输出"NO"。

案例 4　打印九九乘法表

【任务描述】

编写程序，在屏幕上输出九九乘法表。

1*1=1

1*2=2　　2*2=4

1*3=3　　2*3=6　　3*3=9

1*4=4　　2*4=8　　3*4=12　　4*4=16

1*5=5   2*5=10   3*5=15   4*5=20   5*5=25
……   ……   ……   ……   ……   ……

【任务分析】

本任务涉及的量有行数（范围是[1，9]）、列数（范围是[1，9]）、常量"*"、常量"="、乘积。

九九乘法表由 9 行构成，因此用外层循环控制输出行数。

在九九乘法表中，每一行的式子个数与所在的行号相等，即：

第 1 行有 1 个式子"1*1=1"。

第 2 行有 2 个式子，分别是"1*2=2"和"2*2=4"。

第 3 行有 3 个式子，分别是"1*3=3"、"2*3=6"和"3*3=9"。

第 4 行有 4 个式子，分别是"1*4=4"、"2*4=8"、"3*4=12"和"4*4=16"。

依此类推，第 9 行有 9 个式子，分别是"1*9=9"、"2*9=18"，…，"9*9=81"。

因此用内层循环控制输出每行的式子个数，内层循环执行的次数正好是外层循环变量的当前值。

最后每个式子由 5 部分构成，即量 1、乘号（*）、量 2、等号（=）、量 3，其中量 1 是内层循环变量的当前值；量 2 是外层循环变量的当前值；量 3 是内层循环变量与外层循环变量的乘积。

【解决方案】

（1） 定义整型变量 i 和 j 分别控制行数和每行式子数。

（2） i 赋值 1。

（3） 判断 i 是否小于等于 9，若是，则继续下一步；否则转到（10）执行。

（4） 为 j 赋值 1。

（5） 判断 j 是否小于等于 i，若是，则继续下一步；否则转到（8）执行。

（6） 输出 i 行的第 j 个式子。

（7） j 自增 1 后转到（5）执行。

（8） 换行。

（9） i 自增 1 后转到（3）执行。

（10）结束程序。

【源程序】

```
/*程序名称：4_8.c                                      */
#include <stdio.h>
int main( ) {
   int i, j;
   for(i = 1; i <= 9; i++) { /*外层循环控制行*/
     for(j = 1; j <= i; j++) {
         /*内层循环控制列，即每一行输出的式子数，亦即第 i 行输出 i 个式子*/
         printf("%d*%d=%-3d  ", j, i, j*i); /*输出第 i 行第 j 个式子*/
     }
     printf("\n");  /*每一行输出完成后换行*/
```

```
    }
    return 0;
}
```

该程序的运行结果如图 4-5 所示。

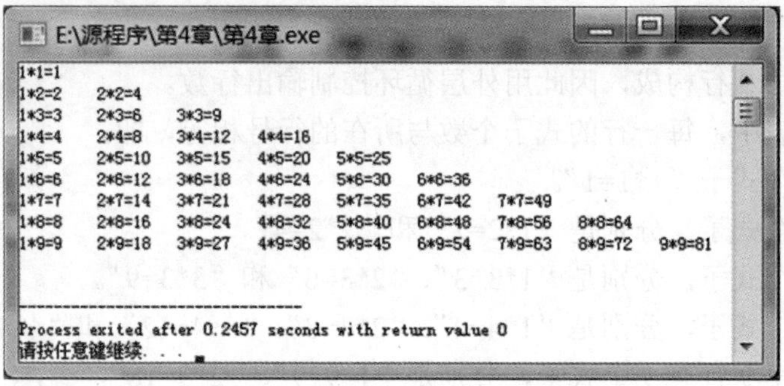

图 4-5　程序 4_8 的运行结果

相关知识——多重循环

多重循环又称为"循环嵌套"，是在一个循环体中使用一个或者多个循环语句，形成一层套一层的关系。

若在一个循环语句的循环体中仅嵌套了一层循环语句，则称为"双重循环"，其中的循环语句分别称为"外层循环语句"和"内层循环语句"。

双重循环的执行次数是"外层循环（变量）走一格，内层循环（变量）转一圈"，即外层循环变量取一个值，到达内层循环后，内层循环变量将所有值取一遍。

若在双重循环中内层循环语句的循环体又使用了一个循环语句，则为三重循环。依此类推，有四重循环、五重循环等。

若在一个循环语句的循环体中，使用了两个循环语句，并且这两个循环语句是并列关系，不是嵌套关系，则此类循环结构仍是双重循环，不是三重循环。

【例 4-5】编程输出由"*"组成的菱形图形。

```c
/*程序名称：4_9.c                                    */
#include <stdio.h>
#include <math.h>
int main() {
    int i, j;
    for(i = -4; i <= 4; i++) {
        for(j = 1; j <= 20 + abs( i ); j++) {
            printf(" ");
        }
        for(j = 1; j <= 9 - 2 * abs( i ); j++) {
            printf("*");
        }
        printf("\n");
```

```
    }
    return 0;
}
```

【思考题】

（1）采用双重循环打印输出如下图形。

```
       *
      ***
     *****
    ********
```

（2）采用双重循环打印输出如下图形。

```
    AAAAAAA
    BBBBBBB
    CCCCCCC
    DDDDDDD
```

案例 5　猜数游戏

【任务描述】

由计算机随机生成 100 以内的一个整数，输入用户所猜的整数（范围为[0,100]），与程序产生的被猜数比较。若相等，显示猜中，并给出评分；否则显示与被猜数的大小关系。最多允许猜 5 次（满分 100 分），如果用户猜数的次数大于 5 次，则提示游戏结束。

【任务分析】

本任务的量有随机生成已定数、所猜数、分数（初值是 100）、所猜次数（共 5 次），并且已定数与所猜数的范围均在[1, 100]之间。

该任务首先由计算机生成一个随机数作为已定数，然后利用循环要求用户输入所猜数。若所猜数等于已定数，则输出成绩后结束；否则在原来成绩的基础上扣 20 分，并继续。

【解决方案】

（1）本任务中使用的头文件有 stdlib.h、stdio.h、time.h。

（2）定义变量 key 用于保存产生的随机数，变量 n 用于保存游戏用户的输入，变量 i 作为循环变量，grade 表示分数（初值为 100 分），这些量均是整数。

（3）调用 srand()设置随机数种子。

（4）调用 rand()函数产生 1～100 之间的随机数保存到 key 中。

（5）为 i 赋值 0。

（6）判断 i 是否小于等于 5，若是，则继续下一步；否则转到（12）执行。

（7）调用 scanf 函数为 n 输入一个整数。

（8）判断 n 是否等于 key，若等于，则输出 grade 的值并转到（12）执行；否则继续下一步。

（9）　grade 的值减去 20 后赋值给 grade，表示猜错一次扣 20 分。

（10）　判断 key 是否大于 *n*，如果大于，表示所猜数大，提示相应信息；否则说明所猜数小，输出相应信息。

（11）　*i* 自增 1 后转到（6）执行。

（12）　判断 *i* 是否等于 5，若是，则表示 5 次全错，输出相应提示信息。

（13）　结束程序。

【源程序】

```
/*程序名称: 4_10.c                                    */
#include <stdio.h>
#include <stdlib.h>
#include <time.h>
int main() {
    int i, key, n, grade=100;
    srand((unsigned)time(NULL));/*设置随机数种子,使后面 rand 函数产生不同的数*/
    key =1 + rand() % 100;        /*生成[1, 100]的整数*/
    printf("系统产生了一个1~100之间的整数,你有5次机会,猜猜它是多少?\n\n");
    for(i = 0; i < 5; i++) {
        printf("请输入第 %d 次所猜整数: ", i + 1);
        scanf("%d", &n);
        if(key == n) {
            printf("恭喜你,猜对了! 你真棒!!!\n");
            printf("本次猜数游戏的得分为%d\n", grade);
            break;
        }
        grade = grade - 20;        /*猜错一次扣 20 分*/
        if(key < n) {
            printf("您猜的数大了,再猜猜看……\n");
        }
        if(key> n) {
            printf("您猜的数小了,再猜猜看……\n");
        }
    }
    if(i == 5) {
        printf("5 次猜的数全错了,游戏结束! \n");
    }
    return 0;
}
```

【思考题】

（1）　由程序产生 10 个人的年龄（年龄范围是[0,120]），当所产生年龄是在校大学生年龄（年龄范围是[16,25]）时，输入个人年龄，比较两个年龄是否相等。如果相等，输出"与你同龄，我们很有缘哟！"；否则输出"我们年龄不同哟，等下次吧！"。

（2）　设计小学生数学加法练习板，由系统自动产生 10 道 20 以内的加法式子。每产生一个式子，输入该式子的结果，当 10 道题练习结束时给出该生本次加法练习的成绩。

相关知识——随机函数

在 C 语言中设置随机数种子的函数是 srand()，产生随机数的函数是 rand()，它们都包含在头文件 stdlib.h 中。

（1）srand 函数。

srand 函数的定义如下：

```
void srand (unsigned int seed)
```

从 srand (seed)中指定的 seed 开始，参数 seed 是 rand 函数的种子，用来初始化 rand 函数的起始值。该函数返回一个[seed, RAND_MAX(0x7fff)]间的随机整数。

srand 函数用来设置 rand 函数产生随机数时的随机数种子，参数 seed 必须是个整数，通常可以利用 time(NULL)函数的返回值作为 seed。如果每次 seed 设置相同值，则 rand 函数产生的随机数值一样。

（2）rand 函数。

rand 函数的定义如下：

```
int rand(void)
```

该函数返回 0～RAND_MAX 之间的随机整数，RAND_MAX 是系统定义的最大随机数，可调用 printf 函数输出。

因为 rand 函数用线性同余法产生随机数，所以不是真正的随机数。不过因为其周期特别长，所以在一定的范围内可以看成是随机的。

在使用此函数产生随机数前，必须利用 srand 函数设置随机数种子；否则每次执行时产生的随机数相同。

使用 rand 函数产生指定区间数据的方法如下。

- [0, 1]之间：1.0*rand()/RAND_MAX。
- [0, 100]之间：rand()%101。
- [100, 200]之间：(rand()%101)+100。

【例 4-6】产生 1～100 之间的随机数（此例未设随机数种子）。

```
/*程序名称：4_11.c                        */
#include <stdio.h>
#include <stdlib.h>
int main() {
  int i, j;
  for(i = 0; i < 10; i++) {
    j = 1 + rand() % 100;
    printf("%d ", j);
  }
  printf("\n");
  return 0;
}
```

反复运行该程序可以发现产生的随机数序列完全相同。

【例 4-7】产生 1～100 之间的随机数。

```
/*程序名称：4_12.c                                    */
#include <stdio.h>
#include <stdlib.h>
#include <time.h>
int main() {
  int i, j;
  srand((int)time(NULL));          /*设置随机数种子为机器时间*/
  for(i = 0; i < 10; i++) {
    j = 1 + (int)(10.0 * rand() /(RAND_MAX + 1.0));
    printf("%4d", j);
  }
  printf("\n");
  return 0;
}
```

关于随机函数更多的应用请读者查阅相关资料。

案例 6 百钱买百鸡

【任务描述】

百钱买百鸡问题是中国古代数学家张丘建在其《算经》中提出的，具体描述为"鸡翁一，值钱五；鸡母一，值钱三；鸡雏三，值钱一。百钱买百鸡，翁、母、雏各几何？"

【任务分析】

本案例涉及的量及范围为鸡翁（范围是[0, 20]）、鸡母（范围是[0, 33]）和鸡雏（范围是[0, 100]）。

本任务从数学角度列出的方程如 4-1 所示。

$$\begin{cases} 鸡翁+鸡母+鸡雏=100 \\ 5\times鸡翁+3*鸡母+\dfrac{鸡雏}{3}=100 \end{cases} \qquad （方程 4-1）$$

本方程组是两个式子 3 个量，按照一般解方程求解比较困难。若对每一个量的每一个取值进行组合，然后将每一个组合代入方程尝试，当某一组合满足以上方程的条件时，则该组合即为结果之一。

本任务中重复的工作是将每一组取值代入方程组进行尝试。

为了防止漏取某个值，采用重循环的"外层循环走一格，内层循环转一圈"的特点，构造三重循环产生可能解的组合解决此问题。

注意：鸡雏是一钱 3 只，钱不可分，因此鸡雏的只数一定是 3 的倍数。

【解决方案】

（1）定义整型变量 cock、hen、chick 分别表示鸡翁、鸡母、鸡雏的数量。

（2）为 cock 赋值 0。

（3）判断 cock 是否小于等于 20，若是，则继续下一步；否则转到（13）执行。

（4）为 hen 赋值 0。

（5）判断 hen 是否小于等于 33，若是，则继续下一步；否则转到（12）执行。

（6）为 chick 赋值 0。

（7）判断 chick 是否小于等于 100，若是，则继续下一步；否则转到（11）执行。

（8）判断 chick 是否是 3 的倍数，若不是，则转到（7）执行；否则继续下一步。

（9）判断 cock+hen+chick 且 5cock+3hen+chick/3 是否等于 100，若等于，则输出此解。

（10）chick 自增 1 后转到（7）继续执行。

（11）hen 自增 1 后转到（5）继续执行。

（12）cock 自增 1 后转到（3）继续执行。

（13）结束程序。

【源程序】

```
/*程序名称：4_13.c                           */
#include <stdio.h>
int main() {
  int cock, hen, chick;
  printf("鸡翁 \t 鸡母 \t 鸡雏 \n");
  for(cock = 0; cock <= 20; cock++) {
    for(hen = 0; hen <= 33; hen++) {
        for(chick = 0; chick <= 100; chick++) {
            if(chick % 3 != 0)/*确保鸡雏是 3 的倍数*/
                continue;
            if(cock+hen+chick == 100 && 5*cock+3*hen+chick/3 == 100 )
                printf(" %d \t %d \t %d\n", cock, hen, chick);
            /*输出符合条件鸡翁、鸡母和鸡雏的数量*/
        }
    }
  }
  return 0;
}
```

【说明】

分析以上程序可知 3 类鸡的可能组合共有 21*34*101=72114 组，程序需要一一尝试所有可能组合。而解只有 4 组，显然程序的运行效率太低。为了进一步提高程序效率，修改程序如下。

（1）在鸡翁（cock）、鸡母（hen）的数量确定之后，根据问题的描述，鸡雏的数量 chick 一定等于 100 - cock - hen。

（2）约束条件只剩下一个，即 5*cock+ 3*hen + chick /3 = 100。

改进后的源程序如下：

```
/*程序名称：4_14.c                           */
#include <stdio.h>
```

```
int main() {
  int cock, hen, chick;
  printf("鸡翁 \t 鸡母 \t 鸡雏 \n");
  for(cock = 0; cock <= 20; cock++) {
    for(hen = 0; hen <= 33; hen++) {
      chick = 100 - cock - hen;     /*直接计算出鸡雏的数量*/
      if(chick % 3 != 0)            /*不是3的倍数则一定不是解*/
        continue;
      if(5 * cock + 3 * hen + chick /3 == 100 ) {
        printf("%d \t %d \t %d\n", cock, hen, chick);
      }
    }
  }
  return 0;
}
```

分析以上程序可知,本程序只须尝试21*34=714组可能解,程序的时间效率相比4_13.c有明显提升。

相关知识——穷举法

穷举法的基本思想是根据题目的部分条件确定答案的大致范围，并在此范围内逐一验证所有可能的情况，直到全部情况验证完毕。若某个情况验证符合题目的全部条件，则为本问题的一组解；若全部情况验证后都不符合题目的全部条件，则本题无解。

针对穷举的应用一般有3种，一是顺序穷举，如百钱买百鸡问题、百人搬百砖问题等；二是排列穷举，如寻找嫌疑人问题、比赛结果预测等；三是组合穷举，如摸球游戏。

用穷举法解决问题通常可以从如下两个方面设计。

（1）确定枚举量并找出枚举范围：分析问题所涉及的量及每个量的取值范围。

例如，在"百钱买百鸡"问题中涉及的量为鸡翁、鸡母、鸡雏，根据题意确定的取值范围分别为[0, 20]、[0, 33]、[0, 100]。

（2）找出约束条件：分析问题的解需要满足的条件，并用逻辑表达式表示。

例如，在"百钱买百鸡"问题中，题目给出的条件是鸡的只数总共为100只，并且3类鸡的总钱数共计为100钱。

【思考题】

龟蝉螃蟹二十仨，百条腿往下扎，问龟、蝉、螃蟹各几何？

提示：龟4条腿，蝉6条腿，螃蟹8条腿。

案例7 八戒吃西瓜

【任务描述】

话说一日，唐僧师徒在西行的路上又饥又渴，唐僧命八戒前去化缘。八戒腾云一去128里路，低头一看正好下面有一大块西瓜地，西瓜已经成熟。八戒掐住云头，落在瓜地，给看瓜的老者说明来意。老者非常高兴，摘了很多西瓜送给八戒。八戒看送的西瓜太多，直接背回去太累。想到回去自己也要吃，索性就在地头吃了一半。感觉不过瘾，当即又多吃了一个。然后背上西瓜往回走，走了路程的一半，八戒感到很累。看看这么多西瓜，他们可能也吃不完，索性又吃了一半多一个。

就这样在回去的路上，每走剩余路程的一半，八戒就吃西瓜的一半多一个。当离师傅还有一里路时，八戒又想吃西瓜，却发现只剩下一个西瓜了。

请问老者送给八戒多少个西瓜？

【任务分析】

本案例涉及的量有路程（范围是[1, 128]）、西瓜个数。

西瓜个数在离师傅一里时是 1 个，这是初始条件。需要重复做的工作是路程在原来的基础上翻一倍，西瓜的个数在原来的基础上加 1 后也翻一倍。

【解决方案】

（1） 定义整型变量 d、m 分别表示路程和西瓜的个数，并且西瓜的初始值是 1。

（2） 为 d 赋值为 2，因为 1 里时西瓜是一个，不用再计算。

（3） 判断 d 是否小于等于 128，若小于，则继续下一步；否则转到（7）执行。

（4） m 加 1 后乘以 2 赋值给 m。

（5） d 乘以 2 后赋值给 d。

（6） 转到（3）继续执行。

（7） 输出 m 的值后结束程序。

【源程序】

```
/*程序名称：4_15.c                                    */
#include <stdio.h>
int main() {
    int d, m = 1;
    for(d = 2; d <= 128; d = 2 * d) {
        m = 2 * (m + 1);
    }
    printf("老者送给八戒的西瓜是%d 个\n", m);
    return 0;
}
```

【说明】

该任务属于典型的递推问题，递推问题可以分为正向递推和逆向递推两种，有兴趣的读者可以查阅相关资料。

【思考题】

有好事者想知道一年内一对兔子能繁殖多少对，于是就把一对新出生的兔子关在一个牧场中确保其健康成长。

已知一对成年兔子每个月可以生一对小兔子，而一对兔子从出生后第 3 个月起每月生一对小兔子。假如一年内没有任何死亡现象发生，那么一对兔子一年（12 个月）能繁殖多少对？两年（24 个月）呢？

本章小结

本章结合案例介绍了另外两种循环结构语句（for 和 do-while 语句）的语法和相应的编程方法，讨论了计数型循环和条件型循环的设计方法与技巧，阐述了多重循环的构成及应用实例；另外分析了 continue 和 break 语句的作用，并结合经典问题的处理进一步讨论了如何灵活运用 3 种循环语句和选择语句实现复杂问题的处理。

习题

一、选择题

1. 以下程序中，循环体的执行次数是_____。

```c
#include <stdio.h>
int main() {
 int i, j;
 for(i = 0, j = 1; i <= j + 1; i += 2, j--) {
     printf("%d \n", i);
 }
 return 0;
}
```

A. 3   B. 2   C. 1   D. 0

2. 以下叙述正确的是_____。

A. do-while 语句构成的循环不能用其他循环语句构成的循环来代替

B. do-while 语句构成的循环只能用 break 语句退出

C. 用 do-while 语句构成的循环，有可能循环体一次也不会执行

D. 用 do-while 语句构成的循环，在 while 后的表达式为假时结束循环

3. 以下程序的运行结果是_____。

```c
#include <stdio.h>
int main() {
 int  a, y;
 a = 10;
 y = 0;
 do {
     a += 2;
     y += a;
     printf("a=%d y=%d\n", a, y);
     if(y> 20)
         break;
 } while(a == 14);
```

```
    return 0;
}
```

A. a=12 y=12
   a=14 y=16
   a=16 y=20
   a=18 y=24
C. a=12 y=12

B. a=12 y=12
   a=14 y=26
   a=14 y=44

D. a=12 y=12
   a=16 y=28

4. 以下程序的输出结果是_____。

```c
#include <stdio.h>
int main() {
 int num = 0;
 while(num <= 2) {
     num++;
     printf("%d\n", num);
 }
 return 0;
}
```

A. 1   B. 1   C. 1   D. 1
   2   2   2
   3   3
   4

5. 以下程序的输出结果是_____。

```c
#include <stdio.h>
int main() {
 int i;
 for(i = 9; i>= 7; i--) {
     printf("%d,", 10 - i);
 }
 return 0;
}
```

A. 1,2,3   B. 9,8,7   C. 0,1,2   D. 10,9,8

6. 以下程序的输出结果是_____。

```c
#include <stdio.h>
int main() {
 int  a, b;
 for(a = 1, b = 1; a <= 100; a++) {
     if(b>= 10)
        break;
     if (b % 3 == 1) {
        b += 3;
        continue;
```

```
    }
  }
  printf("%d\n", a);
  return 0;
}
```

A. 101   B. 6   C. 5   D. 4

7. 以下程序段中，for 语句中循环体的执行次数是_____。

```
for(i = 1; i < 10; i = i + 2){
  ......
}
```

A. 1   B. 10
C. 5   D. 死循环

8. 以下程序的输出结果是_____。

```
#include <stdio.h>
int main() {
  int a = 0, i;
  for(i = 1; i < 5; i++) {
      switch(i) {
          case 0:
          case 3:
              a += 2;
          case 1:
          case 2:
              a += 3;
          default:
              a += 5;
      }
  }
  printf("%d\n", a);
  return 0;
}
```

A. 31   B. 13   C. 10   D. 20

9. 以下程序的输出结果是_____。

```
#include <stdio.h>
int main() {
  int  i = 0, a = 0;
  while(i < 20) {
      for( ; ; ) {
          if((i % 10) == 0)
              break;
          else  i--;
      }
      i += 11;
      a += i;
  }
```

```
  printf("%d\n", a);
  return 0;
}
```

    A. 21   B. 32   C. 33   D. 11

10. 以下程序的功能是按顺序读入 10 名学生 4 门课程的成绩，计算每位学生的平均分并输出。

```
#include <stdio.h>
int main() {
  int n, k;
  float score, sum;
  for(n = 1; n <= 10; n++) {
      sum = 0.0;
      for(k = 1; k <= 4; k++) {
          scanf("%f", &score);
          sum += score;
          sum = sum / 4.0;
      }
      printf("NO%d:%f\n", n, sum);
  }
  return 0;
}
```

上述程序运行后结果错误，调试中发现有一条语句在程序中的位置错误，这条语句是_____。

    A. sum=0.0;   B. sum+=score;

    C. sum = sum / 4.0;   D. printf("NO%d:%f\n",n, sum);

二、填空题

1. 下面程序的功能是计算[1, 10]之间奇数之和及偶数之和，请填空。

```
#include <stdio.h>
int main() {
  int a, b, c, i;
  a = c = 0;
  for(i = 1; i <= 10; i += 2) {
      a += i;
      _____
      c += b;
  }
  printf("奇数之和=%d\n", a);
  printf("偶数之和=%d\n", c);
  return 0;
}
```

2. 下面程序的功能是输出 100 以内能被 3 整除且个位数为 6 的所有整数，请填空。

```
#include <stdio.h>
int main() {
```

```
int  i, j;
for(i = 0; i < 10; i++) {
    j = i * 10 + 6;
    if(_____)
        continue;
    printf("%d,", j);
}
return 0;
}
```

3. 以下程序的输出结果是_____。

```
#include <stdio.h>
int main() {
 int i = 10, j = 0;
 do {
    j = j + i;
    i--;
 }while(i> 2);
 printf("%d\n", j);
 return 0;
}
```

4. 以下程序运行时输入 2 019，则输出结果是_____。

```
#include <stdio.h>
int main() {
 int   n1, n2;
 scanf("%d", &n2);
 while(n2 != 0) {
    n1 = n2 % 10;
    n2 = n2 /10;
    printf("%d", n1);
 }
 printf("\n");
 return 0;
}
```

5. 以下程序的输出结果是_____。

```
#include <stdio.h>
int main() {
 int  s, i;
 for(s = 0, i = 1; i < 3; i++, s += i) ;
 printf("%d\n", s);
 return 0;
}
```

三、编程题

1. 输入一批正整数（以 0 或负数为结束标志），求其中的偶数和。

2. 输入一个整数，求其各位数字之和及逆序数。

例如，输入 234，输出各位数字之和是 9，逆序数是 432。

3. 输入两个正整数 *a* 和 *n*，求 *a*+*aa*+*aaa*+…+*aa*…*a*（*n* 个 *a*）之和。

例如，输入 2 和 3，输出 2+22+222=246。

4. 使用格里高利公式求 π 的近似值，要求精确到最后一项的绝对值小于 10^{-6}。

格里高利公式如公式 4-2 所示。

$$\frac{\pi}{4}=1-\frac{1}{3}+\frac{1}{5}-\frac{1}{7}+\cdots \qquad\text{（公式 4-2）}$$

5. 输出 100～200 之间的所有素数，每行输出 8 个。素数是除了 1 及其自身不能被其他数整除的数。

6. 输入两个正整数 *m* 和 *n*，求其最大公约数。

例如，输入 58 和 24，输出的最大公约数是 2。

7. 猴子吃桃问题：猴子第 1 天摘下若干个桃子，当即吃了一半。不过瘾，又多吃了一个。第 2 天将剩下的桃子吃掉一半，并多吃了一个。以后每天都吃了前一天剩下的一半零一个。到第 10 天想再吃时，只剩了一个桃子，求第 1 天共摘了多少桃子？

8. 一个球从 100 米高度自由落下，每次落地后反跳回原高度的一半再落下。求它在第 10 次落地时，共经过多少米？第 10 次反弹多高？

9. 将一个正整数分解质因数。

例如，输入 90，输出 90=2*3*3*5。

10. 验证哥德巴赫猜想：任何一个大于 6 的偶数均可表示为两个素数之和。

例如，6=3+3，8=3+5，…，18=7+11。要求将 6～100 之间的偶数都表示为两个素数之和，打印时一行打印 5 组。

实训项目

一、猜数游戏

（1）实训目标。

- 利用计算机程序完成猜数游戏。
- 熟悉循环结构程序的设计方法。

（2）实训要求。

- 用 C 语言编写猜数游戏程序，需求与案例 4 类同。但要求用 while 语句实现并且允许用户无限次猜数，直到猜对为止，最后输出总的猜数次数。
- 用 do-while 语句修改上面用 while 语句编写的程序，允许用户无限次猜数。直到猜对为止，最后输出总的猜数次数。
- 调试并运行该程序。

二、输出所有四叶玫瑰数

（1）实训目标。

- 编程判断及输出四叶玫瑰数。

- 熟悉循环结构程序的设计方法。

（2） 实训要求。

- 明确四叶玫瑰数的概念，它指一个满足各位数字的 4 次幂之和等于其自身的 4 位整数。例如，四叶玫瑰数 1 634 各位数字的 4 次幂之和是 $1^4+6^4+3^4+4^4$=1+1296+81+256=1634。

- 用 C 语言编写一个程序穷举每一个 4 位数，在穷举时要求将每一个 4 位数先进行逐位分解，然后运用以上规则判断当前数是否为四叶玫瑰数。若是，则输出该数；否则不输出。忽略是否四叶玫瑰数，均需要继续分解与判断下一个 4 位数，直至判断完毕所有 4 位数。

- 调试并运行该程序。

第5章　函　数

学习目标

通过本章的学习，培养读者根据需要自行定义函数的能力，以及利用函数嵌套调用编写相应程序处理复杂问题的能力，最后通过实例让读者认识到变量的存储类型及作用范围、编译和预处理等基础知识的重要性。

主要内容

◆　函数定义、调用、返回值及分类。

◆　变量的存储类别及作用域。

◆　函数的设计与调用。

◆　用函数完成递归问题求解。

◆　编译和预处理。

案例 1　居民日常计费系统

【任务描述】

某软件公司需要为 A 社区开发一个居民日常计费系统，功能包括计算电费、水费、燃气费。

【任务分析】

经实际调研确定日常计算当月电费、水费、燃气费为居民日常计费系统的功能需求，电费、水费、燃气费的收费标准如下。

（1）　电费：参考第 3 章的案例 1。

（2）　水费：第 1 阶梯为当月用水量在 0～15 吨（含 15 吨），2.5 元/吨；第 2 阶梯为当月用水量大于 15 吨，超过部分为 4 元/吨。

（3）燃气费：第 1 阶梯为当月用气量在 0～50 米^3（含 50 米^3），2.19 元/米^3；第 2 阶梯为当月用气量大于 50 米^3，超过部分为 2.79 元/米^3。

由于该系统支持 3 种费用的计算，并且每类费用的收费标准不同，因此必须在计算费用之初考虑收费的类型。在进入日常计费系统后先给出选项界面，即功能菜单，供用户选择计费的类型。根据不同的输入，转到不同的计费函数执行。

【解决方案】

设计一个简易菜单，通过选择不同的选项来完成不同的计费功能，如选择 1、2、3 分别计算居民电费、水费、燃气费；选择 0 退出计费系统；选择其他数字则显示输入错误的提示信息。

（1）子任务 1：设计 menu 函数，显示计费系统所有可供选择的功能选项并转到对应的计费函数计费。

（2）子任务 2：设计 elec_cost 函数计算居民当月电费，该函数带一个参数 x，即当月所用的电量，计算电费后直接输出。

（3）子任务 3：设计 water_cost 函数计算居民当月水费，该函数提示用户输入当月用水量，计算当月水费后返回给 menu 函数。

（4）子任务 4：设计 gas_cost 函数计算居民当月燃气费，该函数带一个参数 x，即当月所用的燃气量，计算燃气费后返回给 menu 函数。

（5）子任务 5：设计 main 函数，负责调用计费系统菜单函数。

居民日常计费系统的功能结构如图 5-1 所示。

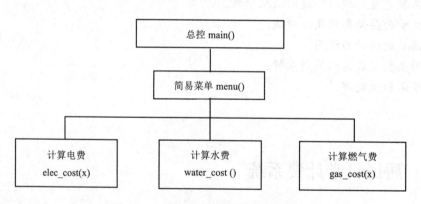

图 5-1　居民日常计费系统的功能结构

【源程序】

```
/*程序名称：5_1.c                                    */
#include <stdio.h>              /*预编译命令*/

void menu();                    /*简易菜单函数声明*/
void elec_cost(int x);          /*计算电费的函数声明*/
double water_cost();            /*计算水费的函数声明*/
double gas_cost(int x);         /*计算燃气费的函数声明*/
```

```c
int main() {
    /*主函数负责调用收费系统的菜单函数*/
    menu();                          /*具体计算交给 menu 负责*/
    return 0;
}
/* 简易菜单: 显示收费系统所有可供选择的功能信息*/
void menu() {                        /*无参无返回值函数*/
    int select, x;
    while( 1 ) {
        printf("*********************************************\n");
        printf("**       欢迎使用居民日常计费系统          **\n");
        printf("*********************************************\n");
        printf("*      1-计算电费          2-计算水费       *\n");
        printf("*      3-计算燃气费        0-退出计费系统   *\n");
        printf("*********************************************\n");
        printf("请输入选项编号: " );
        scanf("%d", &select);
        if (select < 0 || select> 3) {
            printf("您的输入有误,请重新输入!\n");
        } else if(select == 0) {
            printf("感谢您的使用,再见!\n");
            break;
        } else {
            switch (select) {
                case 1:
                    printf("输入居民当月的用电量: ");
                    scanf("%d", &x);
                    elec_cost(x);    /*电费的计算与费用的输出交给函数 elec_cost*/
                    break;
                case 2:
                    /*输入水费、计算及费用的输出交给 water_cost 函数*/
                    printf("当月的水费为: %.2f\n", water_cost(x));
                    break;
                case 3:
                    printf("请输入居民当月的用气量: ");
                    scanf("%d", &x);
                    /*燃气费的计算交给 gas_cost 函数*/
                    printf("当月的燃气费为: %.2f\n", gas_cost(x) );
                    break;
            }
        }
    }
}
/*计算并输出电费的函数*/
void elec_cost(int x) {               /*有参无返回值函数*/
    double cost;
```

```
   if(x <= 180)
     cost = x * 0.56;
   else if(x <= 260)
     cost = 180 * 0.56 + (x - 180) * 0.61;
   else
     cost = 180 * 0.56 + (260 - 180) * 0.61 + (x - 260) * 0.86;
   printf("当月的电费为: %.2f\n", cost);
}
/*输入用水量并计算水费的函数*/
double water_cost() {                    /*无参有返回值函数*/
   int x;
   double cost;
   printf("请输入居民当月的用水量: ");
   scanf("%d", &x);
   if(x> 0 && x <= 15)
     cost = 4 * x /3;
   else
     cost = 2.5 * x - 10.5;
   return cost;
}
/*计算燃气费的函数*/
double gas_cost(int x) {                    /*有参有返回值函数*/
   double cost;
   if(x> 0 && x <= 50)
     cost = 1.89 * x;
   else
     cost = 1.89 * 50 + 2.19*(x-50);
   return cost;
}
```

相关知识——函数基础

C 语言又被称为"函数语言"，所有功能的实现都由函数完成。

函数是 C 语言程序的基本模块，通过对函数的调用实现特定的功能，这是 C 语言中模块化的程序设计思路。

（一）函数的定义

函数的一般定义形式如下：

```
函数返回值类型　函数名（形式参数列表）/* 函数头 */
{/* 函数体 */
    声明部分
    执行部分
}
```

函数：由函数头（函数首部）和函数体两个部分组成，函数头包括函数返回值类型（函数类型）、函数名及形式参数（简称为"形参"）列表。

（1）函数返回值类型：可以是基本数据类型，也可以是构造类型。

（2）函数名及形参列表：函数名是有效的标识符，命名一段程序代码的名字，定义后直接用这个名字调用这段程序代码。函数名后面的圆括号内是形参列表，无参函数没有参数传递，但圆括号不能省略。例如，void menu( )是无参函数，形参列表为空。形参列表声明参数的类型和形参的名称，形参之间用逗号分隔。

同类型的形参必须一一给出类型，例如，int add(int *x*, int *y*)不可以写成 int add(int *x*, *y*)。

函数体是函数首部后面用一对花括号括起的部分，如果函数体内有多对花括号，最外层是函数体的范围。

函数体一般包括声明与执行部分，声明部分定义函数所使用的变量和有关声明（如函数声明）；执行部分为程序段，由若干个语句组成，可以在其中调用其他函数。

（二）函数的分类

从函数的来源分为如下两类。

（1）标准函数：即库函数，由系统提供，用户可以直接使用，但使用前需要导入其所在头文件。

需要说明的是不同的 C 语言开发环境提供的库函数的数量和功能略有不同。

（2）用户自定义函数：由用户定义完成特定的功能。

从函数的参数形式分为如下两类。

（1）无参函数：在案例 1 中，menu( )就是无参函数，形参列表为空。在调用无参函数时，主调函数 main 不向被调用函数 menu 传递数据。

无参函数一般用来执行特定的一组操作。

（2）有参函数：在案例 1 中，gas_cost (int *x*)就是有参函数。在调用有参函数时，主调函数通过实参向被调函数传递数据。

从函数的返回值分为如下两类。

（1）无返回值函数：在案例 1 中，menu( )就是无返回值函数，该函数的作用仅在屏幕上显示菜单提示。

（2）有返回值函数：在案例 1 中，gas_cost (int x)就是有返回值函数，将计算的燃气费通过 return 返回给主调函数 menu。

综合以上情况，将函数分为以下 4 类：

（1）无参无返回值函数：如案例 1 中的 void menu()。

（2）有参无返回值函数：如案例 1 中的 void elec_cost(int *x*)。

（3）无参有返回值函数：如案例 1 中的 double water_cost()。

（4）有参有返回值函数：如案例 1 中的 double gas_cost(int *x*)。

（三）函数声明

函数声明又称为"函数说明"，在程序中对函数实行"先定义，后调用"的原则。在 VC 6.0 环境中，如果函数定义在调用之前，则可以直接调用，不需要声明；如果函数定义在调用之后，则声明后才能调用；在 Dev-C++环境中，函数定义在调用函数的前后不管有无函数声明均可正常调用，但建议进行函数声明。

（1） 声明标准库函数。

如果被调用函数是 C 语言提供的标准库函数，必须在程序的开头部分用文件包含命令 #include 导入对应的头文件。例如，前面使用的 printf、sqrt 等函数。其中 printf 函数包含在标准输入/输出头文件 stdio.h 中，sqrt 函数包含在数学头文件 math.h 中，因此在使用这些函数之前必须在程序开头部分用下面的语句声明：

```
#include <stdio.h>
#include <math.h>
```

（2） 声明自定义函数。

如果被调用的函数为自定义函数，并且函数定义与主调函数在同一程序文件中，则在调用前用函数声明语句声明，其格式为：

函数返回值类型　函数名(形参列表)　;

声明与函数定义的头部相同，不同之处一是函数定义的头部括号后不能加分号，而函数声明括号后必须加分号；二是函数定义时必须提供真实可用的形参名，而函数声明时形参名可有可无。

为了提高程序的书写速度，一般先定义函数，然后复制函数头部粘贴到适当位置后加分号即为函数声明。

函数声明一般放在文件或者函数首部，如案例 1 的函数声明全部放在文件包含的后面。

（四） 调用函数

调用函数的格式为：

函数名（[实参列表]）

函数的调用必须依照函数的定义进行，调用函数时所用的参数为实参。若有多个，则之间用逗号隔开。

调用函数时，实参不能带类型，只给出实参名。

若定义的函数是无参的函数，则调用时只给出函数名及一对圆括号；若定义的函数是有参函数且有多个参数，则调用时必须做到函数名、参数个数、参数类型、参数次序对应。

一般来说，按照调用函数在程序中出现的位置来划分，C 语言有如下 3 种常用的调用函数方式。

（1） 函数表达式。

调用函数作为组成部分出现在表达式中，用函数返回值参与表达式的运算。这时要求函数必须返回一个适当的值以参加表达式的运算，如 $y = \mathrm{sqrt}(x) + 1$ 是赋值表达式。函数 sqrt 是此表达式的一部分，把 sqrt 的返回值加 1 后赋给变量 y。

（2） 函数语句。

把调用函数单独作为一个语句，即调用函数的后面直接加上分号，如案例 1 中的 menu( ) 以函数语句的方式被调用。这时不要求函数有返回值，只要求函数完成特定的操作即可。

若函数有返回值，函数语句只是将结果保存到内存中。

（3） 函数参数。

调用函数作为另一个函数的实际参数出现，这种情况是把该函数的返回值作为实参传送，因此要求该函数必须有返回值，如：

```
printf("应交纳的水费为：%.2f\n", water_cost(x));
```

把调用函数 water_cost 的返回值又作为 printf 函数的实参来使用，这种形式构成了函数的嵌套调用。

【思考题】

（1） 定义并调用函数 fun1(int *n*)，实现输出[1, *n*]之间所有 3 或者 7 的倍数之和。

（2） 定义并调用函数 cube()输出所有的水仙花数。

案例 2　最小公倍数

【任务描述】

输入两个整数，计算并输出它们的最小公倍数。

【任务分析】

本任务的功能包括输入两个整数、交换两个整数确保第 1 个数大于等于第 2 个数、利用辗转相除法求最大公约数、将两个整数相乘后除以最大公约数即为所求的最小公倍数。

功能分解为 main 函数负责输入两个整数，函数 1 负责将两个数的交换及求最小公倍数，函数 2 利用辗转相除法求最大公约数。

main 函数将接收的输入量通过调用函数 1 的方式传递给函数 1，main 函数不接收函数 1 的返回信息。

函数 1 将满足条件的两个整数通过调用函数 2 的方式传递给函数 2，并接收函数 2 的计算结果用于计算最小公倍数并输出，不返回任何信息给 main 函数。

函数 2 接收函数 1 传递来的两个整数，并利用辗转相除法求出最大公约数，然后将最大公约数返回给函数 1。

【解决方案】

（1） 定义函数 cm 实现函数 1 的功能。

（2） 定义函数 gcd 实现函数 2 的功能。

（3） 编写函数 main 实现输入的两个整数并通过调用函数 cm 将两个整数传递给 cm。

【源程序】

```
/*程序名称：5_6.c                               */
#include <stdio.h>
int gcd(int m,int n); /*函数声明*/
void cm(int m,int n); /*函数声明*/
int main() {
```

```
    int m, n;
    printf("请输入两个整数：");
    scanf("%d%d", &m, &n);
    cm(m, n);/*调用求最小公倍数的函数*/
    return 0;
}
/*定义求最小公倍数函数*/
void cm(int m, int n) {
    int t;
    if(m < n) {/*确保辗转相除法时的第1个数大于等于第2个数*/
        t = m;
        m = n;
        n = t;
    }
    t = gcd(m, n);/*调用求最大公约数的函数*
    printf("%d 与%d 的最小公倍数是%d\n", m, n, m * n /t);
}
/*定义求最大公约数函数*/
int gcd(int m, int n) {
    int r;
    while(n != 0) {   /*利用辗转相除法求最大公约数*/
        r = m % n;
        m = n;
        n = r;
    }
    return m;
}
```

相关知识——函数的嵌套调用

函数的嵌套调用即在一个函数中调用另外一个或多个函数。

例如，案例 3 的源程序中的函数 main( )调用了求两个整数最小公倍数的函数 cm，在函数 cm 中调用了求两个整数最大公约数的函数 gcd。函数调用关系如图 5-2 所示。

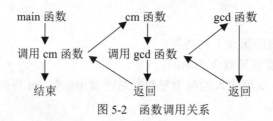

图 5-2 函数调用关系

图中表示 3 层嵌套的函数调用，执行过程如下。

（1） 从程序入口 main 函数进入，依次执行该函数中的语句。

（2） 遇到调用函数语句 cm(*m*,*n*)，执行流程转去执行 cm 函数。此时 main 函数是主调函数，而 cm 函数是被调函数。

（3） 开始执行 cm 函数。

（4） 遇到函数调用语句 gcd(*m,n*)，执行流程转去执行函数 gcd。此时 cm 函数是主调函数，而 gcd 函数是被调函数。

（5） 开始执行 gcd 函数。该函数没有调用其他函数，流程一直执行到它的最后一条语句 return m;结束，返回主调函数 cm。

（6） 返回 cm 函数中调用 gcd 函数的语句处，继续执行该语句后面的赋值功能。即将函数返回值赋值给变量 *t*，继续执行后续其他语句，直到执行完毕 cm 函数的全部语句。

（7） 返回 main 函数调用 cm 函数的语句处，继续执行 main 函数尚未完成的部分，直到执行完毕。

【思考题】

（1） 函数 fun2(int year)的功能是判断形参 year 是否为闰年，该年份 year 由主调函数 fun1 传入；函数 fun1()的功能是对 2000 年—2500 年进行遍历，通过调用函数 fun1 输出其中的闰年。

（2） 函数 fun()的功能是调用 rand 函数自动产生 100 个[1,100]之间的整数，判断所产生的数中在[1,10]之间数的个数是否符合比例。即随机产生 100 个整数，正好有 10%的数在该范围则满足要求。若产生 10 000 个或者产生 1 000 000 个[1,100]之间的整数呢？

案例 3 "魔幻"长方体

【任务描述】

编写程序，要求在主函数 main 外、主函数 main 内、主函数 main 内的复合语句中定义相同变量名表示的长方体的长、宽和高，计算并输出长方体的表面积与体积。

【任务分析】

本任务中所涉及的量有 3 个长方体（分别位于主函数 main 外、主函数 main 内、主函数 main 内的复合语句中）、每个长方体的表面积与体积。

任务没有要求输入 3 个长方体的长、宽和高，为了降低任务难度，采用为变量赋值的方式直接给定 3 个长方体的相关信息。

长方体的表面积计算公式为 2（长×宽）+2（长×高）+2（宽×高）

长方体的体积计算公式为长×宽×高。

解决问题的关键是明确当前的长方体是哪一个长方体。

【解决方案】

（1） 定义 3 个 double 类型变量 *f*、*w* 和 *h*，分别保存长方体的长、宽、高。为每一个长方体的长、宽、高直接赋值，3 个长方体分别位于主函数 main 外、主函数 main 内、主函数 main 内的复合语句中。

（2） 定义函数 sv(double *f*, double *w*, double *h*)计算长方体的表面积和体积。

（3） 定义函数 fun()计算并输出主函数 main 外长方体的相关信息。

【源程序】

```
/*程序名称: 5_2.c                                        */
#include <stdio.h>
/* 函数声明 */
void sv(double f, double w, double h);
void fun();
/* 全局变量表示的长方体 */
double f = 2.2, w = 3.3, h = 2.1;
int main() {
    double f = 2, w = 3, h = 4;              /*局部变量表示的长方体 */
    printf("main 中长方体的相关信息: \n");
    sv(f, w, h);
    {
        /*main 内部定义了复合语句*/
        double f = 10, w = 20, h = 30;       /*复合语句中定义的长方体 */
        printf("复合语句中长方体的相关信息: \n");
        sv(f, w, h);
    }
    fun();
    return 0;
}
void sv(double f, double w, double h) {
    printf("长方体的长、宽和高分别是%5.2f,%5.2f,%5.2f.\n", f, w, h);
    /*计算长方体的表面积*/
    printf("表面积是%-7.2f\t", 2 * (f * w) + 2 * (f * h) + 2 * (w * h));
    printf("体积是%-7.2f.\n\n", f * w * h); /*计算体积*/
}
void fun() {
    printf("main 外长方体的相关信息: \n");
    sv(f, w, h); /*同样的计算直接调用已有函数实现代码复用目的*/
}
```

【说明】

本案例易出错的原因在于每一处变量重名造成不能分清当前是哪一个长方体。

相关知识——变量进阶

（一）局部变量与全局变量

变量的有效范围或者变量的可见性即变量的作用域，定义变量的位置决定了变量的作用域。C 语言中的变量按作用域范围分为如下两类。

（1）局部变量。

局部变量是指在一定范围内有效的变量。

在 C 语言程序中，以下各位置定义的变量均属于局部变量。

- 在函数体内定义的变量：在本函数范围内有效，作用域局限于函数体内。
- 在复合语句内定义的变量：在本复合语句范围内有效，作用域局限于复合语句内。
- 函数的形参也是局部变量：只在其所属函数范围内有效。

例如：

```
double  fun1(int x, int y)
/* x、y、m、n 为局部变量，在 fun1 函数内有效（作用域 fun1 函数）*/
{
    int m, n;
    ......        x、y、m、n 有效
}

int  fun2(char ch)  /*ch、a、b 为局部变量，在 fun2 函数内有效（作用域为 fun2 函数）
*/
{
    int a, b;
    ......        ch、a、b 有效
}

main()
{/*a,b 为局部变量，在 main 函数内有效（作用域为 main 函数） */
int a, b;
    ......
    {
    int x, y;    /* x、y 是局部变量，在复合语句中        a、b 在 main 函数
                有效（作用域为该复合语句）  */       中始终有效
......
    }
}
```

【说明】

不同函数和不同的复合语句中允许定义并使用同名变量，因为它们的作用域不同。程序运行时在内存中占据不同的存储单元，各自代表不同的对象，所以它们互不干扰。

一般情况下，在同一段程序中最好不要使用同名变量，以免混淆。

局部变量所在的函数被调用或执行时，系统临时为相应的局部变量分配存储单元。一旦函数执行结束，则系统立即释放这些存储单元，所以在不同函数中的局部变量有不同的有效范围。

【巧记作用范围】

形参的作用范围就是其所属函数。

其他类型局部变量的作用范围为从局部变量定义处向前找离它最近的左花括号，与该左花括号配对的右花括号前定义的局部变量，就是这个局部变量的作用范围。

（2）全局变量。

全局变量也称为"外部变量"，是在函数外部定义的变量。它属于一个源程序文件，而不属于哪一个函数，其作用域是从定义该变量的位置开始至文件结束。

例如：

```
int a, b;               /*全局变量*/
void f1()               /*函数f1*/
{
    int c, d;           /*局部变量，局限于函数f1中*/
    ……
}
float m, n;             /*全局变量*/
int f2()                /*函数f2*/
{
    float p, q;         /*局部变量，局限于函数f2中*/
    ……
}
int main()              /*主函数*/
{
……
}
```

从上例可以看出 a、b、m、n 都是在函数外部定义的全局变量，m 和 n 定义在函数 $f1()$ 之后，而在 $f1$ 函数内未声明 m 和 n，所以它们在 $f1$ 函数内无效；a 和 b 定义在源程序最前面，因此在 $f1$ 函数、f2 函数及 main 内不加声明也可使用。c、d、p、q 在函数内部定义，因此是局部变量，c 和 d 只在函数 $f1$ 函数中有效；p 和 q 则只在函数 $f2$ 函数中有效。

【例 5-1】输入长方体的长、宽、高，求其体积及 3 个面的面积。

```
/*程序名称：5_3.c                                    */
#include <stdio.h>
int s1, s2, s3;
int vs( int a, int b, int c) {
    int v;
    v = a * b * c;
    s1 = a * b;
    s2 = b * c;
    s3 = a * c;
    return v;
}
int main() {
    int v, l, w, h;
    printf("请输入长方体的长、宽、高：\n");
    scanf("%d%d%d", &l, &w, &h);
    v = vs(l, w, h);
    printf("\nv=%d,s1=%d,s2=%d,s3=%d\n", v, s1, s2, s3);
    return 0;
}
```

$s1$、$s2$、$s3$ 定义在源程序最前面，是全局变量，因此在函数 vs 及主函数内不加声明也可使用。

【例 5-2】全局变量与局部变量重名的特殊情况。

```
/*程序名称: 5_4.c                            */
#include <stdio.h>
void add();                    /*函数声明*/
int n1 = 1, n2 = 2;            /*全局变量的定义*/
int main() {/*局部变量与全局变量重名, 则全局变量在主函数内无效, 仅局部变量有效*/
  int n1 = 5, n2 = 6;
  add();
  printf("%d\n", n1 + n2); /*输出 11*/
  return 0;
}
void add() {/*全局变量有效*/
  printf("%d\n", n1 + n2); /*输出 3*/
}
```

【说明】

全局变量可以和局部变量同名, 当局部变量有效时, 同名全局变量无效。

使用全局变量可以增加各个函数之间的数据传输渠道, 在一个函数中改变一个全局变量的值, 在另外的函数中可以使用。

使用全局变量使函数的通用性降低, 使程序的模块化、结构化变差, 所以要慎用全局变量。

(二) 变量生命周期和静态局部变量

C 语言变量的存储类别可以分为动态存储方式和静态存储方式, 变量的存储方式决定了变量的生存周期。动态存储方式在程序运行期间根据需要在栈中为变量分配存储空间, 静态存储方式指在程序运行期间根据需要在堆中为变量分配存储空间。

用户存储空间可以分为程序区、静态存储区和动态存储区 3 个部分。

例如, 执行案例 2 时的存储分配情况如图 5-3 所示。

系统存储区	操作系统 (如 Windows)、语言系统 (如 Dev-C++)		
	程序区 (C 程序代码), 如 main 函数、fun 函数、sv 函数等		
用户存储区	数据区	静态存储区	全局变量, 如 f、w、h
			静态局部变量
		动态存储区 (如自动变量)	main()变量区
			f、w、h
			main 内复合语句变量区
			f、w、h
			......

图 5-3　执行案例 2 时的存储分布情况

(1) 自动存储类型。

自动存储类型的关键字是 auto, 是 C 语言默认的局部变量的存储类型。它也是局部变量最常使用的存储方式, 定义变量时加不加 auto 都表示自动存储类型。

自动存储类型的关键字指定了一个局部变量为自动的，因此自动变量属于局部变量的范畴。这意味着每次执行到定义该变量的语句块时将会为该变量在内存中产生一个新的副本，并对其初始化。

当自动变量所在的函数或复合语句执行结束后自动变量失效，它所在的存储单元被系统释放，所以不能保留原来的自动变量的值。

若再次调用同一函数，系统会为相应的自动变量重新分配存储单元，如下例：

```
#include <stdio.h>
int main(){
    auto int num = 5; /*定义 num 为自动变量*/
    printf("%d\n", num);
    return 0;
}
```

在这个例子中，不论变量 num 的声明是否包含关键字 auto，代码的执行效果都是一样的，函数形参的存储类型默认也是自动的。

当 main 函数调用其他函数时，由于并未运行结束，因此其局部变量仍然存在，还在生存周期中。但由于变量的作用范围，所以使得 main 函数中的局部变量不能在其他函数中使用，只有回到 main 函数后那些局部变量才可继续使用。

变量的作用范围和生存周期是两个不同的概念，要注意区分。

（2）静态局部变量。

在静态存储区中除了全局变量外，还有一种特殊的局部变量，即静态局部变量。

有时希望函数中局部变量的值在函数调用结束后保留原值，这时应该用关键字 static 声明局部变量为静态局部变量。

静态局部变量的空间分配与初始化在编译时完成，在执行程序时不再考虑静态局部变量的定义语句。

静态局部变量的作用域仍然局限于声明它的函数或者复合语句中，但是在函数或者复合语句执行期间，变量将始终保持其值。

分析以下两个程序的运行结果及产生不同运行结果的原因：

```
/*程序 1.c*/
#include <stdio.h>
int add();
int main(){
    int result, i;
    for(i = 1; i <= 3; i++){
        result = add();
        printf("%d " , result);
    }
    return 0;
}
int add() {
    int num = 20;
    num = num + 5;
```

```
/*程序 2. c */
#include <stdio.h>
int add();
int main(){
    int result, i;
    for(i = 1; i <= 3; i++){
        result = add();
        printf("%d " , result);
    }
    return 0;
}
int add() {
    static int num = 20;
    num = num + 5;
```

```
        return num;                                    return num;
    }                                              }
```

上面两个程序中只有函数 add() 的变量声明有所不同，一个是自动存储类型；一个是静态存储类型。

程序 1.c 的输出结果为"25　25　25"，这个结果容易理解。每次调用函数 add 时为 num 分配空间并初始化为 20，然后加 5 再赋值给 num。当函数 add 结束时，系统回收动态局部变量 num 所占用的存储空间。因此每次调用时为 num 分配空间并赋初值，执行结束时及时回收空间导致这样的结果。

程序 2.c 的输出结果为"25 30 35"，这是由于变量的存储特性是静态的。在编译时，系统为静态局部变量 num 分配空间并初始化为 20。由于所在存储区域是静态区域，因此文件运行不结束就不会回收其所占空间。当第 1 次调用 add() 时，直接加 5 赋值给 num，输出为 25；当第 2 次调用时，系统继续使用 num 的当前值 25，然后加 5 后赋值给 num，输出 30；当第 3 次调用时，直接使用 num，加 5 输出 35。本程序可以采用加断点方式进行单步调试分析其执行过程，但不能在静态局部变量定义行上加断点，读者可以考虑原因。

【说明】

当定义静态变量时没有指定初始值，则默认为 0，不推荐如此处理。

【例 5-3】求 1～*n* 的阶乘。

```c
/*程序名称：5_5.c                                          */
#include <stdio.h>
double fact(int n);
int main() {
    int i, n;
    printf("n=");
    scanf("%d", &n);
    for(i = 1; i <= n; i++) {
        printf("%d!=%.0lf\n", i, fact(i));
    }
    return 0;
}
double fact(int n) {
    static double s = 1;
    s = s * n;
    return s;
}
```

案例 4　猜年龄

【任务描述】

有 5 个人坐在一起，问第 5 个人多少岁？他说比第 4 个人大两岁；问第 4 个人的岁数，他说比第 3 个人大两岁；问第 3 个人，他说比第 2 个人大两岁；问第 2 个人，他说比第 1

个人大两岁；问第 1 个人，他说今年 18 岁，求前 4 个人中其中一个人的年龄。

【任务分析】

本任务中的量为人数、岁数、年龄差，所求量为第 5 个人的年龄，已知量为第 1 个人的年龄（18 岁）及年龄差（2 岁）

要知道第 5 个人年龄，需要知道第 4 个人的年龄；要知道第 4 个人的年龄，需要知道第 3 个人的年龄。依此类推，推到第 1 人（18 岁），再一步一步回归到第 5 个人，即：

$$\begin{cases} 第\,n\,个人的年龄=第(n-1)个人的年龄+2 & n>1 \\ 第\,1\,个人的年龄=18 & n=1 \end{cases}$$

【解决方案】

定义函数 compute(n) 计算第 n 个人的年龄，compute(n)= compute (n-1)+2。函数的返回值是第 n 个人的年龄，当 n=1 时，返回第 1 个人的年龄 18 岁。

主函数 main 的结构如下。

（1） 定义整型变量 n 并输入 n 的值。

（2） 调用 compute(n) 函数计算第 n 个人的年龄。

（3） 输出计算结果并结束程序。

【源程序】

```
/*程序名称: 5_7.c                              */
#include <stdio.h>
int compute(int n) {   /*函数定义*/
  if(n == 1)           /*递归出口*/
    return 18;
  else
    return compute(n - 1) + 2; /*递归式*/
}
int main() {
  int compute(int n);              /*声明函数 compute*/
  int n, age;
  printf ("输入需要计算第几个人的年龄: ") ;
  scanf("%d", &n);
  age = compute(n) ;
  printf ("第%d 个人的年龄是%d 岁。\n", n, age);
  return 0;
}
```

相关知识——递归思想

（一）递归的定义

递归是函数的自身调用，即函数在自身的函数体内直接调用自己，或函数体内调用另外一个函数的过程中出现调用自身的情况，前者称为"直接递归"；后者称为"间接递归"。

本书所讨论的是直接递归。

递归的基本思想是把一个大型复杂问题层层转化为一个与原问题相似的规模较小的问题来求解。递归只需少量的程序即可描述解题过程所需要的多次重复计算，大大地减少了程序的代码量，其目的在于用有限的语句来定义对象的无限集合。

递归的两个必备条件是递归出口和递归式。

（二）递归调用解决问题的方法

使用递归调用解决问题的方法（有限递归）为原有问题能够分解为一个新问题，而新问题又用到了原有的解法，这样出现了递归。按照这个原则分解下去，每次出现的新问题是原有问题的简化的子问题，最终分解出来的新问题是一个已知解的问题。

（三）递归调用过程

递归调用过程分为如下两个阶段。

（1）递推阶段：将原问题不断地分解为新的子问题，逐渐从未知向已知的方向推测。最终达到已知的条件，即递归出口时递推阶段结束。

（2）回归阶段：从已知条件出发按照递推的逆过程逐一求值回归，最终到达递推的开始处结束回归阶段，完成递归调用。

一个函数在运行期间调用另一个函数时，在运行被调函数之前，系统首先完成如下操作。

（1）将所有的实参、返回地址等信息传递给被调函数保存。

（2）为被调函数的相关量分配存储区。

（3）将控制转移到被调函数的入口。

从被调函数返回调用函数前，系统完成如下操作。

（1）保存被调函数的结果。

（2）释放被调函数的存储区。

（3）依照被调函数保存的返回地址将控制转移到主调函数。

当有多个函数构成嵌套调用时，按照"后调用先返回"的原则，上述函数之间的信息传递和控制转移必须通过"栈"来实现。即系统将整个程序运行时所需的数据空间安排在一个栈中，每当调用一个函数时，就为其在栈顶分配一个存储区；每当从一个函数退出时，就释放其存储区，因此当前运行函数的数据区必在栈顶。

栈的特点为先进后出，后进先出。因此程序不要求跟踪当前进入栈的真实单元，而只要用一个具有自动递增或递减功能的栈计数器，即可正确指出最后一次信息在栈中保存的地址。

一个递归函数的运行过程类似多个函数的嵌套调用，只是主调函数和被调函数是同一个函数，因此和每次调用相关的一个重要的概念是递归函数执行的"层次"。

假设调用该递归函数的主函数为第 0 层，则从主函数调用递归函数为进入第 1 层。从第 1 层递归调用自身为进入下一层，即第 2 层；从第 2 层递归调用自身为进入下一层，即第 3 层。依此类推，从第 i 层递归调用自身为进入下一层，即 $i+1$ 层；反之，退出第 i 层递归返回至上一层，即 i-1 层。

为了保证递归函数正确执行，系统需设立一个递归工作栈作为整个递归函数运行期间使用的数据存储区。每一层递归所需信息构成一个工作记录，其中包括所有实参、所有局部变量，以及上一层的返回地址。每进入一层递归，就产生一个新的工作记录压入栈顶；每退出一层递归，就从栈顶弹出一个工作记录。当前执行层的工作记录必是递归工作栈栈顶的工作记录，称这个记录为"活动记录"，并称指示活动记录的栈顶指针为"当前环境指针"。

（四）注意事项

设计递归程序时，必须有一个明确的递归出口。例如，函数 fun 如下：

```c
int fun(int x){
  int y, z;
  z = fun(y);
  return z;
}
```

这个函数是一个递归函数，但是运行该函数将无休止地调用其自身，这是错误的。为了防止递归调用无休止地进行，必须在函数内有终止递归调用的手段。常用的方法是添加条件判断，即满足某种条件后不再执行递归调用而逐层返回。

递归一般适用于解决如下 3 类问题。

（1） 数据本身是按递归定义的，如 n 的阶乘、菲波那契数列等。

（2） 问题解法按递归算法实现，如汉诺塔游戏问题、八皇后问题、迷宫问题等。

（3） 数据的结构形式是按递归定义的，如树的遍历、图的搜索等。

递归思想解题相对常用的方法如普通循环，代码量明显少而精，但运行效率较低。因此应该尽量避免使用递归，除非没有更好的算法或者某种特定情况。

【思考题】

（1） 对照案例 4，画图表示递归调用的过程。

（2） 定义函数 fact(int n)实现利用递归求 n 的阶乘。

（3） 定义函数 fun(int n)实现利用递归将整数 n 正序逐位输出的功能，如 n=2019，输出 2 0 1 9。

案例 5 汉诺塔游戏

【任务描述】

汉诺塔源于印度一个古老传说的益智游戏，大梵天创造世界时做了 3 根金刚石柱子，在一根柱子上从下往上按照由大到小的顺序摆着 64 个黄金圆盘。大梵天命令婆罗门把圆盘仍然按照原次序重新摆放在另一根柱子上，并且规定在 3 根柱子之间一次只能移动一个圆盘；另外，任何时候都不能出现小圆盘上放大圆盘的情况。

【任务分析】

设 3 根石柱子分别为 A、B、C，假设 A 柱子上从下至上按大梵天要求摆着 n 个不同大小的圆盘，圆盘编号从上到下为 1 号、2 号、3 号、…、n 号。要把所有盘子借助 B 柱一个一个移到 C 柱子上，并且每次移动都不允许大盘子在小盘子上方。

如果 $n=1$，则将圆盘从 A 直接移动到 C；如果 $n=2$，则分为如下 3 步。

（1）将 A 上的 1 号圆盘移到 B 上。

（2）将 A 上的 2 号圆盘移到 C 上。

（3）将 B 上的 1 号圆盘移到 C 上。

如果 $n=3$，则分为如下 3 步。

（1）将 A 上的 $n-1$（等于 2）个圆盘移到 B（借助于 C）上，步骤是将 A 上的 1 号圆盘移到 C 上，将 A 上的 2 号圆盘移到 B 上，将 C 上的 1 号圆盘移到 B 上。

（2）将 A 上的 3 号圆盘移到 C 上。

（3）将 B 上的 $n-1$（等于 2）个圆盘移到 C（借助 A）上，步骤是将 B 上的 1 号圆盘移到 A 上，将 B 上的 2 号圆盘移到 C 上，将 A 上的 1 号圆盘移到 C 上。

至此，完成了 3 个圆盘的移动过程。

从上面分析可以看出，当 n 大于等于 2 时，移动的过程可分解为如下 3 个步骤。

（1）将 A 上的 $n-1$ 个圆盘借助 C 移到 B 上。

（2）将 A 上编号为 n 的圆盘移到 C 上。

（3）将 B 上的 $n-1$ 个圆盘借助 A 移到 C 上。

其中第 1 步和第 3 步类同。

当 $n=3$ 时，第 1 步和第 3 步又分解为类同的 3 步。即把 $n-1$ 个圆盘从一根柱子移到另一根柱子上，这显然是一个递归过程。

初始状态、$n=1$、$n=2$、$n=3$ 的汉诺塔游戏如图 5-4 所示。

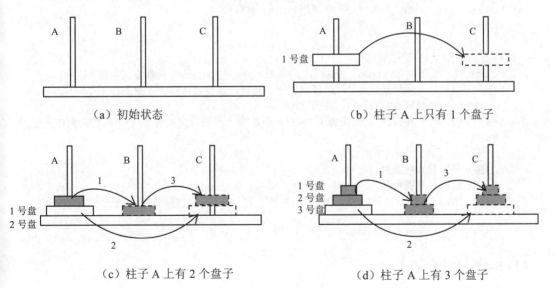

（a）初始状态　　　　　　　　　（b）柱子 A 上只有 1 个盘子

（c）柱子 A 上有 2 个盘子　　　　　（d）柱子 A 上有 3 个盘子

图 5-4　初始状态、$n=1$、$n=2$、$n=3$ 的汉诺塔游戏

【解决方案】

首先声明函数 hanoi 递归模拟搬移圆盘的过程，该函数带有 4 个参数，第 1 个参数表示所需搬移的圆盘个数，其他 3 个参数表示 3 根柱子。

汉诺塔游戏的思路分为两部分，即主调函数部分和被调函数部分。

主调函数的思路如下。

（1） 定义整型变量 *n* 用于保存圆盘个数。

（2） 输入盘子个数到 *n*。

（3） 调用函数 hanoi 搬移圆盘。

被调函数 hanoi 的思路如下。

（1） 判断表示圆盘个数的形参 *n* 是否等于 1，如果等于，则直接将圆盘从第 2 个形参所代表的柱子上搬到第 4 个形参所代表的柱子上并返回上一层；否则继续执行下一步。

（2） 当圆盘数超过 1 个时，调用自身将 *n* 号圆盘上面的 *n-1* 个圆盘搬到中间柱子上。然后直接将 *n* 号圆盘从所在柱子 A 上搬到柱子 C 上，并输出本次搬的圆盘号及所在柱子和目标柱子。最后调用自身，将中间柱子上的 *n-1* 个圆盘搬到柱子 C 上。

【源程序】

```
/*程序名称：5_8.c                                    */
#include <stdio.h>/*预编译命令*/
/*声明函数hanoi*/
void hanoi(int n, char a, char b, char c);
int main() {
    int n;                          /*变量n用于保存圆盘个数*/
    printf("请输入您要搬动的圆盘数：");
    scanf("%d", &n);                /*读取圆盘数*/
    printf("将%d个圆盘从柱子A搬到柱子C的过程是\n", n);
    hanoi(n, 'A', 'B', 'C'); /*调用hanoi函数*/
    return 0;
}
/*递归函数定义*/
void hanoi(int n, char a, char b, char c) { /*hanoi函数定义首部*/
    if(n == 1)                 /*若只有一个圆盘，则直接从柱子A搬到柱子C*/
        printf("%d号圆盘从%c--->柱子C\n", n, a, c);
    else {/*多于一个圆盘时，则先调用hanoi函数将n号圆盘上面的n-1个圆盘搬到中间柱子
上*/
        hanoi(n-1, a, c, b);
        /*将n号圆盘直接搬到目标柱子上*/
        printf("%d号圆盘从%c--->%c柱子\n", n, a, c);
        hanoi(n-1, b, a, c); /*再将中间柱子上的n-1个圆盘搬到目标柱子上*/
    }
}
```

【例 5-4】 递归求 x^y。

```
/*程序名称：5_9.c                                    */
#include <stdio.h>
```

```
double fpow(double x, int y);  /*声明函数 fpow*/
int main() {
  double x;
  int y;
  printf("x=");
  scanf("%lf", &x);
  printf("y=");
  scanf("%d", &y);
  printf("%.2lf 的%d 次幂是%.4lf\n", x, y, fpow(x, y));
  return 0;
}
double fpow(double x, int y) {
  if(y == 0)          /*递归出口 1*/
    return 1;
  else if(y == 1)     /*递归出口 2*/
    return x;
  else                /*递归式*/
    return x * fpow(x, y - 1);
}
```

【思考题】

（1）输入一个任意正整数，利用递归求各位数字的和。

（2）递归求菲波那契数列的第 20 项。

案例 6　幕后英雄

【任务描述】

输入圆的半径，若定义有求面积的宏，则用该宏求解，否则直接用公式求解；若定义有求该半径球的体积的宏，则计算体积，否则不再继续求解。

【任务分析】

本任务涉及的量有半径、面积、体积、圆周率，半径是输入量，采用 scanf 函数输入；圆周率是定义的宏；面积和体积可能是已定义或未定义的宏。

按照题目要求，若定义有面积宏，则直接使用，否则直接用面积公式计算面积；若有体积宏，则直接使用，否则不计算体积。

本任务的两个难点及解决方法如下。

（1）面积宏或体积宏只有输入半径后才可求值，因此属于带参的宏。

（2）如何知道是否定义宏，必须用到条件编译指令。

【解决方案】

在函数 main 前需要做的工作如下。

（1）定义宏 PI 表示圆周率 3.1415926。

（2）定义宏 VOL(r)表示球的体积 PI*4/3*r*r*r。

函数 main 的任务如下。

（1） 定义实型变量 *r* 表示半径。

（2） 调用函数 scanf 为 *r* 输入数据。

（3） 使用条件编译指令 ifndef 判断是否无宏定义 AREA，如果无，则直接运用公式计算圆的面积；否则直接使用。

（4） 使用条件编译指令 ifdef 判断是否有宏定义 VOL，如果有，则直接使用；否则什么也不做。

（5） 结束程序。

【源程序】

```
/*程序名称: 5_10.c                                        */
#include <stdio.h>              /*文件包含*/
#define PI 3.1415926          /*无参的宏定义*/
#define VOL(r) PI*4/3*r*r*r    /*有参的宏定义*/
int main() {
   double r;
   printf("请输入半径:");
   scanf("%lf", &r);
   /*条件编译指令 ifndef*/
#ifndef AREA                   /*如果没有宏定义 AREA，则编译此后语句*/
   printf("半径为%.2lf 的圆的面积是%.4lf\n", r, 3.14 * r * r);
#else                          /*如果有宏定义 AREA，则编译此后语句*/
   printf("半径为%.2lf 的圆的面积是%.4lf\n", r, AREA(r));
#endif
#ifdef VOL                                  /*如果有宏定义 VOL，则编译此后语句*/
   printf("半径为%.2lf 的球的体积是%.4lf\n", r, VOL(r));
#endif
   return 0;
}
```

相关知识——编译预处理

预处理是指在编译的第 1 遍扫描（词法扫描和语法分析）之前所做的工作，C 源程序除了包含程序命令（语句）外，还可以使用各种编译指令（编译预处理指令），这些编译指令通知编译器在编译工作开始之前对源程序进行某些处理。

预处理是 C 语言的一个重要功能，它由预处理程序完成。

编译一个源文件时，系统将自动引用预处理程序处理源程序中的预处理部分，然后编译源程序。

Dev-C++环境中 C 程序的开发执行过程为编辑→编译→运行，含有预处理命令的 C 程序的开发执行过程为编辑→预处理→编译→运行。

在前面各章中已多次使过"#"号开头的预处理命令，如文件包含命令#include 和宏定义命令#define 等。

在源程序中这些命令都放在函数之外，而且一般都放在源文件的前面，它们为预处理部分。

C 语言提供了多种预处理功能，合理地使用这些功能编写的程序便于阅读、修改、移植和调试，也有利于模块化程序设计。

编译实际分为两个阶段，即编译预处理和编译，广义的编译还包括连接。

（一）宏定义

宏定义用标识符来代表一个字符串（命令字符串）。

C 语言用"#define"进行宏定义。

C 编译系统在编译前将这些标识符替换成所定义的字符串。

宏定义分为不带参的宏定义和带参的宏定义。

（1）不带参的宏定义。

● 不带参的宏定义的格式：

```
#define 宏名 字符串
```

● 宏调用：在程序中用宏名替代字符串。

● 宏展开：编译预处理时用字符串替换宏名的过程，称为"宏展开"。

【例 5-5】输入大于 0 的整数 n，检索字母表中第 n 个字母。

```
/*程序名称：5_11.c                              */
#include <stdio.h>
#define RE 'A'-1
int main() {
    int i;
    printf("请输入一个[0, 26]之间的整数:");
    scanf("%d", &i);
    printf("字母表的第%d 个字母是%c\n", i, i + RE); /* 宏调用*/
    return 0;
}
```

【说明】

● 宏名遵循标识符规定，习惯用大写字母表示，以区别普通的变量。

● #define 之间不留空格，宏名两侧至少用一个空格分隔。

● 宏定义字符串不要以分号结束，否则分号也作为字符串的一部分参加展开。从这点上看，宏展开实际上是简单的替换。

例如，#define PI 3.14; 展开为 s=3.14; $*r*r$；导致编译错误。

宏定义用宏名代替一个字符串，并忽略其数据类型，以及宏展开后的词法和语法的正确性，只是简单的替换，在编译时由编译器判断是否正确。

● 宏名的作用范围从定义语句开始直到本程序结束，可以通过#undef 终止宏名的作用域。

● 在宏定义中可以出现已经定义的宏名，这种形式为宏的嵌套定义。这种宏展开时，是层层置换的。

```
#define PI 3.14
#define R 3.0
```

```
#define L 2*PI*R
#define S PI*R*R
main(){
 printf("L=%f,S=%f", L, S);
}
```

- 宏定义是预处理指令，与定义变量不同，它只是进行简单的字符串替换，不分配内存。
- 使用宏的优点是程序中的常量可以用有意义的符号代替，使程序更加清晰、易读。改变常量值时，不需要在整个程序中查找和修改，只要改变宏定义即可。

另外，带参的宏定义比函数调用具有更高的运行效率，因为相当于代码的直接嵌入。

（2）带参的宏定义。

带参的宏定义不只是进行简单的字符串替换，还要进行参数替换。

- 带参的宏定义的格式。

```
#define   宏名(参数表)   字符串
```

可以看出带参的宏定义类似函数头，但是没有类型声明，参数也不需要类型声明。

例如，#define S(a, b) a*b。其中 S 为宏名，a 和 b 是形式参数。

若程序调用 S(3,2)，则用实参 3 和 2 分别代替形参 a 和 b，即：

area = S(3,2); → area = 3 * 2;

- 带参宏定义的展开规则。

在程序中如果有带实参的宏定义，则按照#define 命令行中指定的字符串从左到右置换（扫描置换）。如果字符串中包含宏定义中的形参，则将程序中相应的实参代替形参。其他字符保留，形成替换后的字符串。

这是一个字符串的替换过程，只是将形参部分的字符串用相应的实参字符串替换。

【例 5-6】用带参的宏定义表示两个数中的较大数。

```
/*程序名称: 5_12.c                          */
#include <stdio.h>
#define MAX(a,b)  (a>b)?a:b
int main() {
  int i = 15, j = 20;
  printf("MAX=%d\n", MAX(i, j)); → printf("MAX=%d\n", (i>j)?i:j);
  return 0;
}
```

宏展开：
a,b用i,j替换，其他照抄

【说明】

（1）因为带参宏定义本质还是字符替换（除了参数替换），所以容易发生错误。

例如，#define S(a,b) a*b。若程序中有语句 area = S(a+b, c+d);，则宏展开后有 area = a + b * c + d;，这明显不符合用意。

将宏定义的字符串中的形参用圆括号括起，即#define S(a,b) (a)*(b)。若程序中有语句 area = S(a + b, c + d);，则展开后有 area = (a + b) * (c + d);，符合用意。

为了避免出错，建议将宏定义字符串中的所有形参用圆括号括起。这样用实参替换时，实参被括号括起作为整体，不至于发生错误。

（2）定义带参的宏时注意宏名与参数表之间不能有空格；否则变为不带参数的宏定义。如有#define $S(r)$ PI*r*r，则 area = S(3.0); → area = (r) PI*r*r(3.0);，这明显是错误的。

（3）带参的宏定义在程序中使用时，其形式及特性与函数相似。但本质完全不同，区别在下面几个方面。

- 函数调用在程序运行时先求表达式的值，然后将值传递给形参，带参的宏展开在编译时进行字符串置换。
- 函数调用在程序运行时处理，在栈中为形参分配临时的内存单元。宏展开在编译时处理，不为形参分配内存。也不进行值传递，并且没有返回值。
- 函数的形参要定义类型，且要求形参、实参类型一致；宏不存在参数类型问题。

如在【例5-6】程序中可以是 MAX(3, 5)，也可以是 MAX(3.4, 9.2)。

（4）许多问题可以用函数或带参的宏定义。

（5）宏占用的是编译时间，函数调用占用的是运行时间。宏在多次调用时宏使得程序变长，而函数调用不明显。

【例5-7】使用带参数宏定义计算三角形周长和面积。

```
/*程序名称：5_13.c                              */
#include <stdio.h>
#include <math.h>
#define S (a+b+c)/2                            /* 求周长 */
#define AREA(a,b,c) sqrt(S*(S-a)*(S-b)*(S-c)) /* 求面积 */
int main() {
  double a,b,c;
  printf("请输入三角形三条边的长度:\n");
  scanf("%lf%lf%lf", &a, &b, &c);
  if((a + b)> c && (a + c)> b && (b + c)> a)
    printf("这个三角形的面积是%-5.2lf.\n", AREA(a, b, c));
  else
    printf("对不起，不能构成三角形! \n");
  return 0;
}
```

（二）文件包含

在 C 语言中，扩展名为".h"的文件被称为"头文件"，其中包含了大量的符号常量定义和函数声明等。编程时若需要使用这些文件，则用文件包含命令把它们插入到源程序中。

文件包含命令一般写在文件的开头，它是以"#include"开始的预处理命令，主要功能是将指定的文件内容嵌入到文件包含命令所在位置取代该命令。从而把指定的文件和当前的源程序文件组成一个源文件，这样一个 C 源文件可以使用文件包含命令将另外一个 C 源文件的全部内容包含进来。

文件包含的格式有两种，一是：

```
#include "文件名"
```

二是：

```
#include  <文件名>
```

【说明】

一个#include 命令只能包含一个头文件，如果要包含多个头文件，则使用多个#include
命令。

被包含的头文件可以用双引号（""）或尖括号（<>）括起，前者先在用户当前目录中
查找指定头文件，如果找不到，再到系统目录中查找；后者在系统目录中查找指定头文件。

习惯上，用户自定义的头文件一般在用户目录下，所以常常用双引号；系统库函数的
头文件一般在系统指定目录下，所以常常用尖括号。

在多模块应用程序的开发中经常使用头文件组织程序模块。

（1） 头文件成为共享源代码的手段之一，程序员可以将模块中某些公共内容移入头
文件供本模块或其他模块包含使用，如常量、数据类型定义等。

（2） 头文件可以作为模块对外的接口，如供其他模块使用的函数、全局变量声明等。

（3） 头文件常常包含用户定义的常量、用户定义的数据类型、用户模块中定义的函
数和全局变量的声明等。

一个大的程序可能分成多个模块，由多个程序员共同编写。公用信息可以单独组成一
个文件，在其他文件中使用时，即可用文件包含命令将其嵌入。从而节省编程时间，提高
效率。

头文件的定义实例见第 11 章的综合实例。

（三）条件编译

通常 C 语言程序中的所有代码都会参与编译,但个别情况下仅编译满足条件的源代码,
这种根据约定条件只编译程序部分代码的情况即条件编译。

条件编译有如下 3 种格式。

（1） 格式 1。

```
#ifdef(标识符)
    程序段 1
    [#else
    程序段 2]
    #endif
```

【说明】

#ifdef 判断所给标识符（即宏）是否存在，若存在，则编译器编译程序段 1；否则编译
程序段 2。

【例 5-8】条件编译求圆的面积。

```
/*程序名称: 5_14.c                                  */
#include <stdio.h>
int main() {
```

```
    double r = 3;
#ifdef PI          /*若定义有宏 PI，则对此部分进行编译*/
    printf("%lf\n", PI * r * r);
#else              /*若没有定义宏 PI，则对此部分进行编译*/
    printf("%lf\n", 3.1415926 * r * r);
#endif
    return 0;
}
```

若为该程序的两个输出函数添加断点，则单步调试时会提示断点无效。这是因为该程序编译后所生成的代码中只有一个输出，所以无法同时为两个输出加断点。

（2）格式 2。

```
#ifndef(标识符)
    程序段 1
    [#else
    程序段 2]
#endif
```

【说明】

ifndef 与 ifdef 的作用相反，#ifndef 同样判断所给标识符（即宏）是否存在，若不存在，则编译器编译程序段 1；否则编译程序段 2。

（3）格式 3。

```
#if  条件表达式
    程序段 1
    [#else
    程序段 2]
#endif
```

【说明】

该格式依据所给条件表达式的值是否为真，若为真，则编译程序段 1；否则编译程序段 2。

本章小结

本章结合案例介绍了 C 语言函数的定义、声明与调用，讨论了变量的存储类型及作用域，详细讲述了如何利用函数的递归调用来解决复杂现实问题。最后介绍了 C 语言的编译预处理功能，包括宏定义、文件包含和条件编译。

习题

一、选择题

1. 有如下函数调用语句：

```
func(rec1, rec2 + rec3, rec4, rec5);
```

其中实参的个数是_____。

    A. 3　　　　　　　　　B. 4　　　　　　　　　C. 5　　　　　　　　　D. 有语法错

2. 在 C 语言中，变量的默认存储类型是_____。

    A. auto　　　　　　　B. static　　　　　　　C. extern　　　　　　　D. 无存储类型

3. 以下 C 语言函数名命名正确并且具有良好程序设计风格的是_____。

    A. fun1　　　　　　　B. 8_f　　　　　　　　C. serch_number　　　　D. pass*1

4. 以下所列的 C 语言各函数首部中，正确的是_____。

    A. void play(var :Integer, var b:Integer)

    B. void play(int a, b)

    C. void play(int a, int b)

    D. Sub play(a as integer, b as integer)

5. 以下只有在使用时才为该类型变量分配内存的存储类声明的是_____。

    A. auto 和 static　　　　　　　　　　B. auto 和 register

    C. register 和 static　　　　　　　　　D. extern 和 register

6. 以下函数返回值的类型是_____。

```
fun (int  x){
 float  y;
 y = 3 * x - 4;
 return  y;
}
```

    A. int　　　　　　　　B. 不确定　　　　　　　C. void　　　　　　　　D. float

7. 设有以下函数：

```
int  f(int  a){
 int  b = 0;
 static int  c = 3;
 b++;
 c++;
 return (a + b + c);
}
```

如果在下面的程序中调用该函数，则输出结果是_____。

```
#include <stdio.h>
int main(){
 int  a = 2, i ;
 for(i = 0; i < 3; i++)
     printf("%d\n", f(a));
     return 0;
}
```

    A. 7　　　　　　　　　B. 7　　　　　　　　　C. 7　　　　　　　　　D. 7

       8　　　　　　　　　　9　　　　　　　　　　10　　　　　　　　　　7

       9　　　　　　　　　　11　　　　　　　　　13　　　　　　　　　　7

8. 以下程序的输出结果是_____。

```c
#include <stdio.h>
int f() {
  static int i = 0;
  int s = 1;
  s += i;
  i++;
  return s;
}
int main () {
  int i, a = 0;
  for(i = 0; i < 5; i++)
     a += f();
  printf("%d\n", a);
  return 0;
}
```

    A. 20   B. 24   C. 25   D. 15

9. 若有以下程序：

```c
#include <stdio.h>
void f (int n);
int main() {
  void f(int n);
  f(5);
  return 0;
}
void f(int n) {
  printf("%d\n", n);
}
```

则以下叙述中正确的是_____。

    A. 若不在主函数中声明函数 f，则主函数中无法正确调用该函数

    B. 若在主函数前声明函数 f，则主函数及其后其他函数均可正确调用函数 f

    C. 对于以上程序，编译时系统会提示重复声明函数 f 的错误

    D. 函数 f 无返回值，所以可以将 void 省略

二、填空题

1. 函数 pi 的功能是根据以下近似公式求π值：

$$(\pi * \pi)/6 = 1 + 1/(2*2) + 1/(3*3) + \cdots + 1/(n*n)$$

在下面的函数中填空，完成求π值的功能：

```c
#include <math.h>
double pi(long n){
  double s = 0.0;
  long i;
  for(i = 1; i <= n; i++)
     s = s + _____ ;
```

```
    return(sqrt(6 * s));
}
```

2. 以下程序的输出结果是_____。

```c
#include <stdio.h>
void  fun() {
 static int a = 0;
 a += 2;
 printf("%d", a);
}
int main() {
 int   cc;
 for(cc = 1; cc < 4; cc++)
    fun();
 printf("\n");
 return 0;
}
```

3. 以下程序输出的最后一个值是_____。

```c
#include <stdio.h>
int ff(int n){
    static  int  f = 1;
    f = f * n;
    return f;
}
int main(){
    int i;
    for(i = 1; i <= 5; i++)
        printf("%d\n", ff(i));
    return 0;
}
```

4. 以下程序的输出结果是_____。

```c
#include <stdio.h>
int f(int  n) {
 if (n == 1)
    return 1;
 else
    return f(n - 1) + 1;
}
int main() {
 int i, j = 0;
 for(i = 1; i < 3; i++)
    j += f(i);
 printf("%d\n", j);
 return 0;
}
```

5. 以下函数的功能是求 x 的 y 次幂，请填空。

```
double  fun(double x, int  y){
  int  i;
  double z;
  for(i = 1, z = 1; i <= y; i++)
      z = _____;
  return z;
}
```

三、编程题

1. 编写函数 ex1(double *x*)实现符号函数的功能。

$$y = \begin{cases} 1 & x > 0 \\ 0 & x = 0 \\ -1 & x < 0 \end{cases} \qquad (\text{公式 5-1})$$

2. 编写函数 ex2(int *n*)，判断 *n* 是否为素数。如果是素数，打印输出 "yes"；否则打印输出 "no"。

3. 编写函数 ex3(int *a*,int *b*,int *c*)，求 3 个整数的最大公约数。

提示：定义一个求两个数最大公约数的函数，在 ex3 中先调用一次该函数，将返回结果与第 3 个数一起再调用一次即可。

4. 定义和调用函数 ex4()计算并输出下式的值，精确到最后一项的绝对值小于 10^{-6}。

$$S=1-1/4+1/7-1/10+1/13-1/16+\cdots$$

5. 编写函数 ex5(int *a*, int *b*, int *c*)将 *a*、*b*、*c* 作为一元二次方程的 3 个系数，判断该一元二次方程是否有实根，有，则计算并输出其对应实根；否则输出无实根的信息。

6. 编写函数 ex6(int *m*, int *n*)求组合数 c_m^n 的结果。

要求在按照公式 $\dfrac{m!}{(m-n)!n!}$ 计算时，阶乘必须通过单独定义一个函数实现。

例如，若 *m*=12，*n*=8，运行结果为 495。

7. 编写函数 ex7()求解百人搬百砖问题，即一位男士一次搬 5 块砖，一位女士一次搬 3 块砖，两个小孩子抬一块砖。请问 100 个人一次搬回 100 块砖，有多少种策略？

8. 编写递归函数 ex8(int *n*)证明角谷定理，即输入一个自然数，若为偶数，则除以 2；若为奇数，则乘以 3 加 1，求经过多少次计算可得到自然数 1。

9. 编写递归函数 ex9(int *n*)求宿舍楼一层有 18 级楼梯，上楼时可以一步上一级或一步上两级楼梯，计算一层有多少种上楼方式？

实训项目

一、圆形体体积计算器

（1）实训目标。

● 用 C 语言编写一个圆形体体积计算器。

- 掌握函数的定义和基本调用方法。
- 掌握函数实参与形参的对应关系，以及函数的参数传递规则。
- 掌握利用自定义函数解决实际问题的程序设计方法。

（2） 实训要求。

用 C 语言编写一个圆形体体积计算器，常见的圆形体有球体、圆柱体和圆锥体，其体积计算公式分别是 $4\pi r^3/3$、$h\pi r^2$ 和 $h\pi r^2/3$。

圆形体体积计算器的程序结构如图 5-5 所示。

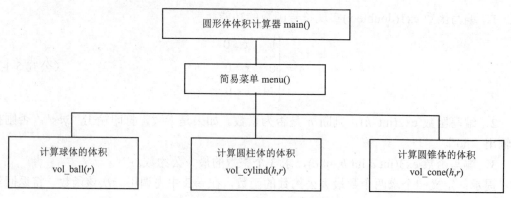

图 5-5 圆形体体积计算器的程序结构

- 设计菜单函数 menu()，显示计算器所有可供选择的功能信息。
- 设计 vol_ball(r)函数，计算球体的体积，其中 r 是球体的半径。
- 设计 vol_cylind(h, r)函数，计算圆柱体的体积，其中 h、r 分别是圆柱体的高和半径。
- 设计 vol_cone(h, r)函数，计算圆锥体的体积，其中 h、r 分别是圆锥体的高和半径。
- 设计 main()函数实现总控功能。
- 调试并运行该程序。

二、阅读程序并分析结果

（1） 实训目标。

- 掌握程序注释的书写方法。
- 熟悉人为模拟计算机运行程序的过程。
- 掌握全局变量和局部变量，以及动态变量和静态变量的使用及其作用范围。

（2） 实训要求。

- 阅读所给程序，为每行语句加注释。
- 人为模拟计算机运行过程，静态分析程序的输出结果。
- 上机调试运行所给程序，并把输出结果与静态分析结果进行比较。

程序 1：

```
#include <stdio.h>
int x=10,y=20;
int main() {
 void fun(int m, int n);
```

```
  int x = 1, y = 2;
  printf("x=%d,y=%d\n", x, y);
  {
      int x = 3, y = 6;
      printf("x=%d,y=%d\n", x, y);
  }
  printf("x=%d,y=%d\n", x, y);
  fun(x, y);
  printf("x=%d,y=%d\n", x, y);
  return 0;
}
void fun(int x, int y) {
  int t;
  printf("x=%d,y=%d\n", x, y);
  t = x;
  x = y;
  y = t;
  printf("x=%d,y=%d\n", x, y);
}
```

程序 2:

```
#include <stdio.h>
int main() {
  long fact();
  int i, m;
  scanf("%d", &m);
  for(i = 1; i <= m; i++) {
      printf("2^%d=%d\n", i, fact());
  }
  return 0;
}
long fact() {
  static long mul = 1;
  mul = mul * 2;
  return mul;
}
```

第6章 数据类型与数据的输入/输出

学习目标

通过本章的学习，使读者掌握几种基本数据类型的存储方式、表示方法，以及不同类型数据间转换的原则与方法；熟练掌握输入/输出函数的使用方法；熟悉位运算的运算符与运算规则；了解条件运算符、逗号运算符的使用方法。

主要内容

- ◆ 基本数据类型的存储方式及表示方法。
- ◆ 不同类型数据间转换的原则与方法。
- ◆ 运算符与表达式。
- ◆ 输入/输出函数的格式和用法。
- ◆ 位运算。

6.1 数据类型

C 语言提供的主要数据类型如下。

(1) 基本类型：包括整型、字符型、实型（浮点型）、枚举型。

(2) 构造类型：包括数组、结构体、共用体、文件类型。

(3) 指针类型。

(4) 空类型。

在本章中主要介绍基本数据类型（除枚举类型外）的存储方式、表示方法及输入/输出，其他数据类型在后续章节中详细介绍。

在 C 语言中不同类型的数据所占存储空间可以使用运算符 sizeof()给出。

C 语言中的数据在内存中以二进制数形式存储。

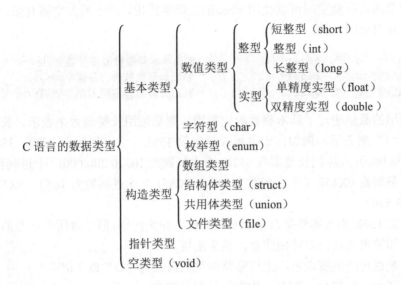

C 语言的数据类型 ⎰ 基本类型 ⎰ 数值类型 ⎰ 整型 ⎰ 短整型（short）
整型（int）
长整型（long）
实型 ⎰ 单精度实型（float）
双精度实型（double）
字符型（char）
枚举型（enum）
构造类型 ⎰ 数组类型
结构体类型（struct）
共用体类型（union）
文件类型（file）
指针类型
空类型（void）

6.1.1 整型数据

1. 整型常量

常用的整型常量有八进制、十六进制和十进制整形常量，使用不同的前缀来相互区分。除了前缀，C 语言中还使用后缀来区分不同类型的整数。

（1）八进制整型常量。

八进制整型常量必须以数字 0 开头，即以数字 0 作为前缀，数码取值为 0～7。

如 0123 表示八进制数 123，即 $(123)_8$，等于十进制数 83，即 $1×8^2+2×8^1+3×8^0=83$；-011 表示八进制数-11，即 $(-11)_8$，等于十进制数-9。

合法的八进制整型常量如 015（十进制数为 13）、0101（十进制数为 65）、0177777（十进制数为 65535），非法的八进制整型常量如 256（无前缀 0）、0382（包含非八进制数码 8）。

（2）十六进制整型常量。

十六进制整型常量的前缀为 0X 或 0x，数码取值为 0～9、A～F 或 a～f。如 0x123 表示十六进制数 123，即 $(123)_{16}$，等于十进制数 291，即 $1×16^2+2×16^1+3×16^0=291$；-011 表示十六进制数-11，即 $(-11)_{16}$，等于十进制数-17。

合法的十六进制整型常量如 0X2A（十进制数为 42）、0xA0（十进制数为 160）、0XFFFF（十进制数为 65 535），非法的十六进制整型常量如 5A（无前缀 0X）、0x3H（含有非十六进制数码）、ox69AA（前缀是 0x，而不是 ox）。

（3）十进制整型常量。

十进制整型常量没有前缀，数码取值为 0～9。

合法的十进制整型常量如 237、-568、1627，非法的十进制整型常量如 023（有前缀 0）、23D（含有非十进制数码）。

在程序中根据前缀来区分各种进制，因此在书写时要保证前缀正确。

（4） 整型常量的后缀。

整型常量所占存储空间可以使用 sizeof()关键字给出，由于所占空间有限，因此表示的数的范围也是有限的，如：

```
printf("%d\n", sizeof(123));    /*输出基本整型数所占存储空间*/
printf("%d\n", sizeof(123L));   /* 输出长整型数所占存储空间*/
printf("%d\n", sizeof(123u));   /* 输出无符号整数所占存储空间*/
```

如果使用的数值超过了基本整数约定范围，则必须用长整型数来表示。长整型数用后缀 "L" 或 "1" 来表示。例如，十进制长整型数 158L（十进制数为 158）、358 000L（十进制数为 358 000）；八进制长整型数 012L（十进制数为 10）、0 200 000L（十进制数为 65 536）；十六进制长整型数 0X15L（十进制数为 21）、0XA5L（十进制数为 165）、0X10 000L（十进制数为 65 536）。

长整型数 158L 和基本整型常量 158 在数值上并无区别，但二者所表示数的范围不同。因此在运算和输出格式上要特别注意，避免出错。

无符号数也可用后缀表示，无符号整型数的后缀为 "U" 或 "u"。

例如，358u、0x38Au、235Lu 均为无符号整型数。

在 C 语言中，前缀和后缀可同时使用，用来表示不同类型的数。

例如，0XA5Lu 表示十六进制无符号长整型数 A5，对应的十进制数为 165。

2. 整型变量

整型变量可分为基本型、短整型、长整型和无符号数 4 种，其类型声明符分别为 int、short int 或 short、long int 或 long、unsigned。

无符号数又可与上述 3 种类型匹配而构成。

（1） 无符号基本型：类型声明符为 unsigned int 或 unsigned。

（2） 无符号短整型：类型声明符为 unsigned short。

（3） 无符号长整型：类型声明符为 unsigned long。

各种无符号类型量所占的内存空间字节数与相应的有符号类型量相同，由于省略了符号位，故不能表示负数，但可保存的数的范围比一般整型变量中数的范围扩大了一倍。

【例 6-1】测定 int 类型所表示数的范围。

```
/*程序名称：6_1.c                              */
#include <stdio.h>
int main() {
   int i = 0;
   while(i>= 0) {
     i++;
   }
   printf("当前机器 int 类型所表示数的范围%d～%d\n", i, i-1);
   return 0;
}
```

6.1.2　实型数据

1．实型常量

实型常量也称为"实数"或者"浮点数"。

实型常量有如下两种表示形式。

（1）十进制数形式。

由数码 0～9 和小数点组成，例如，0.0、.25、5.789、0.14、5.0、300.、−267.8230 等均为合法的实数。

标准 C 允许浮点数使用后缀，后缀 f 或 F 表示该数为单精度浮点数。

（2）指数形式。

由十进制数、阶码标志 e 或 E，以及阶码（只能为整数，可以带符号）组成，一般形式为 aEn（a 为十进制数小数，并且一般小于 10，n 为十进制整数），其值为 $a \times 10^n$。例如，2.1E5（等于 2.1×10^5）、3.7E−2（等于 3.7×10^{-2}）、−2.8E−2（等于 -2.8×10^{-2}）。

非法的实数如 E7（阶码标志 E 之前无数字）、53.−E3（负号位置不对）、2.7E（无阶码）。

2．实型变量

实型变量分为如下两类。

（1）单精度实型。

单精度实型数的类型声明符为 float，其尾数用 23 位存储。加上默认的小数点前的 1 位 1，$2^{23+1} = 16777216$。因为 $10^7 < 16777216 < 10^8$，所以单精度浮点数的有效位数是 7 位。但在输出表示时，只有 7 位数字有效。即若整数为 0，则只能精确到小数点后 6 位；如果整数为 3 位数，则小数点后 4 位小数有效，从第 5 位起的小数由计算机随机给出；如果整数已经超出 7 位，则高 7 位有效，后面的数则可能由计算机随机给出。

系统默认的小数位数为 6 位，可调用 printf 函数调整小数位数。

（2）双精度实型。

双精度实型数的类型声明符为 double，由于其尾数用 52 位存储，因此可提供 16 位有效数字。

【例 6-2】单精度实型变量所占空间及其有效位数。

```
/*程序名称：6_2.c                                  */
#include <stdio.h>
int main() {
    float f = 123.357956489f;
    printf("变量 f 所占空间为%d 个字节\n", sizeof(f));
    printf("f=%f\n", f);
    printf("f=%.8f\n", f);
    return 0;
}
```

在 VC 6.0 中，该程序声明并初始化单精度实型变量 f。所给定的实型量带有后缀符 f，表示此实型常量是一个单精度实型常量。若不带此类型符，则所有带有小数点的量都是双精度实型量，程序编译时将提示如图 6-1 所示的警告信息。

```
--------------------Configuration: 第6章 - Win32 Debug--------------------
Compiling...
6_2.c
E:\源程序\第6章\6_2.c(4) : warning C4305: 'initializing' : truncation from 'const double ' to 'float '
6_2.obj - 0 error(s), 1 warning(s)
```

图 6-1 程序编译时提示的警告信息

【例 6-3】双精度实型量所占空间及其有效位数。

```
/*程序名称：6_3.c                                    */
#include <stdio.h>
int main() {
    double d = 123456.123456789123456789;
    printf("变量d所占空间为%d个字节\n", sizeof(d));
    printf("d=%lf\n", d);
    printf("d=%.11lf\n", d);
    printf("d=%.15lf\n", d);
    return 0;
}
```

尝试运行以下程序：

```
#include <stdio.h>
int main() {
    int i;
    float f = 123.456789;
    double d = 123.456789;
    for(i = 1; i <= 24; i++) {
        f = f * 2;
        d = d * 2;
        printf("f=%f\td=%lf\n", f, d);
    }
    return 0;
}
```

6.1.3 字符型数据

字符型数据包括字符型常量、字符型变量和字符串常量。

1. 字符型常量

鉴于在第 2 章中已介绍本内容，故此处仅举例说明。

【例 6-4】转义字符应用实例。

```
/*程序名称：6_4.c                                    */
#include <stdio.h>
int main() {
```

```
    printf("computer\n");                  /*\n 换行*/
    printf("C\tJAVA\tPython\n");     /*\t 下一制表位*/
    printf("abcd\babc\b\babc\n");    /*\b 退格*/
    printf("abcd\refgh\raa\n");        /*\r 将光标移回行首*/
    printf("1\\2\n");                         /*\\ 输出\字符*/
    printf("他说: \'困\'\n");              /*\' 输出单引号*/
    printf("他还说: \"睡觉吧! \"\n");    /*\" 输出双引号*/
    return 0;
}
```

该程序的第 1 个输出行给出"\n",输出内容后直接回车换行,将光标移到下一行行首;第 2 个输出行是用"\t"每输出一门编程语言后将光标移到下一制表位(默认制表位宽度为 8 个空格);第 3 个输出行使用"\b",输出"abcd"后将光标退一格,即光标回退一个字符到"d"。在该位置继续输出"abc",导致"d"被新输出的"a"覆盖。第 2 个字符串中的"bc"又被后面的"ab"所覆盖,因此输出结果为"abcaabc";第 4 个输出行使用"\r",输出"abcd"后将光标返回本行行首位置,即光标回退到本行第 1 个字符"a"处。在该位置继续输出"efgh",导致原来的输出"abcd"被新输出的"efgh"覆盖;同理,字符串"ef"又被后面的"aa"所覆盖,因此输出结果为"aagh"。

后 3 行是单字符"\""'"""的输出方法。

2. 字符型变量

字符型变量用来保存字符常量,即单个字符。每个字符型变量被分配一个字节的内存空间,因此只能保存一个字符,这个字符用字符边界符单引号"'"括起。

字符型变量的类型声明符是 char,其声明的格式和书写规则与整型变量相同,如:

```
char a, b;                        /* 定义字符型变量a和b */
a = 'x', b = 'y';                /* 为字符型变量a和b分别赋值'x'和'y'*/
```

将一个字符型常量保存到一个变量中,实际上并不是把该字符本身放到内存单元中,而是将该字符对应的 ASCII 码值以二进制数形式存储到内存单元中。

例如,字符'x'和字符'y'的十进制 ASCII 码值分别是 120 和 121。若执行"a = 'x'; b = 'y';",实际上是在 a、b 两个内存单元保存 120 和 121 的二进制代码:

a   0 1 1 1 1 0 0 0   (ASCII 120)

b   0 1 1 1 1 0 0 1   (ASCII 121)

由于在内存中字符数据以 ASCII 码值存储,且存储形式与整数类同,所以可以把它们看成是整型常量。

C 语言允许在一定范围内为整型变量赋予字符值,也允许为字符型变量赋予整型值。在输出时,允许按整型数形式输出字符数据,也允许按字符形式输出整型数据。

分析下面的程序:

```
/*程序名称: 6_5.c                                          */
#include  <stdio.h>
int main() {
    char a = 'x';
    int b = 121;
```

```
    printf("a=%c\ta 的 ASCII 值为%d\n", a, a);
    printf("b=%d\tb 对应的字符是%c\n", b, b);
    return 0;
}
```

通过本程序的运行说明在一定数值范围内，字符型变量与整型变量可以互换。*a* 和 *b* 的值取决于 printf 函数的格式符，当格式符为"%c"时，对应输出的变量值为字符；当格式符为"%d"时，对应输出的变量值为整型数。

```
/*程序名称: 6_6.c                                    */
#include <stdio.h>
int main() {
    char a = 'A', b = 'b', c = '3';
    a = a + 32; /* 把大写字母转换成小写字母*/
    b = b - 32; /* 把小写字母转换成大写字母*/
    c = c - '0';/*把数字字符转换成对应的数值*/
    printf("a=%c,b=%c,c=%d,c=%c\n", a, b, c, c);
    return 0;
}
```

本例中的 *a*、*b*、*c* 被定义为字符型变量并赋予初值，C 语言允许字符型变量参与数值运算，即用字符的 ASCII 码参与运算。由于大小写字母的 ASCII 码相差 32，即每个小写字母比它相应的大写字母的 ASCII 码大 32，因此若将大写字母转换为小写字母，则将该字符型变量加 32，如 *a*=*a*+32；若将小写字母转换为大写字母，则将该字符型变量减 32，如 *b*=*b*-32。若需要将数字字符转换为对应的数值，则直接减去字符"0"的 ASCII 值即可，如 *c*=*c*-'0'。

另外，由于执行了"*c*=*c*-'0'"导致变量 *c* 在内存的值为 3，因此以字符形式输出时，输出的是 ASCII 值为 3 的字符。

3. 字符串常量

字符型常量是由一对单引号括起的单个字符,而字符串常量是由一对双引号括起的字符序列。"CHINA""C program: """$12.5"等都是合法的字符串常量，如：

```
printf("Hello world! ");
```

初学者容易将字符型常量与字符串常量混淆。例如，'a'是字符型常量，"a"是字符串常量。

假设定义 *c* 为字符型变量：

```
char c;
```

则 "*c*='a';" 是正确的，而 *c*="a"、*c*='good'、*c*="Hello"是错误的。不能把一个字符串赋给一个字符型变量，更不能在字符型常量中放多个字符。

C 语言规定在每一个字符串的结尾加一个字符串结束标记，以便系统据此判断字符串是否结束。C 语言规定以字符\0作为字符串结束标记，\0是一个 ASCII 码值为 0 的字符，即空操作字符。它不执行任何控制动作，也是一个不可显示的字符。

例如，字符串"WORLD"在内存中的表示如下。

W	O	R	L	D	\0

它在内存中占 6 个字符位置,最后一个字符为'\0',但在输出时不输出'\0'。并且使用字符串函数 strlen 测其长度时,长度为 5。

例如,在 printf("WORLD")中逐个输出字符,当遇到\0字符停止。

注意,在写字符串时不必加'\0','\0'是系统自动加上的。

'a'和"a"的区别是"a"实际包含'a'和'\0'两个字符,而'a'却只有一个字符。

在 C 语言中,没有专门的字符串变量。如果需要将字符串保存在变量中,则需要使用字符数组。

总之,字符型常量和字符串常量之间的主要区别如下。

(1)字符型常量由单引号括起,字符串常量由双引号括起。

(2)字符型常量只能是单个字符,字符串常量可以包含 0~多个字符。

(3)可以把一个字符型常量赋予一个字符型变量,但不能反之。

(4)字符型常量占一个字节的内存空间;字符串常量占的内存字节数等于字符串中字符数加 1,增加的一个字节中保存字符串结束标志'\0'。

(5)类似'\n'、'\121'等字符型常量是单个字符,不是字符串。

6.2 数据的输入/输出

C 语言没有提供专门的输入/输出语句,所有的输入/输出都是通过调用标准函数库中的输入/输出函数来实现的。

6.2.1 printf 函数

printf 函数称为"格式输出函数",功能是按指定格式把约定的数据输出到标准输出设备,即显示器上。

(1)一般格式。

printf 函数是一个标准库函数,原型包含在标准输入/输出头文件 stdio.h 中,该函数的一般格式为:

```
printf("格式控制",输出列表)
```

(2)原样输出。

在 printf 函数中输出结果为输出量,即"所输即所见"。

【例 6-5】原样输出。

```
/*程序名称: 6_7.c                                    */
#include <stdio.h>
int main() {
  printf("Hello world!"); /*原样输出内容*/
  return 0;
}
```

（3） 转义输出。

转义字符在本章【例6-4】中已经给出，在此不再赘述。

在 C 语言中，由于"\""'""""%"分别表示转义字符、字符型常量、字符串常量、格式符，因此若要输出这些字符，则用"\\"表示右斜杠、用"\'"表示单引号、用"\""表示双引号、用"%%"表示百分号。

（4） 格式输出。

printf 函数格式字符串的一般形式为格式字符（格式转换字符）、开始字符（%）、标志字符（+、-、#）、宽度指示符（m、n）、长度修正符（h、l）。

【说明】

（1） 格式字符：表示输出数据的类型，在格式控制字符串中不能省略，其常用字符和含义如表 6-1 所示。

表 6-1　格式字符的常用字符和含义

常用字符	含　　义
d、i	以带符号的十进制数形式输出整数（正数不输出符号）
o	以八进制无符号数形式输出整数（不输出前导符 0）
x, X	以十六进制无符号数形式输出整数（不输出前导符 0x），用 x 则输出十六进制数的 a~f 时以小写形式输出；用 X 时，则以大写字母输出
u	以无符号数十进制数形式输出整数
c	以字符形式输出，只输出一个字符
s	输出字符串
f	以小数形式输出单精度实型数，隐含输出 6 位小数
lf	以小数形式输出双精度实型数，隐含输出 6 位小数
e、E	以指数 e 或 E 形式输出实数（如 1.2e+02 或 1.2E+02）
g、G	选用%f 或%e 格式中输出宽度较短的一种格式，不输出无意义的 0；用 G 时，若以指数形式输出，则指数以大写表示
p	以十六进制数方式输出指针的值，即内存地址

【例 6-6】格式字符应用实例。

```
/*程序名称：6_8.c                                        */
#include <stdio.h>
int main() {
  int a = 10;                        /*定义变量a*/
  int *p = &a;                       /*定义指针p并使p指向变量a所在的地址单元*/
  printf("%c\n", 'a');               /*%c 输出一个字符*/
  printf("%d,%d\n", 1234, -1234);/*%d 输出一个有符号十进制整数，正号省略*/
  printf("%f\n", 12.345);            /*%f 输出一个 float 类型的实数*/
  printf("%lf\n", 12.3456789);     /*%lf 输出一个 doulbe 类型的实数*/
  printf("%e,%E\n", 1234.5678, 1234.5678); /*%e 以科学计数法输出一个浮点数*/
  printf("%g,%G\n", 123.45, 123.45000);    /*%g 输出浮点数时不显无意义的零"0"*/
  printf("%i\n", 1234);             /*%i 输出一个有符号十进制整数(与%d 相同)*/
  printf("%u\n", 1234);             /*%u 输出一个无符号十进制整数*/
  printf("%o\n", 12);               /*%o 输出一个八进制整数*/
  printf("%x,%X\n", 15, 15);        /*%x 输出一个十六进制整数 0f(0F)*/
  printf("%p\n", p);                /*%p 输出十六进制表示的地址*/
```

```
    printf("%s\n", "haha");          /*%s 输出一个字符串*/
    printf("5%%\n");                 /*%%输出字符%*/
    return 0;
}
```

（2）标志字符：包括-、+、#，其含义如表 6-2 所示。

表 6-2 标志字符及其含义

标志字符	含　义
-	输出结果左对齐，右边填空格。默认输出结果右对齐，左边填空格或 0
+	输出值为正时冠以+号，为负时冠以-号
#	八进制数输出时加前缀 0，十六进制数输出时加前缀 0x

例如，以下语句以宽度为 6 位的格式输出十进制整数：

```
    printf("%6d\n", 111);
    printf("%-6d\n", 111);
```

输出结果为：

```
□□□111
111□□□
```

例如，语句"printf("%+d,%+d\n", 111, -111);"的输出结果为：

```
+111,-111
```

在输出八进制数或十六进制数时需要加前缀 0 或者 0x，即：

```
#include <stdio.h>
int main(){
    printf("%#o,%#x\n", 10, 16);
    return 0;
}
```

输出结果为：

```
012,0x10
```

（3）宽度指标符：用来设置输出数据项的最小宽度，通常用十进制整数来表示输出的宽度。

如果输出数据项所需实际位数多于指定宽度，则按实际位数输出；如果实际位数少于指定的宽度则用空格填补，输出示例如表 6-3 所示。

表 6-3 输出示例

输出语句	输出结果
printf("%d\n",888);	888（按实际需要宽度输出）
printf("%6d\n",888);	□□□888（输出右对齐，左边填 3 个空格）
printf("%2f\n",888.88);	888.880000（按实际需要宽度输出，默认小数位数 6 位，约定宽度无效）
printf("%12f\n",888.88);	□□888.880000（输出右对齐，左边填两个空格）
printf("%g\n",888.88);	888.88（%f 格式比采用%e 格式输出宽度小，省略无意义的 0）
printf("%8g\n",888.88);	□□888.88（输出右对齐，左边填空格）

（4） 精度指示符：以"."开头，用十进制整数指定精度。float 或 double 类型的浮点数可以用"m.n"的形式在指定宽度的同时指定其精度，其中"m"用于指定输出数据所占总的宽度；"n"用于指定精度。输出示例如表 6-4 所示。

表 6-4　输出示例

输出语句	输出结果
printf("%.0d\n",888);	888（按照实际宽度输出）
printf("%8.3f\n",888.88);	□888.880（总宽度 8 位，小数位数 3 位）
printf("%8.1f\n",888.88);	□□□888.9（总宽度 8 位，小数位数 1 位，对第 2 位进行四舍五入）
printf("%8.0f\n",888.88);	□□□□□889（总宽度 8 位，没有小数，故左侧补 5 个空格）
printf("%.5s\n","abcdefg");	abcde（截去超过的部分）
printf("%5s\n","abcdefg");	abcdefg（宽度不够，按实际宽度输出）

（5） 长度修正符：常用的长度修正符为 h 和 l 两种，h 表示输出项按短整型数输出；l 表示输出项按长整型数输出。

【例 6-7】输出形式举例。

```
/*程序名称：6_9.c                                    */
#include <stdio.h>
int main() {
    int num1 = 123;
    long num2 = 1234567;
    float real = 123.4567f;
    printf("%d,%6d,%-6d,%2d\n", num1, num1, num1, num1);
    printf("%ld,%8ld,%4ld\n", num2, num2, num2);
    printf("%f,%10f,%10.2f,%-10.2f\n", real, real, real, real);
    printf("%s,%10.5s,%-10.5s\n", "student", "student", "student");
    return 0;
}
```

4．printf 函数的计算功能

printf 函数的输出项可以是常量、变量，也可以是表达式、函数等。若输出项是表达式，则 printf 函数计算其结果后输出；若输出项是函数，则 printf 函数调用指定函数获得返回值后输出。

6.2.2　scanf 函数

1．一般格式

scanf 函数是一个标准输入函数，其原型也包含在标准输入/输出头文件 stdio.h 中。
scanf 函数的一般格式为：

```
scanf(格式控制，地址列表)。
```

其中格式控制的使用与 printf 函数相同，但不能显示非格式字符，即不能显示提示字符串，允许使用非格式字符作为分隔符。

地址列表中给出各变量的地址，地址由取地址运算符&后跟变量名组成。

2．格式声明

格式声明的一般形式为开始字符（%）、格式字符（格式转换字符）、赋值抑制符（*）、宽度指示符（m）、长度修正符（h、l）。

（1）格式字符：表示输入数据的类型，其字符及其说明如表 6-5 所示。

表 6-5　scanf 格式字符及其说明

格式字符	说　　　明
d、i	输入有符号的十进制整数
u	输入无符号的十进制整数
o	输入无符号的八进制整数
x、X	输入无符号的十六进制整数（大小写作用相同）
C	输入单个字符
S	输入字符串，将字符串送到一个字符数组中。在输入时以非空白字符开始，以第 1 个空白字符结束。字符串以串结束标志'\0'作为其最后一个字符
f /lf	输入实数，可以用以小数形式或指数形式输入
e、E、g、G	与 f 作用相同，e 与 f、g 可以互相替换

【例 6-8】 用 scanf 函数输入整数。

```
/*程序名称：6_10.c                                    */
#include <stdio.h>
int main() {
  int a, b;
  scanf("%d%d", &a, &b);
  printf("a=%d\tb=%d\n", a, b);
  scanf("a=%d,b=%d", &a, &b); /*必须严格按照要求格式进行输入*/
  printf("a=%d\tb=%d\n", a, b);
  return 0;
}
```

该程序的运行结果如图 6-2 所示。

该程序的目的是输入两个整数分别赋值给变量 a 和 b，输出 a 与 b 的值后再按照格式输入 a 和 b 的值并再次输出。但是稍不注意，程序运行就会出现错误。

输入两个整数 2 和 3 后按 Enter 键，输出结果如图 6-3 所示。

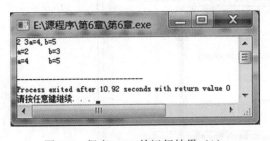

图 6-2　程序 6_10 的运行结果（1）

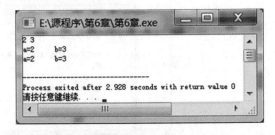

图 6-3　程序 6_10 的运行结果（2）

产生错误的原因是输入整数 3 后输入的 Enter 键被下一个 scanf 函数读入，错认为输入结束，因此产生错误。

在第 2 个 scanf 函数前加 "getchar();" 语句，按 Enter 键，则第 2 个 scanf 函数可以正常读数据。

在 scanf 中尽量不要使用格式符以外的其他字符，如果需要使用提示字符串，则直接用 printf 函数实现。

【例 6-9】用 scanf 函数输入实数。

```c
/*程序名称：6_11.c                                  */
#include <stdio.h>
int main() {
  float f;
  double d;
  scanf("%f", &f);/*单精度实型数必须用%f*/
  scanf("%lf", &d);/*双精度实型数必须用%lf*/
  printf("f=%f\nd=%lf\n", f, d);
  return 0;
}
```

【例 6-10】用 scanf 函数输入实数常见错误。

```c
/*程序名称：6_12.c                                  */
#include <stdio.h>
int main() {
  float f;
  double d;
  scanf("%f", &d);    /*双精度实型数必须用%lf*/
  scanf("%lf", &f);   /*单精度实型数必须用%f*/
  printf("f=%f\nd=%lf\n", f, d);
  return 0;
}
```

该程序在 VC 6.0 下运行异常，如图 6-4 所示。

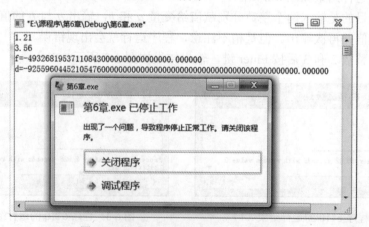

图 6-4　程序 6_12 在 VC 6.0 下运行异常

该程序在 Dev-C++环境下运行异常，如图 6-5 所示。

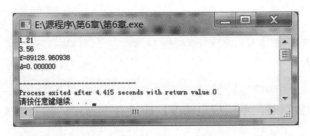

图 6-5　程序 6_12 在 Dev-C++环境下运行异常

从以上错误可以看出，为实型变量输入数据时格式符必须一一对应；否则将产生异常终止错误。

（2）　抑制字符：表示该输入项读入后不赋予相应的变量，即跳过该输入值。

例如：

```
scanf("%d%*d%d", &x, &y);
```

输入 10□12□15 后把 10 赋予变量 *x*，12 被跳过，15 赋予变量 *y*。

（3）　宽度指示符：用十进制整数指定输入数据的宽度。

例如：

```
scanf("%5d", &x);
```

输入数据 661020，把前 5 位数字 66102 赋予变量 *x*，其余部分被截去。又如，

```
scanf("%4d%4d", &x, &y);
```

输入数据 661020，把前 4 位数 6610 赋予变量 *x*，而把剩下的两位数 20 赋予变量 *y*。

（4）　长度修正符：分为 l 和 h 两种，l 用于输入长整型数据；h 用于输入短整型数据。

3. 使用 scanf 函数的注意事项

（1）　scanf 函数中的格式控制后面应当是变量地址，而不应是变量名。

例如，如果 *a*、*b* 为整型变量，则：

```
scanf("%d,%d", a, b);
```

是不对的，应将 "a, b" 改为 "&a, &b"。

（2）　scanf 函数没有计算功能，因此输入的数据只能是常量，而不能是表达式。

（3）　在输入多个整型数据或实型数据时，可以用一个或若干个空格、Enter 键或制表符（Tab）作为间隔。但在输入多个字符型数据时，数据之间的分隔符被认为是有效字符。

例如：

```
scanf("%c%c%c", &c1, &c2, &c3);
```

若输入：

```
a□b□c  <Enter>
```

则字符'a'赋予变量 c1，空格字符'□'赋予变量 c2，字符'b'赋予变量 c3。因为%c 只要求读入一个字符，本意是用空格作为两个字符之间的间隔，但由于空格也是一个字符，因此将其作为下一个字符赋予变量 c2。

（4）　输入格式中除格式声明符之外的普通字符应原样输入。

例如：

```
scanf("x=%d,y=%d,z=%d", &x, &y, &z);
```

应使用以下形式输入：

```
x=12,y=34,z=56<Enter>
```

（5） 输入实型数据时，不能规定精度，即没有"%m.n"的输入格式。

例如：

```
scanf("%7.2f", &f);
```

这种输入格式是不合法的，不能企图用这样的 scanf 函数输入以下数据而使 f 的值为 12345.67：

```
1234567<Enter>
```

（6） 在输入数据时，如果遇到以下情况，则认为是该数据输入结束。

● 遇到空格符、换行符或制表符。

例如：

```
scanf("%d%d%d%d", &i, &j, &k, &m);
```

如果输入：

```
1□2<Tab>3<Enter>4<Enter>
```

则 i、j、k、m 变量的值分别为 1、2、3、4。

● 遇到给定的宽度结束。

例如：

```
scanf("%2d", &i);
```

如果输入：

```
1234567<Enter>
```

则 i 变量的值为 12。

● 遇到非法字符输入。

例如：

```
scanf("%d%c%f", &i, &c1, &f1);
```

如果输入：

```
123x23o.4567
```

系统自左向右扫描输入的信息，由于 x 字符不是十进制数中的合法字符，因而第 1 个数 i 到此结束，即 $i=123$；第 2 个数 c1='x'；系统继续扫描后面的 o（英文字母 o，而非数字 0），它不是实数中的有效字符，因而第 3 个数到此结束，即 f1=23.0。

4．其他输入输出函数

（1） getchar 函数。

getchar 函数的功能是从键盘输入一个字符，该函数没有参数，返回值是所读的字符。它也是一个标准的输入/输出库函数，其原型在 stdio.h 文件中定义，因此使用时应该在程序的开始加以下编译预处理命令：

```
#include "stdio.h"
```

getchar 函数的一般格式为:

```
getchar();
```

【例 6-11】 从键盘上输入一个字符，然后输出。

```
/*程序名称: 6_13.c                                    */
#include <stdio.h>
int main() {
    char c;
    c = getchar(); /* 接收用户从键盘上输入的一个字符 */
    putchar(c);    /* 输出字符型变量 c 的值 */
    putchar('\n');
    return 0;
}
```

【说明】

getchar 函数只能用于单个字符的输入，另外该函数也可应用在"回收垃圾"输入中。例如，在【例 6-8】中，由于第 1 个 scanf 正常输入后按 Enter 键对于第 2 个 scanf 来说是"垃圾"，所以可以借助 getchar 函数将其"回收"，确保第 2 个 scanf 函数正常读取。

（2）gets 函数。

gets 函数的功能是接收从键盘输入的一个字符串保存在字符数组中，该函数的返回值是字符数组的起始地址。

gets 函数也是一个标准的输入/输出库函数，其原型在 stdio.h 头文件中定义，因此使用时用户应该在程序的开始加以下编译预处理命令：

```
#include <stdio.h>
```

gets 函数的一般格式为：

```
gets(str);
```

输入 computer<Enter>，gets 函数将输入的字符串"computer"送给字符数组 str，函数的返回值为字符数组 str 的起始地址。一般利用该函数的目的是向字符数组输入一个字符串，而不关心函数的返回值。

（3）putchar 函数。

putchar 函数的功能是将一个字符输出到显示器上显示，它也是一个标准的输入/输出库函数，返回值是输出的字符。其原型在 stdio.h 头文件中定义，因此使用时应该在程序的开始加以下编译预处理命令：

```
#include <stdio.h>
```

putchar 函数的一般调用形式为：

```
putchar(c)
```

即把变量 c 的值输出到显示器上，这里的 c 可以是字符型或整型变量，也可以是一个转义字符。

【例6-12】putchar 函数应用实例。

```
/*程序名称: 6_14.c                                */
#include <stdio.h>
int main() {
  char a = 'g', b = 'o';
  int c = 111, d = 100;
  putchar(a);
  putchar(b);
  putchar(c);
  putchar(d);
  putchar('\n');
  return 0;
}
```

【说明】

putchar 函数只能用于输出单个字符。

（4） puts 函数。

puts 函数的功能是将字符数组中保存的字符串输出到显示器上，该函数返回换行符。

```
#include <stdio.h>
```

puts 函数的一般格式为：

```
puts(str);
```

例如，假设已经定义 str 是一个字符数组名且该数组已被初始化为"China"，则执行 puts(str) 函数的结果是在显示器上输出"China"。

puts 函数输出的字符串中也可以包含转义字符，如 puts("Beijing\nChina")的输出结果为：

```
Beijing
China
```

6.3 运算符和表达式

按操作数的数目可将 C 语言的运算符分为单目（一元）、双目（二元）、三目（三元）运算符。

按运算符的功能分为算术运算符、关系运算符、逻辑运算符、自增和自减运算符、位运算符、赋值运算符、条件运算符、逗号运算符、数组的下标运算符，以及函数调用和强制类型转换运算符等。

其中，算术运算符、关系运算符、逻辑运算符、赋值运算符、自增和自减运算符在前面章节中已做介绍，此处不再赘述。

表达式是由运算符、操作数组成的符合 C 语言语法规则的算式。

C 语言约定单个操作数也是表达式，常量、变量、有返回值的函数调用和用()括起的表达式为简单表达式。由简单表达式和以简单表达式为操作数的表达式都是表达式。

表达式的运算规则是由运算符的功能及其优先级与结合性决定的。

为使表达式按一定的顺序求值，编译程序将所有运算符分为若干组。每组规定一个等级，称为"运算符的优先级"，优先级高的先执行运算。

处于同一优先级的运算符的运算顺序称为"运算符的结合性"，运算符的结合性包括从左至右（左结合）和从右至左（右结合）两种。

运算符的优先级和结合性见附录 B。

6.3.1 位运算

位运算是以逐个二进制位为直接处理对象的运算，这是 C 语言区别于其他高级语言的特色之一。

位运算符包括~（求反）、&（按位与）、|（按位或）、^（按位加、异或）、>>（右移）、<<（左移）。除~是单目运算符，其余均为双目运算符，所有位运算符的操作对象必须是整数。

1. 求反运算

运算符~将操作数的每个二进制位取为相反值，即 0 变 1；1 变 0。

结果类型与操作数类型相同。

例如，

```
unsigned i = 0xd3f5, j = 0;  short k = 0;
```

将 i 变成二进制码 1101001111110101，~ i = 0010110000001010，即~i 为 0x2c09；j 的二进制码为全 0，~j 为全 1，即 65535；将 k 各位求反，~k 为全 1。因为是有符号类型整数，所以~k 为-1。

2. 按位与、或、异或运算（&、|、^）

运算规则如下：

i	j	$i\&j$	$i|j$	$i^\wedge j$
0	0	0	0	0
0	1	0	1	1
1	0	0	1	1
1	1	1	1	0

例如：

```
unsigned short x = 0xd3f5,  y = 0xff, z;
```

（1） z=0xd3f5 & 0xff。

值为 0xf5，即 0xd3f5 通过与 0xff 按位与取其低 8 位。高 8 位被屏蔽，0xff 为屏蔽码。

   1101001111110101

& 0000000011111111

   0000000011110101

（2） z=0xd3f5 | 0xff。

z 被赋值为 0xd3ff，通过与 0xff 执行按位或运算，使原来的数高 8 位不变；低 8 位变为全 1，此时 0xff 为置位码。

（3） z=0xd3f5^0xff。

z 被赋值为 0xd30a，低 8 位取反，其余不变。

（4） 对于十进制数位操作，应先转换为二进制数，运算后再转换为十进制数，如：

```
int  i, j, k;
  i = ~5;        /*i 的值为-6*/
  j = 5 & 8 ;    /*j 的值为 0*/
  k = 5 ^ 8 ;    /*k 的值为 13*/
```

【例 6-13】两个数的 3 种交换方法。

```
/*程序名称: 6_15.c                                  */
#include <stdio.h>
int main() {
  int a = 2, b = 3, c;
  c = a;
  a = b;
  b = c;                        /*该语句行有 3 个赋值语句，借助于第 3 个量实现交换*/
  printf("第 1 种交换方法后, a=%d,b=%d\n", a, b);
  a = 2;
  b = 3;                        /*该语句行有两个赋值语句*/
  a = a + b;                    /*通过加减运算实现两个数的交换，即不使用第 3 个量*/
  b = a - b;
  a = a - b;
  printf("第 2 种交换方法后, a=%d,b=%d\n", a, b);
  a = 2;
  b = 3;
  a = a ^ b;                    /*通过异或实现两个数的交换，同样不使用第 3 个量*/
  b = a ^ b;
  a = a ^ b;
  printf("第 3 种交换方法后, a=%d,b=%d\n", a, b);
  return 0;
}
```

3．移位运算符

移位运算符<< 和>>是双目运算符，移位运算的规则是将左操作数向左（<<）或向右（>>）移动由右操作数指定的位数。两个操作数必须为整数且右操作数为正数，也可以是值为正整数的表达式，结果类型与转换后的左操作数类型相同。

左移时，高位被移出（丢掉），右边空出的低位用 0 填充；右移时，左边空出的高位的填充方式决定于右操作数的类型。如果是无符号数，则用 0 填充；否则用符号位填充。

例如：

```
unsigned x = 65,  y = 15; short z = -8;
```

（1） x<<3。

该表达式的值为 520，类型与 x 相同。

$x = 65 =(0x41)_{16} = (0000000001000001)_2$，左移 3 位后 $x = (0000001000001000)_2 = 520$。

$x<<3$ 等价于 $x*2*2*2$，即 $x<<n$ 相当于 x 乘 2^n。

（2） $y>>3$。

该表达式的值为 1，表达式的类型与 y 相同。

$y=15$，即 0xf 二进制数是 0000000000001111，右移 3 位后变成 0000000000000001，为整数 1。$y>>3$ 等价于 $y/2/2/2$ 或 $y/(2 * 2 * 2)$，即 $y>>n$ 相当于 y 整除 2^n。

（3） $z>>2$。

该表达式的值为-2，类型为 int。

$z = -8 = 1111111111111000$（-8 的补码），右移 8 位后 $z = 1111111111111110$（-8 的补码）=-2。

位操作综合应用实例如下。

（1） 将整数 p 的低字节作为结果的低字节，k 的低字节作为结果的高字节拼成一个新的整数：

$(p \& 0377) | ((k \& 0xff) << 8)$。

其中 $p \& 0377$ 取出 p 的低字节（低 8 位），$k \& 0xff$ 取出 k 的低字节，$(k \& 0xff)<<8$ 使 k 的低字节成为高字节，最后由|拼装。

（2） 设 x、m、n 为 unsigned short 且 $0 \leqslant m \leqslant 15$、$1 \leqslant n \leqslant 16$。取出 x 从第 m 位（从右至左编号依次为 0～15）开始向右的 n 位，并使其向右端（第 0 位）靠齐：

$(x>> (m - n + 1)) \& (\sim(\sim 0 << n))$。

其中 $m - n + 1$ 是要被取出部分距离右端的位数，$x>>(m - n + 1)$ 向右端靠齐，$\sim(\sim 0 << n)$ 制作一个低端 n 位为 1，其余为 0 的屏蔽位。

6.3.2 条件运算符

条件运算符（ ? : ）是 C 语言中唯一一个三目运算符，其格式为：

操作数 1？操作数 2：操作数 3

操作数 1 必须为基本类型或指针类型表达式，操作数 2 和操作数 3 可以是其他任何类型的表达式且类型可以不一致。

条件运算符的运算规则如图 6-6 所示。

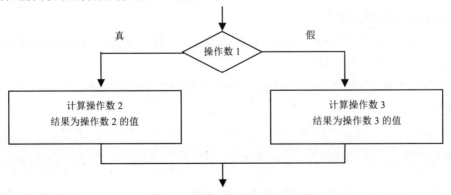

图 6-6 条件运算符的运算规则

条件运算符可以简化简单二分支结构。

例如，设 i 为已定义的 int 类型变量，则 $(i < 0)?-i:i$ 的功能为求 i 的绝对值。

设 a、b 为已定义的 int 类型变量，则 $(a > b)?a:b$ 的功能为求 a、b 中较大者。

设 ch 为已定义的 char 类型变量，则(ch)>= 'a' && ch <= 'z')? (ch − 'a' + 'A') : ch 的功能为若 ch 是小写字母，转换为大写字母；否则返回本身。

设 a 为已定义的 int 类型变量，则 $(a > 0)?1:((a < 0)?-1:0)$ 的功能为符号函数。

6.3.3　逗号运算符与逗号表达式

逗号运算是多个操作数按从左到右顺序求值，逗号运算符是顺序求值运算符。由其连接多个操作数而形成的表达式称为"逗号表达式"，一般格式为：

操作数 1, 操作数 2, [操作数 3, ……]

每个操作数的求值分开进行，运算结果的值和类型与最右侧操作数相同。

例如：

```
int a = (-3, 0, 3);  /*逗号表达式的运算结果是 3，将 3 赋值给变量 a*/
printf("%d", a);     /*输出结果为 3*/
```

【说明】

C 语言中,逗号可作为逗号运算符或分隔符,在实际应用中根据上下文的语法严格区分。

6.4　类型转换

当出现下列情况之一时会引起类型转换。

（1）　双目运算的两个操作数类型不同，一般引起算术转换。

（2）　一个值赋予一个不同类型的变量时，引起赋值转换。

（3）　某个值作为参数传给一个函数时，引起函数调用转换。

（4）　一个值被强制为另一类型时，引起强制类型转换。

（1）、（2）、（3）由系统自动隐式完成，（4）由程序员使用强制类型转换运算符进行显式类型转换。

1.　一般算术转换规则

双目运算符的两个操作数中值域（表示值的最大范围）由所占内存字节少的类型向所占内存字节多的类型转换，即：

char/short→int→long→unsigned long→float→double→long double。

例如：

```
long  m;
double  n;
int  i;
```

表达式 $m+n*i$ 进行的转换为 $n*i$ 的结果为 n 的类型（double），与 m 求和后整个表达式的结果为 double 类型。

2. 赋值转换

赋值转换的规则是将右操作数的值转换成左操作数的类型。赋值转换是由系统自动隐式进行的强制性转换，不受算术转换的约束，结果的类型由左操作数决定。

例如，变量 n、c、x 声明如下：

```
int n;
char c;
float x;
```

表达式 $n = x + c$ 进行的转换为 c 被转换成 float 类型，$(x + c)$ 的结果 float 类型被转换为 int 类型，赋值表达式的结果为 int 类型。

3. 强制类型转换

强制类型转换的格式为：

(类型名) 操作数；

(类型名)是强制类型运算符，将操作数转换为由其指定的类型。

强制类型转换在效果上同赋值转换，转换方向不受算术转换规则的约束，它与赋值转换的区别如下。

（1） 强制转换是显式方式，赋值转换是隐式方式。前者是人为的，后者由系统自动完成。

（2） 强制转换的结果类型由强制转换运算符指定，赋值转换由左操作数的类型隐式决定。

【例 6-14】 提取实数的整数与小数部分。

```
/*程序名称：6_16.c                                    */
#include <stdio.h>
int main() {
  double d;
  printf("请输入一个实数：");
  scanf("%lf", &d);
  /*强制将双精度实型数转换为整数，因此只保留整数部分*/
  printf("该数的整数部分：%d\n", (int)d);
  /*用双精度实型数减去整数部分，得其小数部分*/
  printf("该数的小数部分：%lf\n", d -(int)d);
  return 0;
}
```

本章小结

本章首先讲解了 C 语言的基本数据类型的存储方式、表示方法，以及不同类型间数据转换的原则与方法，然后介绍了数据的输入/输出方法、条件运算符与条件表达式、逗号运算符与逗号表达式，以及位运算符及其作用等。

习题

一、选择题

1. 在 C 语言中，所有数据在计算机内是以_____存储的。

    A. 二进制数　　　B. 八进制数　　　　C. 十进制数　　　　D. 十六进制数

2. 在 C 语言中，定义字符型变量时使用的类型声明符是_____。

    A. char　　　　　B. float　　　　　C. int　　　　　　　D. double

3. 以下运算符中优先级最低的运算符为_____，最高的为_____。

    A. !　　　　　　　B. >=　　　　　　C. =　　　　　　　　D. ,

4. 执行下列语句后的输出结果为_____。

```
int x = 6;
x = (x << 2);
printf("%d", x);
```

    A. 36　　　　　　B. 6　　　　　　　C. 1　　　　　　　　D. 24

5. 若有类型声明语句 "char w; int x; float y; double z;"，则表达式 $w*x+z-y$ 的结果类型为_____。

    A. float　　　　　B. char　　　　　C. int　　　　　　　D. double

6. 设 x、y 为 float 型变量，则以下合法的赋值语句是_____。

    A. (x++) = (++x)　　　　　　　　　B. y*y = float(3)

    C. x+1 *= y + 8　　　　　　　　　　D. x = y = 2 = 0

7. 执行下列语句后输出结果为_____。

```
int x = 2, y = 3, z = 4;
printf("%d", x>(y> z ? y : z) ? x :(y> z) ? y : z);
```

    A. 2　　　　　　　B. 3　　　　　　　C. 4　　　　　　　　D. 错误

8. 执行语句 "printf("The program's name is c：\\tools\book.txt\n");" 后的输出是_____。

    A. The program's name is c：tools book.txt

    B. The program's name is c：\tools book.txt

    C. The program's name is c：\\tools book.txt

    D. The program's name is c：\toolook.txt

9. 若 w、x、y、z 均为 int 型变量，使以下语句在屏幕上输出 1234+123+12+1，则正确的输入为_____。

```
scanf("%4d+%3d+%2d+%1d", &x, &y, &z, &w);
printf("%4d+%3d+%2d+%1d\n", x, y, z, w);
```

    A. 1234123121<Enter>　　　　　　　　B. 1234123412341234<Enter>

    C. 1234+1234+1234+1234<Enter>　　　　D. 1234+123+12+1<Enter>

10. 执行以下语句后的输出为_____。

```
double m = 1234.123;
printf("%-8.3f\n", m);
printf("%10.3f\n", m);
```

A. 1234.123   B. -1234.123

    1234.123   1234.123

C. 1234.123   D. 1234.123

    1234.123   1234.12300

11. 若 x 是 int 型变量，y 是 float 型变量，为了将数据 10 和 66.6 分别赋给 x 和 y，所用的 scanf 调用格式为 "scanf("x=%d,y=%f",&x,&y);"，则正确的输入为＿＿＿。

    A. x=10, y=66.6<Enter>   B. 10   66.6<Enter>

    C. 10, 66.6<Enter>   D. x＝10<Enter>y＝66.6

二、填空题

1. 字符型常量'a'在内存中应占＿＿＿＿＿＿个字节。

2. 运用 sizeof 运算符查看当前开发环境中 int 类型占＿＿＿个字节，double 类型占＿＿＿个字节。

3. 若采用十进制数的表示方法，则 077 是＿＿＿＿＿＿，0111 是＿＿＿＿＿＿，0X29 是＿＿＿＿＿，0XAB 是＿＿＿＿＿。

4. 若有 "char sl = '077', s2 = "\";"，则 $s1$ 中包含＿＿＿个字符，$s2$ 中包含＿＿＿个字符。

5. 设 x 为 float 型变量，y 为 double 型变量，a 为 int 型变量，b 为 long 型变量，c 为 char 型变量，则表达式 $x + y * a / x + b / y + c$ 的结果为＿＿＿＿＿类型。

6. 若有声明 "int x = 10，y = 20;"，则：

（1）"printf("%x\n", x + y);" 的输出结果是＿＿＿＿＿。

（2）"printf("%o\n", x * y);" 的输出结果是＿＿＿＿＿。

（3）"printf("%x,%x,%x\n", x, y, x % y);" 的输出结果是＿＿＿＿＿。

（4）"printf("%o\n", (x % y, x - y, x + y));" 的输出结果是＿＿＿＿＿。

7. 表达式 5 & 7 的值为＿＿＿＿＿，表达式 5 | 7 的值为＿＿＿＿＿，表达式 5 ^ 7 的值为＿＿＿＿＿。

三、编程题

1. 输入一个整数，分别用八进制数、十进制数、十六进制数输出该整数。

2. 编程实现输入一个字符，若是英文小写字符，则转换为英文大写字符后输出该字符及其 ASCII 码；否则输出其对应的 ASCII 码值。

3. 编程实现输入当日生菜与钢材的价格（生菜单位是斤，钢材单位是吨），比较并输出价格贵的商品。

4. 编程实现输入直角三角形的斜边的长度和一个锐角的度数，输出其面积。

5. 编程计算一元二次方程 $x^2+3x-2=0$ 的根。

第7章 数 组

学习目标

通过本章的学习，使读者具备灵活定义和引用一维数组与二维数组的能力，并具有运用一维数组和二维数组处理批量数据增、删、改、查及排序等的能力，最终达到熟练使用数组解决实际问题的能力。

主要内容

◆ 一维数组、二维数组、字符数组的定义、引用及初始化。
◆ 冒泡排序与选择排序。
◆ 顺序查找与折半查找。
◆ 字符串的相关操作。

案例1 天外有天

【任务描述】

输入本班 40 位同学大学英语的考试成绩，统计平均成绩后输出本班高于平均成绩的人数。

【任务分析】

本任务中涉及的量有总人数、每个人的英语成绩、平均成绩、高于平均成绩的统计人数，其中总人数是已知量；每个人的英语成绩是输入量；平均成绩通过统计总成绩后除以总人数得到。平均成绩与每个人的成绩进行比较，若高于平均成绩，则统计人数加 1。

由于本任务中需要输入 40 个人的英语成绩；另外成绩属于同类型数据，因此采用数组来解决该问题。

首先定义一个指定元素个数的数组，运用循环批量输入每个人的英语成绩，边输入边求总成绩。然后用总成绩除以人数，得到平均成绩。再用平均成绩与每个人的英语成绩进行比较，若某个人的英语成绩高于平均成绩，则统计人数加 1，最后输出统计人数。

【解决方案】

（1）定义宏 MAX 表示班级总人数 40 人。

（2）定义整型变量 i 用于控制循环，定义整型变量 c 用于表示统计人数并初始化为 0。

（3）定义实型数组 a，其元素个数为 MAX。定义实型变量 sum 和 avg 分别表示总成绩与平均成绩，将 sum 初始化为 0。

（4）运用 i 控制 for 循环输入每个人的英语成绩并保存到 $a[i]$ 中，每输入一个成绩，将其累加求和，即 sum 等于 sum 加 $a[i]$。

（5）循环结束后计算平均成绩 avg，即用 sum 除以 MAX。

（6）运用 i 控制 for 循环将 avg 与每个 $a[i]$ 进行比较，若 $a[i]$ 大于 avg，则 c 增 1。

（7）输出 c 的值并结束程序。

【源程序】

```
/*程序名称：7_1.c                              */
#include <stdio.h>
#define MAX 4/*为验证方便，设人数为 4 人。若需要输入多人，直接改为确切数值即可*/
int main() {
  int i, c = 0;
  double a[MAX], sum = 0, avg;
  for(i = 0; i < MAX; i++) {
    scanf("%lf", &a[i]);      /*输入部分*/
    sum = sum + a[i];         /*边输入，边累加求总成绩*/
  }
  /*处理部分*/
  avg = sum /MAX;             /*求平均成绩*/
  for(i = 0; i < MAX; i++) {
    /*求高出平均成绩的人数*/
    if(a[i]> avg) {
        c = c + 1;
    }
  }
  printf("平均成绩是%.2lf,高于平均成绩的人数有%d.\n", avg, c); /*输出部分*/
  return 0;
}
```

相关知识——一维数组的增删改查操作

（一）一维数组的定义和引用

（1）一维数组的定义。

数组用统一的名字命名有限个类型相同的变量，然后用编号区分每一个元素。

定义一维数组的一般格式为：

类型标识符 数组名[常量表达式] ；

例如，int *a*[6]定义了名为"*a*"的数组。该数组包括*a*[0]、*a*[1]、*a*[2]、*a*[3]、*a*[4]、*a*[5]这6个数组元素，每个数组元素的类型都是整型。

数组中元素个数为数组长度，如数组*a*的长度为6。

在定义数组时注意以下几点。

- 同一个数组中的数组元素类型必须相同，可以是C语言中规定的所有数据类型中的任何一种。
- 数组名的命名必须遵循C语言标识符的命名规则。
- 元素个数只能是常量值，即C语言不允许数组的大小在程序运行过程中动态变化。
- 数组元素的下标从0开始，即下标范围是从0到元素个数减1。

（2） 数组元素的引用。

数组必须先定义后引用，但是只能引用其中的各个元素，而不能一次引用整个数组。引用数组元素的一般格式为：

数组名[下标]

下标可以是整型或者字符型常量、表达式、变量。

例如：

```
int a[100] = {0};
printf("%d,%d\n", a[97], a['a']);
```

（二）初始化一维数组

一维数组的初始化是在定义数组的同时为每个数组元素赋初值的过程，初始化语句的格式如下所示：

```
int a[6] = {3,1,6,8,0,1};
```

把数组元素的初值按顺序依次放到花括号内，经过以上语句的定义和初始化后，数组元素的值分别是*a*[0]=3、*a*[1]=1、*a*[2]=6、*a*[3]=8、*a*[4]=0、*a*[5]=1。

以上是为数组中的所有元素赋了初值，也可以只为数组中的一部分元素赋初值。

例如：

```
int a[6] = {3,1,6};
```

表示只为数组*a*中6个元素的前3个赋初值，即*a*[0]=3、*a*[1]=1、*a*[2]=6，后3个元素的初值自动为0。

如果为数组中的所有元素赋初值，则在定义时可以不指明数组中元素的个数，系统会根据初值的个数来确定数组的元素个数。

例如：

```
int a[] = {3,1,6,8,0,1};
```

花括号中有6个数值，系统会自动定义数组*a*的元素个数为6。

实际应用中，常用键盘输入或者随机产生或者文件写入的方式为数组元素赋值。

（三）一维数组的顺序查找操作

遍历一维数组是访问一次数组中的每个元素。

顺序查找是在遍历数组元素的过程中，将所查数据逐个与数组元素的值进行比较。若相等，则查找成功；否则失败。

【例7-1】随机生成20个20以内的整数，输入一个20以内的整数，统计该整数生成的次数。

```
/*程序名称: 7_2.c                                      */
#include <stdio.h>
#include <time.h>
#include <stdlib.h>
int main() {
  int a[20], i, n, s = 0;
  srand((unsigned int)time(NULL));
  for(i = 0; i < 20; i++) {
    /*运用 rand 函数随机生成 20 个整数赋值给数组 a 的每个元素*/
    a[i] = rand() % 21;
  }
  printf("请输入一个小于等于 20 的正整数:");
  scanf("%d", &n);
  for(i = 0; i < 20; i++) {
    /*遍历数组*/
    if(a[i] == n)  /*若找到 n, 则计数器加 1*/
        s++;
  }
  printf("产生的数列为:");
  for(i = 0; i < 20; i++) {
    /*输出原始数列*/
    printf("%3d", a[i]);
  }
  printf("\n 整数%d 在该数列中出现有次数是%d 次.\n", n, s);
  return 0;
}
```

由于数列使用 rand 函数随机生成，因此程序每次运行结果都不相同。

（四）一维数组的删除操作

数组元素的删除操作以遍历为基础，将数组元素中值等于删除数据的元素值用其后元素值覆盖。

数组的删除操作一定要计数列中元素个数。

【例7-2】随机生成20个10以内的整数，输入删除值后，删除该数列中所有的此值。

```
/*程序名称: 7_3.c                                      */
#include <stdio.h>
#include <time.h>
```

```
#include <stdlib.h>
int main() {
    int a[20], i, j, n, s = 20;      /*s记录当前数列中有效元素个数*/
    srand((unsigned int)time(NULL));
    printf("产生的数列为:\n");
    for(i = 0; i < 20; i++) {        /*随机生成20个10以内的整数数列并输出该数列*/
        a[i] = rand() % 11;
        printf("%3d", a[i]);
    }
    printf("\n请输入删除的整数:");
    scanf("%d", &n);
    for(i = 0; i < s; i++) {                    /*在有效元素中进行遍历*/
        if(a[i] == n) {                         /*发现删除元素*/
            for(j = i + 1; j < s; j++) {    /*将删除元素后的每个元素前移一个位置*/
                a[j - 1] = a[j];
            }
            s--;                                /*当前有效元素个数减1*/
            i--; /*重新判断移动到此位置的值是否是需要删除的值，防止所删元素相邻的情况*/
        }
    }
    printf("删除元素%d后，数列是:\n",n);
    for(i = 0; i < s; i++) {
        printf("%3d", a[i]);
    }
    printf("\n");
    return 0;
}
```

【说明】

删除后，若继续按照数组长度输出，则出现与尾元素重复出现多次的情况。表示删除并没有回收数据所占空间，只是简单的元素值的移动与覆盖而已。

（五）一维数组的插入操作

一维数组的插入操作也以数组遍历为基础，必须确保数组有插入位置，即定义的数组有空闲元素保存插入的数据。一维数组的插入操作分为指定插入位置与有序表中数据的插入，前者将此位置及其后元素的值后移一个元素，把指定值插入此位置；后者将指定值插入到有序表中，插入后的有序表次序不变。

【例7-3】将输入值插入到升序排列的数列中。

```
/*程序名称：7_4.c                                              */
#include <stdio.h>
void out(int a[11], int j); /*第2个参数代表元素个数*/
int main() {
    /*定义数组元素个数多一个，以备插入数据*/
    int a[11] = {2, 4, 6, 8, 11, 13, 16, 20, 22, 26};
    int i, n;
```

```
    printf("原数列是:\n");
    out(a, 10);
    printf("请输入插入的整数:");
    scanf("%d", &n);
    for(i = 10; i> 0; i--) {
        /*由于确定数据一定会插入到数列中，故遍历从尾部开始，边遍历，边移动元素*/
        if(a[i - 1]> n)            /*插入数据比当前位置数小，则当前位置后移*/
            a[i] = a[i - 1];       /*移位*/
        else
            break;                 /*找到插入位置，则直接退出*/
    }
    a[i] = n;
    printf("插入后的数列是:\n");
    out(a, 11);
    return 0;
}
void out(int a[11], int j) {
    int i;
    for(i = 0; i < j; i++) {
        printf("%3d", a[i]);
    }
    printf("\n");
}
```

【思考题】

（1）　试分析以下程序段的功能：

```
    int a[10], i;
    for(i = 0; i < 10; i++) {
        a[i] = 2 * i + 1;
    }
```

（2）　分析以下程序段分别在 VC 6.0 与 Dev-C++环境中运行可能出现的情况和原因：

```
    int a[10], i; /*定义数组 a 的元素个数是 10 个*/
    for(i = 0; i < 20; i++){ /*手误，将 10 写成了 20*/
        a[i] = i * i;
    }
    printf("i=%d\n", i - 1);
    printf("%d\n", a[i - 1]);
```

（3）　随机生成 10 个 20 以内的整数，将其中的奇数修改为自身的平方后输出该数列。

案例 2　网店热销手机排行榜

【任务描述】

"双十一"当天某电商平台手机销售情况为苹果 8 Plus 共 17 部、华为 Mate 共 29 部、华为荣耀共 96 部、小米 9 共 42 部、vivo X27 共 37 部、华为 Nova 共 58 部、苹果 6s 共 35 部、OPPO K1 共 22 部，要求按销量从高到低排序这些热销机型。

【任务分析】

按销量排序这些热销机型即分析手机销售情况，为方便商户调整销售方案提供依据。本任务的关键是比较每种手机机型的销售量，最终给出手机销售排行榜。

【解决方案】

本任务中给出的 8 种机型的销售量分别为 17、29、96、42、37、58、35、22，按照从高到低顺序重新调整，本方案采用每轮找出极小值的方式进行。

第 1 轮的比较为：第 1 次比较 17 和 29，因为要求由大到小的次序，所以把 17 和 29 对调；第 2 次比较 17 和 96，因为把大的数调换到前面，所以 17 和 96 对调，依此类推。共 8 个数，第 1 轮共进行 7 次比较，较大的数都"上浮"了一个位置；最小数"沉底"，调整后得到的顺序是 29、96、42、37、58、35、22、17。最小数 17 已经被调到了最后，第 1 轮比较过程如图 7-1 所示。

由于第 1 轮已经找到最小值并放到尾部，因此后面比较时此数不再参与。第 2 轮对剩下的前 7 个数执行类似操作，本轮结束后将极小数置于倒数第 2 个位置。如此执行下去，经过 7 轮比较，每个数都被调换到相应的位置，得到了从高到低的手机销售排行榜。

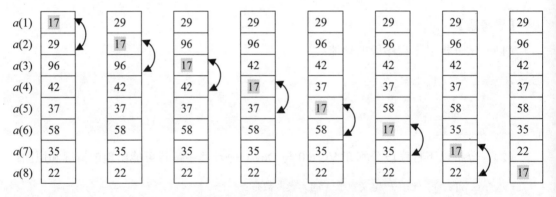

图 7-1　第 1 轮比较过程

【源程序】

```
/*程序名称：7_5.c                          */
#include <stdio.h>
#define MAX 8
int main() {
    int a[MAX] = {17, 29, 96, 42, 37, 58, 35, 22};
    int i, j, t;
    for(i = 0; i < MAX - 1; i++) {          /*控制进行比较的轮数*/
        for(j = 0; j < MAX - 1 - i; j++) {  /*控制每轮进行比较的次数*/
            if(a[j] < a[j + 1]) {           /*控制最终数列的次序是由大到小的次序*/
```

```
            t = a[j];
            a[j] = a[j + 1];
            a[j + 1] = t;
        }
    }
}
printf("销量由高到低是:\n");
for(i = 0; i < MAX; i++) {
    printf("%4d", a[i]);
}
printf("\n");
return 0;
}
```

相关知识——冒泡排序与选择排序

（一）冒泡排序

冒泡排序是 C 语言中经典排序算法之一，案例 2 就是运用该算法对热销机型进行排序的案例。

冒泡排序可以以升序或降序排列数列，这是由比较时前边的数比后面的数"大时交换"还是"小时交换"决定的。

降序冒泡排序的原理是不断地比较数列中相邻的两个元素，如果前面的数比后面的数小，则交换，大者上浮；小者下沉。此过程与水中气泡上升原理类似，故为"冒泡"排序。

对于冒泡排序的详细排序过程，参考案例 2 的【解决方案】即可。

（二）选择排序

选择排序是一种简单直观的排序算法，可以以升序或降序排列数列。

升序选择排序的原理是首先在未排序数列中固定第 1 个元素，将其与后面的每个元素进行比较。若大于后面的某个数，则进行交换；否则继续比较。直到与所有元素比较完，找到最小值并保存到数列的起始位置。

然后固定第 2 个元素（第 1 个元素已经是最小值，不再参与比较），将其与后面的每个元素进行比较。若大于后面的某个数，则进行交换；否则继续比较，直到与所有元素比较完，找到次小值并存到数列的第 2 个位置。依此类推，直到所有元素排序完毕。

选择排序每次交换一对元素，其中至少有一个将被移到其最终位置上，因此排序 n 个元素的数列共执行最多 $n-1$ 次交换。

设输入的 8 个（$n=8$）待排序的整数为 38、20、46、38、74、91、12 和 25，则选择排序的执行过程如图 7-2 所示。

初态	第1趟	第2趟	第3趟	第4趟	第5趟	第6趟	第7趟
38	(12)	(12)	(12)	(12)	(12)	(12)	(12)
20	38	(20)	(20)	(20)	(20)	(20)	(20)
46	46	46	(25)	(25)	(25)	(25)	(25)
38	38	38	46	(38)	(38)	(38)	(38)
74	74	74	74	74	(38)	(38)	(38)
91	91	91	91	91	91	(46)	(46)
12	20	38	38	46	74	91	(74)
25	25	25	38	38	46	74	91

图7-2　选择排序的执行过程

圈里的数表示此趟排序的结果,下一趟时,此数不再参与后续比较。

【源程序】

```c
/*程序名称:7_6.c                              */
#include <stdio.h>
#define MAX 8
void out(int a[MAX]);
int main() {
    int a[MAX] = {38, 20, 46, 38, 74, 91, 12, 25};
    int i, j, t;
    for(i = 0; i < MAX - 1; i++) {
        /*外层循环控制排序的趟数,n 个数共需要n-1 趟*/
        for(j = i + 1; j < MAX; j++) {
            /*内层循环控制每趟需要比较的元素个数*/
            if(a[i]> a[j]) {
                /*由分支结构决定最终数列是升序还是降序,此处为升序序列*/
                t = a[i];
                a[i] = a[j];
                a[j] = t;
            }
        }
        printf("第%i 趟的排序结果是:", i + 1);
        out(a);
    }

    return 0;
}
void out(int a[MAX]) {
    int i;

    for(i = 0; i < MAX; i++) {
        printf("%4d", a[i]);
    }
    printf("\n");
}
```

【思考题】

（1） 在某大学校园歌手大赛上，共有 20 位选手参加决赛。输入选手成绩，采用选择排序降序排列后输出成绩位于前 3 名的选手成绩。

（2） 输入同寝室成员"周支出金额"，采用冒泡排序升序排列后输出"周支出金额"。

案例 3　揪心的房价

【任务描述】

小张计划用 100 万元在三线城市 A 市购买一套住房，他到房屋交易中心一看，房子太多了，看得眼花缭乱。这些房子均按房价由高到低排序，请运用折半查找方式帮小张查询有没有销售价正好是 100 万元的房子。如果有，请给出房子编号；否则直接给出相关信息。

【任务分析】

为简化任务，只给出 10 套房子的价格（单位：万元），即 56、60、67、77、85、92、100、105、110、116 保存到数组 a 中，当前需要查找的是 100。

运用折半查找的过程如图 7-3 所示，其中的描述性语言是为了方便读者理解。

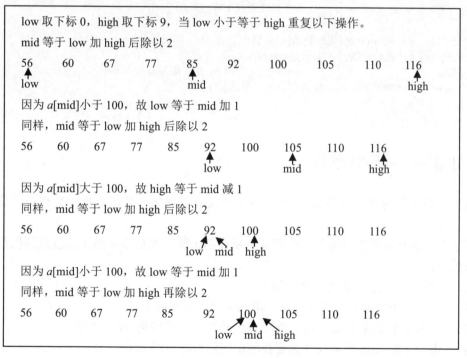

图 7-3　折半查找的过程

a[mid]等于 100，查找结束。

若找不到，输出提示信息后结束。

【解决方案】

首先定义宏 MAX，代表当前的 10 套房子。然后按照分析的过程运用 while 循环执行查找操作。

【源程序】

```
/*程序名称: 7_7.c                                    */
#include <stdio.h>
#define MAX 10
int main() {
    int low, high, mid;
    int money, a[MAX] = {56, 60, 67, 77, 85, 92, 100, 105, 110, 116};
    printf("请输入您接受的房价（单位：万元):");
    scanf("%d", &money);
    low = 0;
    high = MAX;
    while(low <= high) {
        /*退出循环有两种情况：查找下限大于上限或者已经找到*/
        mid = (low + high) /2;
        if(a[mid] == money)
            break;                   /*找到此价位的房子*/
        if(a[mid]> money)            /*中间元素的值比所查值大，由于数列是升序排列*/
            high = mid - 1;          /*修改查找上限为 mid 减 1*/
        else
            low = mid + 1;           /*修改查找下限为 mid 加 1*/
    }
    if(low <= high) /*退出后若 low 仍小于 high，则表示从 break 退出，表示找到*/
        printf("此价位的房子编号是%d\n", mid + 1);
    else                             /*若 low 大于 high，则没有找到*/
        printf("对不起，此价位的房子不存在!\n");
    return 0;
}
```

相关知识——折半查找

折半查找又称为"二分查找"，使用折半查找的前提条件是所查找的数列必须是有序数列。

折半查找的基本思想是先确定待查数据所在的范围，然后逐步缩小范围直到找到或找不到数据为止。

在升序数列中，折半查找的过程如下。

（1）确定待查数据 n 与查找范围下限 low 及上限 high。

（2）当 low 小于等于 high 时，继续查找操作；否则转到（6）执行。

（3）由 low 加 high 后除以 2 为查找的中间位置赋值给 mid。

（4）判断下标是 mid 的元素值是否等于 n，若等于，则转到（6）执行；若下标是 mid 的元素值大于 n，由于数列是升序排列的，则待查元素即使在数列中，也只可能在数列的前半部分，因此折半，即修改查找范围上限 high 为 mid 减 1；若下标是 mid 的元素值小于 n，同理，修改查找范围下限 low 为 mid 加 1。

（5）转到（2）继续执行。

（6）判断 low 与 high 的关系，若 low 大于 high，则没有找到；否则下标为 mid 的元素即为所查元素。

【思考题】

（1） 思考降序数列中折半查找的过程。

（2） 模仿本案例中任务分析的查找过程，画出查找 65 的过程。

（3） 按照由高到低的次序输入 10 位同学的身高，运用折半查找算法查找是否存在与本人身高相同的同学。若存在，则输出所在位置值；否则输出相关提示信息。

提示：所在位置值是下标值加 1。

案例 4　生存游戏

【任务描述】

据说在罗马人占领乔塔帕特后，39 个犹太人与著名历史学家约瑟夫和他的朋友躲到了一个山洞中。39 个犹太人决定宁愿死也不要被罗马人抓到，于是决定了死的次序。41 个人围成一个圆圈，由第 1 个人开始报数。每报数到 7，该人必须被杀。然后由下一个人重新报数，直到剩下两个人为止。

约瑟夫和他的朋友并不想遵从该规则，如何确保他们能生存下去？

【任务分析】

首先所有人围成一个圆圈，采用数组表示。元素共有 41 个，元素取值为 1 表示此编号的人是活的。接下来从第 1 个人开始依次报数，当报数报到 7 时此人被杀。采用遍历数组元素的形式表示报数，用计数器计所报的数。如果计数器的值为 7，则修改该数组元素的值为 0，表示此编号的人死亡，死亡 1 人则总人数减小 1。重复这样的过程直到总人数只剩下两个人时停止。最后输出活着两个人的编号，编号表示只要约瑟夫和他的朋友在这两个位置，他们就可以继续生存下去。

【解决方案】

定义宏 MAX 表示最多人数。

（1） 定义最大元素个数为 MAX 的整型数组 a；同时定义整型变量 i、sum、s、c、n 分别表示循环变量、总人数、当前存活人数、报数器、所报的数，并将 c 初始化为 0。

（2） 输入总人数与所报的数分别赋值给 sum 和 n。

（3） 运用循环设置数组元素的值为 1 表示开始时圈里的人都是活的。

（4） 将 sum 赋值给 s。

（5） 将 0 赋值给 i 表示从下标是 0 的这个人开始报数。

（6） 判断 s 的值是否大于 2，若是，则继续下一步；否则转到（14）执行。

（7） 判断 $a[i]$ 的值是否等于 1，若等于，则继续下一步；否则转到（11）执行。

（8） c 自增 1 后判断是否等于 n，若等于，则继续下一步；否则转到（11）执行。

（9） 将 0 赋值给 $a[i]$ 表示下标为 i 的这个人死亡。

（10） s 自减 1，同时 c 清 0。

（11） i 自增 1。

（12） 判断 i 是否等于 sum，若等于，表示一圈已经报完。应继续下一圈的报数，因此 i 重新赋值为 0。

（13） 转到（6）继续执行。

（14） i 赋值为 0。

（15） 判断若 i 小于 sum，则继续下一步；否则转到（18）执行。

（16） 判断 $a[i]$ 的值是否等于 1，若等于，则输出 i 加 1 的值，表示此编号能生存下去。

（17） i 自增 1，转到（15）继续执行。

（18） 结束程序。

【源程序】

```c
/*程序名称: 7_8.c                                        */
#include <stdio.h>
#define MAX 100
int main() {
  int a[MAX], i, sum, s, c = 0, n;
  printf("请输入总人数(不超过%d人):", MAX);
  scanf("%d", &sum);
  printf("请输入报数:");
  scanf("%d", &n);
  for(i = 0; i < sum; i++) {
    a[i] = 1;                          /*每个人都在圈里*/
  }
  s = sum;                             /*当前在圈里的人数*/
  i = 0;                               /*从编号是 0 的人开始报数*/
  while(s> 2) {
    if(a[i] == 1) {                    /*此人在圈里则报数*/
        c = c + 1;
        if(c == n) {                   /*此人报数为 n*/
            a[i] = 0;                  /*此人出圈*/
            s = s - 1;                 /*当前总人数减 1*/
            c = 0;                     /*报数器清零*/
        }
    }
    i = i + 1;
    if(i == sum) {                     /*总人数*/
      i = 0;
    }
  }
  for(i = 0; i < sum; i++) {
    if(a[i] == 1) {                         /*此人存活下来, 则输出其所在位置*/
                     /*通常所说的位置从 1 开始, 而下标从 0 开始, 故加 1 调整*/
        printf("%d,", i + 1);
    }
  }
  printf("\n 如上编号的位置, 是存活位置!\n");
  return 0;
}
```

相关知识——筛法

筛法是求素数的另一种方法，也是运用标记求解问题的方法。它用元素的下标表示所求数，用元素的值作为标记表示是否是素数。

筛法的基本思想是把从[2, *n*]范围内的整数排列，然后筛去非素数，留下的就是素数。

例如，求 10 以内的所有素数。首先假设所有数都是素数，即所有元素的值均为 1。

下标：　　　 2　3　4　5　6　7　8　9　10
元素值：　　 1　1　1　1　1　1　1　1　1

接下来运用循环判断素数，因为 2 是最小素数，因此所有是 2 的倍数的下标均不是素数，即修改元素的值为 0。

下标：　　　 2　3　4　5　6　7　8　9　10
元素值：　　 0　1　0　1　0　1　0　1　0

然后判断下标 3。

下标：　　　 2　3　4　5　6　7　8　9　10
元素值：　　 1　1　0　1　0　1　0　0　0

继续判断下标 4，由于元素值等于 0，说明该下标不是素数，因此判断下一个。依此类推，当循环结束时凡是元素值是 1 的下标均是素数。

【源程序】

```
/*程序名称：7_9.c                                    */
#include <stdio.h>
int main() {
  int a[100], i, j, n;
  printf("请输入一个小于 100 的正整数:");
  scanf("%d", &n);
  for(i = 2; i <= n; i++) {
                           /*下标是 0 和 1 的两个元素不使用*/
    a[i] = 1;              /*假设[2, n]所有下标均是素数*/
  }
  for(i = 2; i <= n; i++) {
    if(a[i] == 1) {
                           /*i 是素数*/
      for(j = 2 * i; j <= n; j = j + i) {
                           /*所有 i 的倍数均不是素数*/
        a[j] = 0;          /*修改下标是 i 的倍数的元素值为 0,表示不是素数*/
      }
    }
  }
  printf("[2, %d]范围内的所有素数有\n", n);
  for(i = 2; i <= n; i++) {
    if(a[i] == 1) {
      printf("%5d", i);
    }
```

```
    }
    printf("\n");
    return 0;
}
```

案例 5　矩阵转置

【任务描述】

有 4×4 的矩阵 $\begin{bmatrix} 1 & 3 & 5 & 7 \\ 2 & 4 & 6 & 8 \\ 3 & 5 & 9 & 5 \\ 1 & 9 & 7 & 8 \end{bmatrix}$，要求将该矩阵转置后输出。

【任务分析】

本任务的关键是如何表示矩阵及如何实现转置，运用二维数组表示矩阵，定义 4 行 4 列的二维数组并运用已知矩阵对其初始化。

矩阵转置就是将矩阵中行列元素的值互换，如将第 2 行第 3 列的元素值与第 3 行第 2 列的元素值交换实现矩阵的转置。

矩阵转置只能转一半，不能全转，请读者自行分析原因。

【解决方案】

定义函数 out 输出二维数组。

（1）定义 4 行 4 列的二维数组 a 并将其初始化为指定值，同时定义 i、j、t 分别作为外层循环变量、内层循环变量、两数交换的中间量。

（2）调用 out 输出原始矩阵。

（3）运用外层循环控制行，内层循环小于外层循环变量值的情况下互换对应下标元素值。

（4）调用 out 输出转置后的矩阵。

【源程序】

```c
/*程序名称：7_10.c                                    */
#include <stdio.h>
void out(int a[4][4]);
int main() {
    int i, j, t, a[4][4] = {{1,3,5,7},{2,4,6,8},{3,5,9,5},{2,0,1,8}};
    printf("原矩阵是:\n");
    out(a);
    for(i = 0; i < 4; i++) {
        for(j = 0; j < i; j++) {
            /*下标是 i,j 的元素值与下标是 j,i 的元素值进行交换*/
            t = a[i][j];
            a[i][j] = a[j][i];
            a[j][i] = t;
```

```
        }
    }
    printf("转置矩阵是:\n");
    out(a);
    return 0;
}
void out(int a[4][4]) {
    int i, j;
    for(i = 0; i < 4; i++) {
        for(j = 0; j < 4; j++) {
            printf("%-4d", a[i][j]);
        }
        printf("\n");
    }
}
```

相关知识——二维数组

（一）二维数组的定义和引用

定义二维数组的一般格式为：

类型标识符　数组名[常量表达式 1][常量表达式 2]　;

例如：

int a[3][4]; /*定义了一个名为 a 的整型二维数组，它由 3 行 4 列组成*/

不要写成 "int a[3,4];"，这不符合 C 语言的语法规定。

由于数组是一组具有相同数据类型的数据的集合，所以可以把二维数组作为一个特殊的一维数组，这个一维数组中的每个元素又是一维数组。

由 3 个一维数组构成一个二维数组，如图 7-4 所示。

a[0]→3	5	1	-2
a[1]→0	-3	2	9
a[2]→8	-5	6	7

图 7-4　由 3 个一维数组构成的二维数组

在内存中数组元素也是连续且按顺序保存的。

一维数组先保存下标为 0 的元素，然后保存下标为 1 的元素，依此类推；二维数组先保存第 1 行的元素，然后保存第 2 行的元素，依此类推。

多维数组的定义和二维数组相似，如：

int a[3][4][5]; /* 定义三维数组*/

数组定义后即可引用，引用二维数组的一般格式为：

数组名[下标][下标]

例如，a[2][1]表示引用二维数组 a 中行下标是 2 且列下标是 1 的元素。

数组元素在使用过程中应该注意下标应在已经定义的数组长度范围内，如：

```
int a[3][4]; /*定义 3 行 4 列的二维数组*/
```

"a[3][4]=2;"是错误的，因为 a 数组第 1 个下标的范围为 0～2；第 2 个下标的范围为 0～3，所以 a[3][4]的下标超出范围。

（二）二维数组的初始化

初始化二维数组可以分行为各个数组元素赋值，如：

```
int a[3][4] = {{3, 5, 1, -2}, {0, -3, 2, 9}, {8, -5, 6, 7}};
```

把第 1 个花括号中的数据赋给了第 1 行中的各个数组元素，第 2 个花括号中的数据赋给了第 2 行的各个数组元素，第 3 个花括号中的数据赋给了第 3 行的各个数组元素，也就是按行赋值。

也可以把所有数据全部写到一对花括号内，按数组在内存中排列的顺序为各个元素赋值，如：

```
int a[3][4] = {3, 5, 1, -2, 0, -3, 2, 9, 8, -5, 6, 7};
```

效果和第 1 种方法完全一样，但是没有第 1 种方法直观。容易出现数据遗漏，并且不容易查找，尤其是初始值比较多时。用花括号把属于同一行中的数据括起，概念清楚，含义明确。

我们也可以初始化数组中的一部分元素，如：

```
int a[3][4] = {{3},{0,2},{8}};
int b[3][4] = {3,5,1,2,0,4};
```

第 1 个语句只初始化 a[0][0]、a[1][0]、a[1][1]、a[2][0]这 4 个元素，其余元素值自动为 0。初始化后的数组各元素为 $\begin{bmatrix} 3 & 0 & 0 & 0 \\ 0 & 2 & 0 & 0 \\ 8 & 0 & 0 & 0 \end{bmatrix}$。

第 2 个的语句是初始化二维数组 b 的前 6 个元素，其余元素值自动为 0。初始化后的数组各元素为 $\begin{bmatrix} 3 & 5 & 1 & 2 \\ 0 & 4 & 0 & 0 \\ 0 & 0 & 0 & 0 \end{bmatrix}$。

当元素中非 0 值较少时，初始化操作比较方便。

如果在定义二维数组时给出了全部数组元素的初值，则定义二维数组时第 1 维的元素个数可以省略，如：

```
int a[ ][4] = {3,5,1,-2,0,-3,2,9,8,-5,6,7};
```

但是不能省略第 2 维的元素个数。

多维数组的初始化操作和二维数组类似，不再赘述。

【思考题】

（1）　在何种情况下会用到二维数组？

（2）　试分析以下程序段的功能：

```
int i, j, a[3][3];
for(i = 0; i < 3; i++) {
    for(j = 0; j < 3; j++) {
        a[i][j] = i * 3 + j;
        printf("%4d\t", a[i][j]);
    }
    printf("\n");
}
```

（3）　输入一个 4×4 的矩阵，判断该矩阵是否为对称矩阵。

案例 6　杨辉三角形

【任务描述】

打印输出杨辉三角形的前 10 行。

【任务分析】

杨辉三角形的特点如下。

（1）　开始的第 1 个数字是 1。

（2）　每行数字个数与行号相同。

（3）　当前行中该位置的数等于上一行此位置之前一个位置的数加上上一行此位置的数，即"头顶"两个元素之和。

由于计算要用到上一行此位置之前一个位置，若本行是第 2 行第 1 个位置，则上一行第 0 个位置被用到。故表面看是 10 行 10 列，则实际要多一列。为方便使用，直接定义 11 行 11 列，空下第 0 行不用。

【解决方案】

（1）　定义 11 行 11 列的整型数组 y 并初始化全部元素为 0，定义整型变量 i 和 j 作为循环变量。

（2）　为 y[1][1] 赋值 1。

（3）　为 i 赋值 2，即从第 2 行开始计算。

（4）　判断若 i 小于 11，则继续下一步；否则转到（10）执行。

（5）　为 j 赋值 1，从本行第 1 个元素开始计算。

（6）　判断 j 小于等于 i，小于则继续下一行；否则转到（9）执行。

（7）　将 y[i-1][j-1] 加上 y[i-1][j] 赋值给 y[i][j]。

（8）　j 自增 1 后转到（6）执行。

（9）　i 自增 1 后转到（4）执行。

（10）　以图形化格式输出 y 并结束程序。

【源程序】

```
/*程序名称: 7_11.c                                    */
#include <stdio.h>
int main() {
  int i, j, y[11][11] = {0};
  y[1][1] = 1;                          /*为杨辉三角形第 1 个元素赋值*/
  for(i = 2; i < 11; i++) {
                                    /*再求 9 行即可*/
    for(j = 1; j <= i; j++) { /*第 i 行有 i 个数*/
                                    /*当前元素等于"头顶"两个元素之和*/
       y[i][j] = y[i - 1][j - 1] + y[i - 1][j];
    }
  }
  for(i = 1; i < 11; i++) {
    for(j = 1; j < 4 * (11 - i); j++) {              /*打印输出行前空格*/
       printf(" ");
    }
    for(j = 1; j <= i; j++) {
                                /*打印输出本行的数据*/
       printf("%-8d", y[i][j]);
    }
    printf("\n");
  }
  return 0;
}
```

案例 7 信息加密处理

【任务描述】

为了使电文传输保密，需要把电文明文通过加密方式变换为密文。加密规则为小写字母 z 变换为 a，大写字母 Z 变换为 A，其他字母变换为该字母在 ASCII 码表中相邻的后一个字母，其他非字母字符不变。

【任务分析】

程序中的电文是一个字符串，电文加密的规则分为如下 4 种情况。

（1） 字符为小写字母 z，变换为 a。

（2） 字符为大写字母 Z，变换为 A。

（3） 小写字母 a～y 与大写字母 A～Y 变换为其直接后继字母，如 d 变换为 e，B 变换为 C。

（4） 非字母字符不变。

【解决方案】

定义函数 encrypt 采用 while 循环利用 if-else 语句加密处理电文中的每个字符，该函数的形参是字符数组，在调用时接收保存电文数组 *s*。

主函数 main 的结构如下。

（1）通过键盘输入电文，即调用 gets()函数输入一个字符串。

（2）调用加密函数 encrypt。

（3）调用 printf()函数输出加密后的电文。

【源程序】

```
/*程序名称: 7_12.c                                */
#include <stdio.h>
#include <string.h>
void encrypt(char str[]);
int main() {
  char s[100];
  printf("请输入一段明文:\n");
  gets(s);
  encrypt(s);
  printf("其对应的密文是\n%s\n", s);
  return 0;
}
/*加密函数*/
void encrypt(char s[]) {
  int i = 0;
  while(s[i] != '\0') { /*未到字符串结束位置，则继续*/
                        /*按照加密规则进行转换*/
    if(s[i] == 'z')
      s[i] = 'a';
    else if(s[i] == 'Z')
      s[i] = 'A';
    else if((s[i]>= 'a' && s[i] < 'z') || (s[i]>= 'A' && s[i] < 'Z'))
      s[i] = s[i] + 1;
    i++;
  }
}
```

相关知识——字符数组与字符串处理操作

1. 字符数组

字符数组是用来保存字符数据的数组，每一个数组元素可以保存一个字符，定义字符数组的方法和定义普通数组的方法相同。例如：

```
char a[10];
a[0] = 'H'; a[1] = 'E'; a[2] = 'L'; a[3] = 'L'; a[4] = 'O';
```

定义一个具有 10 个元素的字符数组 *a*，并且只为前面 5 个元素赋值，该数组中后 5 个元素的值未知。字符数组 *a* 的各个元素的取值如表 7-1 所示。

表 7-1　数组 *a* 中各个元素的取值

数组元素	*a*[0]	*a*[1]	*a*[2]	*a*[3]	*a*[4]	*a*[5]	*a*[6]	*a*[7]	*a*[8]	*a*[9]
值	H	E	L	L	O	未知	未知	未知	未知	未知

以字符串的形式初始化字符数组或者赋值，如果初值个数小于数组元素个数，那么只为数组中前面的元素赋值。后面未赋值的元素自动被系统定为空字符，使用'\0'表示。

初始化上面的字符数组还可以用下列语句来完成：

```
char a[10] = {'H','E','L','L','O'};
```

如果提供的初值个数和数组元素个数相同，在定义时可以省略数组的元素个数，系统会自动根据初值个数来确定字符数组的元素个数。

例如：

```
char b[ ] = {'t','h','a','n','k','','y','o','u'};
```

2．字符串

字符串常量在第 6 章已经说明，在此不再赘述。

在 C 语言中使用字符串初始化一维字符数组时，允许省略花括号，直接写成：

```
char b[] = "thank you";
```

对比以下字符数组的定义与赋值语句：

```
char b1[] = {"thank you"};
char b2[] = "thank you";
char b3[] = {'t','h','a','n','k',' ','y','o','u','\0'};
char b4[] = {'t','h','a','n','k',' ','y','o','u'};
```

在 VC 6.0 中，对于这 4 个字符数组，*b*1、*b*2 和 *b*3 代表的内容都是由 10 个字符所组成的，并且尾字符是字符串结束标志'\0'；而 *b*4 表面上看是由 9 个字符所组成的字符串，最后没有'\0'字符。但正是由于没有字符串结束符'\0'，所以导致其元素个数不确定，因此从第 10 个字符开始的后半部分内容也不确定。对于统计字符串长度函数 strlen() 来说，*b*1、*b*2、*b*3 的长度为 9，而 *b*4 的长度不确定；同样，对于输出函数 printf 来说，前一个的输出结果一样，而 *b*4 的输出结果则不确定。

在 Dev-C++环境中，这 4 个字符数组是一样的。

为了程序的通用性，所有字符串的单字符操作均要加上字符串结束符。

【例 7-4】从键盘输入一串字符，统计字符个数并输出。

```
/*程序名称：7_13.c                                    */
#include <stdio.h>
#include <string.h>
int main() {
    char s[30];
    int i = 0;
    printf("请输入一个字符串:\n");
    gets(s);
    printf("用 strlen 测得的长度为：%d.\n", strlen(s));
```

```
   while(s[i] != '\0')  /*当没有遇到字符串结束符时，继续统计字符串长度*/
      i++;
   printf("计算得出的长度为: %d\n", i);
   return 0;
}
```

输入字符串可以使用 scanf 函数的"%s"格式符或者 gets 函数，二者的区别是若输入字符串中遇到空格、制表符或者 Enter 键，前者均作为字符串输入结束；后者只有输入 Enter 键后才认为此字符串输入结束。

若输入的字符串中包括空格或者制表符，只能用 gets 函数输入。

【例 7-5】gets 与 scanf "%s"格式符读入字符串的区别。

```
/*程序名称: 7_14.c                                    */
#include <stdio.h>
int main() {
   char s1[20], s2[20];
   scanf("%s", s1);
   gets(s2);
   printf("s1:%s\ns2:%s\n", s1, s2);
   return 0;
}
```

在使用 printf 函数输出字符串时要注意使用"%s"格式符，后跟数组名。数组名代表该数组的起始地址，从该地址开始逐个输出字符，当遇到字符串结束符号'\0'时停止。如果一个字符数组中有多个'\0'，则遇到第 1 个'\0'时输出结束。输出内容不包括'\0'，只输出'\0'前面的字符。

【例 7-6】字符串没有结束标志。

```
/*程序名称: 7_15.c                                    */
#include <stdio.h>
int main() {
   char a[10];
   a[0] = 'b';
   a[1] = 'o';
   a[2] = 'o';
   a[3] = 'k'; /*单个字符赋值时，应给有效元素之后的 a[4]赋值为'\0'表示数组结束*/
   printf("%s\n", a);
   return 0;
}
```

该程序在 VC 6.0 下运行异常，如图 7-5 所示。

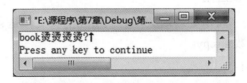

图 7-5　程序 7_15 在 VC 6.0 下运行异常

此程序在 Dev-C++环境下的运行结果如图 7-6 所示。

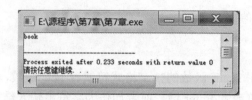

图 7-6 程序 7_15 在 Dev-C++环境下的运行结果

【例 7-6】字符串输入错误。

```
/*程序名称: 7_16.c                                    */
#include <stdio.h>
int main() {
   int i = 0;
   char a[10];
   /*为字符数组输入字符串时，提供的是数组名*/
   scanf("%s", &a);              /*错误行*/
   do {                          /*单个字符输入时，应在数组元素 a[i]前加取地址运算符&*/
     scanf("%c", a[i]);     /*错误行*/
     i++;
   } while(a[i-1] != '\n'); /*读入 Enter 字符时结束*/
   printf("%s\n", a);
   return 0;
}
```

该程序在运行时，若输入"computer"，则运行异常，如图 7-7 所示。

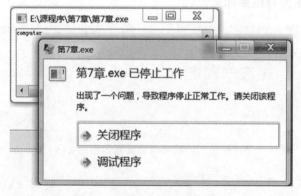

图 7-7 程序 7_16 的运行异常

3. 字符串处理函数及应用

C 语言提供了丰富的字符串处理函数，它们所在的头文件是 string.h。

（1）字符串复制函数 strcpy。

该函数的一般格式如下：

```
char *strcpy(char *str1, char *str2)
```

在 C 语言中，strcpy 函数的功能是把 str2（字符串常量或者字符数组）赋值给 str1（另一个字符数组）。

【例 7-8】将字符串 s1 以不同的方式分别复制到 s2 和 s3 中，然后输出 s2 和 s3。

```
/*程序名称：7_17.c                                    */
#include <stdio.h>
#include <string.h>
int main() {
    char s1[10] = "hello", s2[10], s3[10];
    int i = 0;
    strcpy(s2, s1); /*调用标准库函数 strcpy 进行字符串复制*/
    while(s1[i] != '\0') { /*编程实现字符串复制功能*/
        s3[i] = s1[i]; /*单字符复制*/
        i++;
    }
    s3[i] = '\0'; /*复制结束时必须加字符串结束符*/
    printf("s2:%s\ns3:%s\n", s2, s3);
    return 0;
}
```

【说明】

不能直接使用赋值语句"s2=s1;"完成字符数组的赋值操作。

使用 strcpy 函数时，str1 的总长度不能小于 str2 的长度；否则在编译时正常，但运行时发生错误。

（2） 字符串连接函数 strcat。

该函数的一般格式如下：

```
char *strcat(char *str1, char *str2)
```

该函数的作用是把 str2（字符串常量或者字符数组）的内容复制到 str1（字符数组）的尾部，即连接。在连接操作中只读出 str2，而 str1 不但读出，更需要遍历和修改。

【例 7-9】连接两个字符串并输出连接结果。

```
/*程序名称：7_18.c                                    */
#include <stdio.h>
#include <string.h>
int main() {
    char s1[20] = "Thank ", s2[20], s3[10 ] = "you";
    int i = 0, j = 0;
    strcpy(s2, s1); /*将 s1 的内容复制到 s2 中*/
    strcat(s1, s3); /*调用标准库函数 strcat 将 s3 的内容连接到 s1 的后面*/
    while(s2[i] != '\0') { /*先找到 s2 的尾部*/
        i++;
    }
    while(s3[j] != '\0') { /*将 s3 的内容接到 s2 的尾部实现连接操作*/
        s2[i + j] = s3[j];
        j++;
```

```
    }
    s2[i + j] = '\0';  /*连接操作结束时,一定要在尾部加结束标记*/
    printf("s1:%s\ns2:%s\n", s1, s2);
    return 0;
}
```

【说明】

str1 对应的字符串必须有足够的空间容纳连接字符串。

（3） 字符串比较函数 strcmp。

C 语言中比较字符串的规则为自左向右逐个字符按 ASCII 码值比较两个字符串，直到出现不相同的字符或遇到'\0'为止。如果所有字符都相同，则两个字符串相等；否则以第 1 个不相同的字符的比较结果为结果。

例如，"a">"A", "china"<"chinese"。

strcmp 函数的一般格式为：

```
int(char *str1,char *str2);
```

该函数的作用是比较字符串 str1 和字符串 str2，如果相等，则函数值为 0；如果 str1 大于 str2，则函数值为一个正整数；如果 str1 小于 str2，则函数值为一个负整数。

【例 7-10】 输入两个字符串并比较大小。

```
/*程序名称：7_19.c                                 */
#include <stdio.h>
#include <string.h>
int main() {
    char s1[20], s2[20];
    int i = 0, j = 0;
    printf("请输入第 1 个字符串:");
    gets(s1);
    printf("请输入第 2 个字符串:");
    gets(s2);
    printf("strcmp 函数比较的结果是:");
    if(strcmp(s1, s2)> 0)    /*调用标准库函数 strcmp 实现两个字符串的比较操作*/
        printf("第 1 个字符串大于第 2 个字符串\n");
    else if(strcmp(s1, s2) < 0)
        printf("第 1 个字符串小于第 2 个字符串\n");
    else
        printf("两个字符串相等\n");
    while(s1[i] != '\0' && s2[i] != '\0' && s1[i] == s2[i]) {
    /*编程实现两个字符串的比较操作*/
        i++;
    }
    printf("编程比较的结果是:");
    j = s1[i] - s2[i];    /*计算比较结果*/
    if(j> 0)              /*若比较结果大于 0，则说明第 1 个字符串大于第 2 个字符串*/
        printf("第 1 个字符串大于第 2 个字符串\n");
    else if(j < 0)        /*若小于 0，则第 2 个字符串大*/
        printf("第 1 个字符串小于第 2 个字符串\n");
```

```
    else                    /*两个字符串相等*/
      printf("两个字符串相等\n");
    return 0;
}
```

【思考题】

（1）试分析下列两个程序段的区别：

```
/*程序段1*/
int i;
char c[10];
gets(c);
printf("the string is %s\n", c);
/*程序段2*/
int i;
char c[10];
for(i = 0; i < 10; i++){
    scanf("%c", &c[i]);
  }
printf("the string is %s\n", c);
```

（2）输入一个字符串，判断其是否是回文字符串，回文字符串指从左到右读和从右到左读完全一样的一个字符串。例如，madam、level、deified 都是回文字符串。

（3）输入一个以 Enter 键结束的字符串（长度少于 100 个字符），把字符串中的所有数字字符按次序提取并转换为整数后输出。例如，把字符串 3ab56ef87ab 转换为整数 35687。

案例 8　统计单词个数

【任务描述】

输入一段英文，统计其中单词的个数。

【任务分析】

本任务的关键是英文单词的区分，为简化任务，约定输入的英文无缩写或者简写形式。这样当一串英文字母后面遇到非英文字符时，则表示该英文单词到此结束。

【源程序】

```
/*程序名称：7_20.c                                    */
#include <stdio.h>
int main() {
  char s[1000];
  int i = 0, j, c = 0;
  printf("请输入一段英文（字符个数不超过1000个）:\n");
  gets(s);
  while(s[i] != '\0') {
    if(!(s[i]>= 'A' && s[i] <= 'Z' || s[i]>= 'a' && s[i] <= 'z')) {
                /*不是英文字符，当然不会是单词，所以直接判断下一个字符*/
```

```
        i++;
        continue;
    }
    c++;            /*一个单词开始*/
    j = i + 1;      /*运用内层循环将该单词进行遍历*/
    while(s[j]!=0 && s[j]>='A' && s[j]<='Z' || s[j]>='a' && s[j]<='z') {
        j++;
    }
    i = j;  /*该单词已经计数，直接从该单词后的字符进行判断*/
    }
    printf("单词个数是:%d\n", c);
    return 0;
}
```

案例9　进制转换

【任务描述】

输入一个十进制正整数，输出其对应的二进制数。

【任务分析】

本任务的核心问题如下。

（1）　十进制数转为二进制数的规则：除2求余倒排序。

（2）　保存二进制数：将计算得到的二进制数转换为数字字符并保存到字符数组中。

（3）　倒排序：将字符数组中的有效数据前后对调。

【源程序】

```
/*程序名称: 7_21.c                          */
#include <stdio.h>
#define NUM 2
int main() {
    int n, i = 0, j;
    char s[30], t;
    printf("请输入一个十进制正整数:");
    scanf("%d", &n);
    while(n != 0) {
        /*求余并转换为数字字符保存到数组中*/
        j = n % NUM;
        n = n /NUM;
        s[i] = j + '0';
        i++;
    }
    s[i] = '\0';
    i = i - 1;
    j = 0;
    while(j < i) {
```

```
    /*数组中前后元素交换实现倒排序*/
    t = s[j];
    s[j] = s[i];
    s[i] = t;
    j++;
    i--;
  }
  printf("该数对应的%d进制数是（%s）\n", NUM, s);
  return 0;
}
```

本章小结

本章结合案例详细介绍了一维数组、二维数组和字符数组的定义、引用和初始化过程，阐述了一维数组的顺序查找、数据插入、数据删除、冒泡排序、选择排序、折半查找等操作并给出了相应实例；同时介绍了矩阵的表示与转置、字符串和字符串操作函数的相关内容。

习题

一、选择题

1. 执行下列程序段后，变量 k 中的值为_____。

```
int k = 3, s[2] = {1};
s[0] = k;
k = s[0] * 10;
```

A. 不定值　　　　B. 0　　　　　　C. 30　　　　　D. 10

2. 执行语句定义"int x[10] = {0, 2, 4};"后，元素 x[3]的值是_____。

A. 2　　　　　　B. 4　　　　　　C. 不确定　　　　D. 0

3. 以下程序的输出结果是_____。

```
#include <stdio.h>
#include <string.h>
#define N 3
#define M 4
int main() {
  char arr[2][4];
  strcpy(arr[0], "you");
  strcpy(arr[1], "me");
  arr[0][3] = '&';
  printf("%s\n", arr);
  return 0;
}
```

A. you　　　　　B. me　　　　　C. you&me　　　　D. 程序错误

4. 执行以下程序时，当输入 123<空格>456<空格>789<Enter>后，输出结果是_____。

```
#include <stdio.h>
int main() {
    char s[100];
    int c, i;
    scanf("%c", &c);
    scanf("%d", &i);
    scanf("%s", s);
    printf("%c,%d,%s\n", c, i, s);
    return 0;
}
```

   A. 123,456,789   B. 1,456,789   C. 1,23,456,789   D. 1,23,456

5. 以下程序的输出结果是_____。

```
#include <stdio.h>
int main() {
    int a[3][3] = {{1, 2}, {3, 4}, {5, 6}}, i, j, s = 0;
    for(i = 1; i < 3; i++)
        for(j = 0; j < i; j++)
            s += a[i][j];
    printf("%d\n", s);
    return 0;
}
```

   A. 21   B. 14   C. 18   D. 19

6. 以下程序的输出结果是_____。

```
#include <stdio.h>
int main() {
    int i, x[][4] = {1, 2, 3, 4, 5, 6, 7, 8, 9};
    for(i = 0; i < 3; i++)
        printf("%d,", x[i][2 - i]);
    return 0;
}
```

   A. 3,6,9,   B. 1,4,7,   C. 3,5,7,   D. 1,5,9,

7. 以下程序的输出结果是_____。

```
#include <stdio.h>
int main() {
    char w[][10] = { "ABCD", "EFGH", "IJKL", "MNOP"}, k;
    for(k = 1; k < 3; k++)
        printf("%s\n", w[k]);
    return 0;
}
```

A. ABCD	B. ABCD	C. EFG	D. EFGH
FGH	EFG	JK	IJKL
KL	IJ	OM	

8. 当执行以下程序时，如果输入 ABC，则输出结果是_____。

```c
#include <stdio.h>
#include <string.h>
int main() {
    char s[10] = "1,2,3,4,5";
    gets(s);
    strcat(s, "6789");
    printf("%s\n", s);
    return 0;
}
```

A. ABC6789   B. 1,2,3,4,56789

C. 1,2,3,4,5ABC   D. 6789ABC

9. 以下程序的输出结果是_____。

```c
#include <stdio.h>
int main() {
    int a[4][4] = {{1,2,3,4},{5,6,7,8},{3,9,10,2},{4,2,9,6}},i,s=0;
    for(i = 0; i < 4; i++)
        s += a[i][i];
    printf("%d\n", s);
    return 0;
}
```

A. 11   B. 19   C. 23   D. 20

10. 以下程序的输出结果是_____。

```c
#include <stdio.h>
int main() {
    int i,a[10];
    for(i = 9; i>= 0; i--)
        a[i] = 10 - i;
    printf("%d%d%d\n", a[2], a[5], a[8]);
    return 0;
}
```

A. 258   B. 741   C. 852   D. 369

二、填空题

1. 以下程序的功能是运用选择排序将字符数组 a 中下标为偶数的元素从小到大排列，其他元素不变，请补充程序实现该功能。

```c
#include <stdio.h>
#include <string.h>
int main() {
    char a[] = "Chinesestyleinternetmanhunt", t;
    int i, j, k;
    k = strlen(a);
    for(i = 0; i < k - 1; i += 2)
```

```c
    for(j = i + 2; j < k; _____)
      if(_____) {
        t = a[i];
        a[i] = a[j];
        a[j] = t;
      }
  puts(a);
  return 0;
}
```

2. 以下程序的输出结果是_____。

```c
#include <stdio.h>
#include <string.h>
int main() {
  char b[ ] = "Hello,you";
  b[5] = 0;
  printf("%s\n", b );
  return 0;
}
```

3. 以下程序的输出结果是_____。

```c
#include <stdio.h>
int main() {
  char s[ ] = "abcdef";
  s[3] = '\0';
  printf("%s\n", s);
  return 0;
}
```

4. 有以下程序：

```c
#include <stdio.h>
#include <string.h>
int main() {
  char c;
  while((c = getchar()) != '?')
    putchar(--c);
  return 0;
}
```

程序运行时，如果输入 Y？N？<Enter>，则输出结果为_____。

5. 以下程序的输出结果是_____。

```c
#include <stdio.h>
#include <string.h>
int main() {
  char ch[] = "abc", x[3][4];
  int i;
  for(i = 0; i < 3; i++)
    strcpy(x[i], ch);
```

```
for(i = 0; i < 3; i++)
  printf("%s", &x[i][i]);
printf("\n");
return 0;
}
```

三、编程题

1. 生成斐波那契数列的前 20 个数保存到数组中，并按照每行 5 个的要求输出。

2. 随机生成 10 个范围在[100, 200]之间的整数数列，运用选择排序算法降序排列该数列后输出。

3. 随机生成 100 个 100 以内的整数数列，输入一个 100 以内的整数，查找该整数是否在数列中出现过。如果出现过，则输出出现次数；否则给出相应的提示。

4. 随机生成 10 个 100 以内的整数数列，查找其中的最大值与最小值。然后将最大值放到数列的首位置，最小值放到数列的尾位置并输出该数列。

该题目存在最大值在首位置且最小值在尾位置、最大值在尾位置且最小值在首位置、最大值在首位置、最大值在尾位置、最小值在首位置、最小值在尾位置等特殊情况。

5. 有 N 个学生，每人考 M 门课程，求出每个同学的平均成绩和每门课的平均成绩。

6. 输入一段文章，分别统计出其中英文字符、数字字符、空格字符及其他字符的个数。

7. 删除字符串"the c programming language"中所有的字符 g。

8. 从键盘输入一段英文，将其中所有大写字母全部转换为小写字母后输出。

9. 随机生成数值范围在[0, 20]之间的一个 5×5 矩阵，求该矩阵主对角线元素之和。

实训项目

一、信息解密处理

（1）实训目标。

- 利用计算机完成信息解密处理。
- 掌握字符数组的定义和引用的方法。
- 熟悉利用字符数组解决问题的程序设计方法。

（2）实训要求。

- 用 C 语言编写一个信息解密处理函数 decrypt，在案例 7 的源程序中调用该函数解密加密后的密文。
- 输出解密后的明文。
- 调试并运行该程序。

二、批量数据综合处理

（1）实训目标。

- 自动产生批量数据。
- 掌握数组的定义、初始化和引用的方法。

- 熟练掌握利用冒泡排序对数据进行排序。
- 熟练掌握折半查找方法。
- 熟练掌握数组中数据的插入方法。
- 熟悉运用批量数据综合处理的程序设计方法。

（2） 实训要求。

- 用 C 语言编写一个程序实现由系统自动产生 100 个[1, 100]之间的整数，采用冒泡排序算法升序排列后输入整数 *n*。采用折半查找方法查找 *n* 是否在该数列中，如果在，输出其位置值；否则将其插入到该数列中的适当位置。
- 为了数据的清晰明了，可约定每行输出 10 个整数。
- 调试并运行该程序。

第8章　　　　指　针

学习目标

通过本章的学习，使读者在了解指针与指针变量的基础上，具备使用指针变量作为函数参数来处理函数传值、传址等问题的能力。熟练掌握利用指针引用并处理数组中元素的方法、运用数组指针解决实际问题的技巧，并且熟悉带参的 main 函数、函数指针、指针函数和动态内存分配等知识在实际问题中的应用。

主要内容

- ◆　指针的概念。
- ◆　指针变量的定义和使用。
- ◆　指针变量作为函数参数传递数据及函数的返回值。
- ◆　用指针表示和处理数组。
- ◆　用指针数组处理字符串。
- ◆　用指针实现内存的动态分配。

案例1　寻找存折密码

【任务描述】

小李所购置的新房首付需要交 30 万元订金，他的爱人拿出一张 30 万元的定期存单交给小李。爱人忘记了存单的密码，只记得当时办过这笔存款，并将相关信息记在家庭收支明细笔记本的第 30 页上。爱人告诉小李："家庭收支明细笔记本的第 30 页应该会有线索。"小李找到家庭收支明细笔记本并翻到了第 30 页，发现其中有一行字："信息在 122 页"。小李翻到第 122 页，看到了"这张存单密码是 516171"的信息，最终取出了这笔银行存款为新房及时交上了首付。

【任务分析】

小李寻找存折密码的过程需要经过如下两步。

（1） 按照爱人所述找到家庭收支明细笔记本第30页的记录，发现记录内容是"信息在122页"。

（2） 翻到家庭收支明细笔记本第122页找到存单密码516171。

寻找密码过程的示意如图8-1所示。

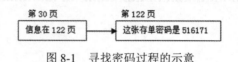

图 8-1　寻找密码过程的示意

【解决方案】

（1） 定义整型变量pw代表家庭收支明细笔记本的第122页上保存的存单密码516171。

（2） 定义整型指针变量 p 代表家庭收支明细笔记本的第30页，其值是整型变量pw的地址122。

（3） 输出pw的内容及其所在内存单元的地址。

（4） 输出 p 的内容、p 所指向存储单元的内容，以及 p 在内存单元的地址。

（5） 结束程序。

【源程序】

```
/*程序名称：8_1.c                              */
#include <stdio.h>
int main() {
  int pw = 516171;
  int *p = &pw;
  printf("pw 的内容是%d\n", pw);
  printf("pw 的地址是%p\n", &pw);
  printf("p 的内容是%p\n", p);
  printf("p 所指向存储单元的内容是:%d\n", *p);
  printf("p 的地址是%p\n", &p);
  return 0;
}
```

【说明】

由于内存分配是由计算机自动完成的，因此计算机中变量的地址并不是生活中所说的地址或者此案例中所说的30或者122，而是一个实实在在的十六进制编号。

相关知识——指针与指针变量

（一）地址与指针

计算机在执行程序时，程序访问的所有数据都需要先保存在内存中。内存中的一个字节为一个内存单元，不同类型的数据所占用的内存单元数不同。为了正确地访问这些内存单元，必须为每个内存单元编号。根据一个内存单元的编号即可准确地找到该内存单元，内存单元的编号也称为"地址"。

在 64 位字长的计算机系统中，一个地址就是一个 64 位的二进制数。用十六进制数来表示地址就是一个 16 位长的十六进制数，保存在内存中需要 8 个字节。

在 C 语言中经常定义各种类型的变量保存运算数据，变量就是数据所占内存空间的名字，而变量的类型则规定了该内存空间的大小。

例如，在当前 Dev-C++环境中，char 型变量占 1 个字节的内存空间，int 型变量占 4 个字节的内存空间，而 double 型的变量占 8 个字节的内存空间（实际占用内存字节数会随开发环境或者系统的不同而变化）。

一个变量所占内存空间的首地址为该变量的指针，如图 8-2 所示。

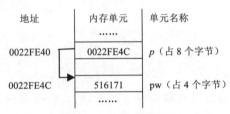

图 8-2　内存单元和地址

例如，变量 p 存储 pw 的开始地址为 0022FE4C，p 在内存单元中的开始地址为 0022FE40；整型变量 pw 占用地址单元中编号为 0022FE4C～0022FE4F 共 4 个字节的内存空间，其指针为 0022FE4C。

变量的指针是变量占用内存单元的首地址，变量的内容即变量的值，是变量在内存单元中保存的数据。

在 C 语言中变量的地址可通过取地址运算符&取得，如&a、&b 分别得到变量 a 和 b 的地址。

通过变量名访问其内存空间的方式称为"直接访问"方式；把变量的地址保存在地址变量中，找出地址变量中的地址值后再由此找到最终要访问变量的方式称为"间接访问"方式，如寻找存折密码所用的方式。

（二）指针变量

在 C 语言中，允许用一个变量来保存另外一个变量的指针（即变量在内存单元的首地址），这个保存地址的变量为指针变量。

一个指针变量的值就是某个内存单元的地址，变量的指针是一个地址，一个常量。指针变量可以被赋予不同的地址值，是变量，定义指针变量的目的是为了通过指针灵活地访问内存单元。

定义指针变量的一般格式为：

类型说明符 *指针变量名

其中*是指针声明符，表示这是一个指针变量。变量名即定义的指针变量名，类型声明符表示本指针变量所指向的变量的数据类型，如：

```
int *p;
```

表示 p 是一个指针变量，指向一个整型变量。它指向哪一个整型变量，应由为其赋予的地址来决定。

指针变量只能指向同类型的变量，如 p 只能指向整型变量，不能指向其他类型的变量。

（三）指针变量的赋值与基本运算

指针变量同普通变量一样，使用前不仅要定义声明，而且必须赋予具体的值。

在当前开发环境中，指针变量的值只能赋予变量的地址，而不能赋予任何其他数据，更不能自行为指针变量指定地址值。

为指针变量赋值主要有两种形式，一是通过取地址运算符&取得变量的地址赋给指针变量；二是通过已赋值的指针变量直接或经过一些运算后为未赋值指针变量赋值。

例如：

```
int  a = 5,*p1,*p2;
p1 = &a;
p2 = p1;
```

$p1$ 通过取地址运算符&直接获取变量 a 的地址，而 $p2$ 是通过获取 $p1$ 的内容得到变量 a 的地址。最终指针变量 $p1$ 和 $p2$ 同时指向同一个变量 a，指针变量指向示意如图 8-3 所示。

定义并赋值指针变量后，就可以参与其他指针运算。

如果指针变量的值是某个变量的地址，则通过指针运算符*（又称为"间接访问运算符"）间接访问所指向单元的内容，如：

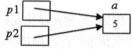

图 8-3　指针变量指向示意

```
*p2 = 10;
```

该语句表示将 $p2$ 所指向的内存单元重新赋值为 10，即 a 的值被重新赋值为 10。

除此之外，相同类型的指针变量还可执行赋值、比较和简单的加减运算。

【说明】

由于在编写程序时，变量在内存中不存在，无法给出其确切的地址，也无法精确描述指针变量的值，因此一般不会提到指针变量的值，而通常用该指针变量指向的变量表示指针变量的值。

变量的指针称为"变量的地址"，而指针变量是保存另外一个变量地址的变量。二者不是同一概念，但是在不易混淆的情况下，直接称指针变量为"指针"。

【思考题】

（1）　思考变量的指针与指针变量的含义。

（2）　有定义 int *p;，则该语句的意义是＿＿＿＿＿＿＿＿＿＿＿＿＿＿＿＿。

（3）　如定义 int $a, b = 3$, *p = &a;，则与语句 $a = b$;等价的语句是＿＿＿＿＿＿＿。

案例 2 拨云见日

【任务描述】

验证交换指针的指向与交换指针所指向内存单元的内容是否相同。

【任务分析】

有整型变量 a 和 b 及整型指针 $p1$ 和 $p2$，若交换指针的指向，即交换前指针 $p1$ 和 $p2$ 分别指向变量 a 和变量 b，如图 8-4（a）所示；交换后 $p1$ 和 $p2$ 分别指向变量 b 和变量 a，如图 8-4（b）所示。

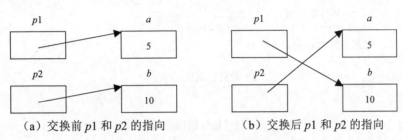

（a）交换前 $p1$ 和 $p2$ 的指向　　　　（b）交换后 $p1$ 和 $p2$ 的指向

图 8-4　交换指针变量的指向示意

交换前后变量 a 和变量 b 的值没有改变。

若交换指针指向内存单元的值，交换前用指针 $p1$ 和 $p2$ 分别指向变量 a 和变量 b，因此 *$p1$ 的值是 $p1$ 所指向内存单元的值，即变量 a 的值；*$p2$ 的值是 $p2$ 所指向内存单元的值，即变量 b 的值，交换前指针指向如图 8-5（a）所示。交换*$p1$ 和*$p2$ 的值即为交换变量 a 和变量 b 的值，交换后变量 a 和变量 b 的值分别为 10 和 5。而 $p1$ 和 $p2$ 的指向没有改变，交换后*$p1$ 和*$p2$ 的值如图 8-5（b）所示。

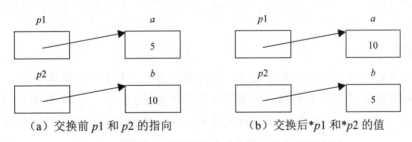

（a）交换前 $p1$ 和 $p2$ 的指向　　　　（b）交换后*$p1$ 和*$p2$ 的值

图 8-5　交换指针变量所指向内存单元的值的示意图

交换后变量 a 和变量 b 的值进行了互换。

【解决方案】

（1）定义 3 个整型变量 a、b 和 x，并为 a、b 分别赋初值 5 和 10。

（2）定义 3 个整型指针 $p1$、$p2$ 和 y。

（3）将 a 和 b 的地址分别赋给 $p1$ 和 $p2$，即 $p1$ 指向 a，$p2$ 指向 b。

（4） 利用 y 互换指针 p1 和 p2 的值。

（5） 输出交换后变量 a、b，以及 p1、p2 所指向内存单元的值，比较交换前后的差异。

（6） 再次将 a 和 b 的地址分别赋给 p1 和 p2，即 p1 指向 a，p2 指向 b。

（7） 利用指针运算符*借助于 x 互换指针 p1 和 p2 所指向存储单元的值。

（8） 输出交换后变量 a、b，以及 p1、p2 所指向内存单元的值，比较交换前后的差异。

（9） 结束程序。

【源程序】

```c
/*程序名称: 8_2.c                                        */
#include <stdio.h>
int main() {
   int a = 5, b = 10, x;
   int *p1, *p2, *y;               /*定义指针*/
   printf("交换指针的指向:\n");
   p1 = &a;
   p2 = &b;                        /*为指针赋值*/
   y = p1;
   p1=p2;
   p2=y;                           /*交换指针的指向*/
   printf("a=%d,b=%d\n", a, b);
   printf("*p1=%d,*p2=%d\n", *p1, *p2);
   printf("交换指针所指向存储单元的内容:\n");
   p1 = &a;
   p2 = &b;                        /*为指针赋值*/
   x = *p1;
   *p1 = *p2;
   *p2 = x;                        /*交换指针所指向存储单元的内容*/
   printf("a=%d,b=%d\n", a, b);
   printf("*p1=%d,*p2=%d\n", *p1, *p2);
   return 0;
}
```

【思考题】

（1） 编程输入两个实型变量 a 和 b，利用指针输出两个实型变量的地址。

（2） 从键盘中输入 3 个整数，要求设 3 个指针变量 p1、p2、p3。其中 p1 指向这 3 个数中的最大者，p2 指向次大者，p3 指向最小者，然后按由大到小的顺序输出这 3 个数。

相关知识——指针的交换

指针定义后，必须赋值才能使用；否则其值不确定，即它指向一个不确定的内存单元。这种指针被称为"野指针"，使用这样的指针可能会出现难以预料的结果。

若定义时不确定该指针的指向，则将该指针初始化为空指针，即赋初值 NULL。NULL 是系统定义的宏，指针取 NULL 值代表该指针不指向任何内存单元。

指针的一个重要作用就是借助于指针运算符*通过自身来引用其他变量，如在上一案例中通过 p1 和 p2 两个指针变量交换了变量 a 和 b 的值，但 p1 和 p2 对变量 a 和 b 的指向并没有发生变化。

指针的另一个重要作用是实现变量和内存空间的灵活访问，在 C 语言中一个变量所占用的内存空间在运行前已经完成分配，因此定义的变量名和内存空间是一一对应的。这种处理方式有其优越性，但也存在一些局限。尤其在需要对内存空间进行复杂操作的情况下，变量定义机制非常灵活，此时指针机制的优势无可比拟。由于指针可以存储地址信息，因此通过指针不仅可以访问已定义变量的地址空间，还可以访问其他未定义或动态分配的地址空间，这也是 C 语言具有较好灵活性和强大功能的一个原因。

案例 3　猜宝游戏

【任务描述】

猜宝是一种非常简单，但十分有趣的游戏。一般有两个人参与，其中藏宝者拿着一个所谓的宝贝让猜宝者猜宝贝是放在自己的左手还是右手。如果猜宝者一次猜中，则赢得游戏。在每次猜宝之前，藏宝者要把两只手背在身后，反复交换宝贝的藏匿手。

【任务分析】

藏宝者每次交换宝贝藏匿的手具有一定的迷惑性，并不一定实际实施；否则可以推算出。本案例可以利用函数调用时的传值或者传址特性编写 3 个用于交换宝贝的函数，其中两个函数实现假交换（只在形式上交换）；一个函数实现真交换（实现内容交换），通过调用任意次的交换函数（本案例只交换 3 次）实现猜宝游戏。

【解决方案】

实现猜宝游戏的解决思路是运用 3 个函数 ex1、ex2 和 ex3 实现宝贝藏匿手的真假交换。

（1）函数 ex1 的形参为两个整型变量，在函数体内实现互换。由于函数调用时的传值特性，该函数不会对主调函数内的变量产生影响，因此是一个假交换。函数 ex1 执行过程及执行后示意如图 8-6 所示，其中虚线箭头表示 ex1 执行时值的交换过程。

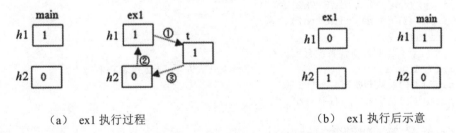

（a）ex1 执行过程　　　　　　　　　　　（b）ex1 执行后示意

图 8-6　ex1 执行过程及执行后示意

（2）函数 ex2 的形参为两个整型指针，在函数体内实现这两个指针指向的互换。虽然在调用该函数时传入了主调函数的变量的地址，但在该函数体内并未操作主调函数变量的值，因此 ex2 也是一个假交换。函数 ex2 执行过程及执行后示意如图 8-7 所示，其中虚线箭头表示 ex2 执行时指针指向的交换过程。

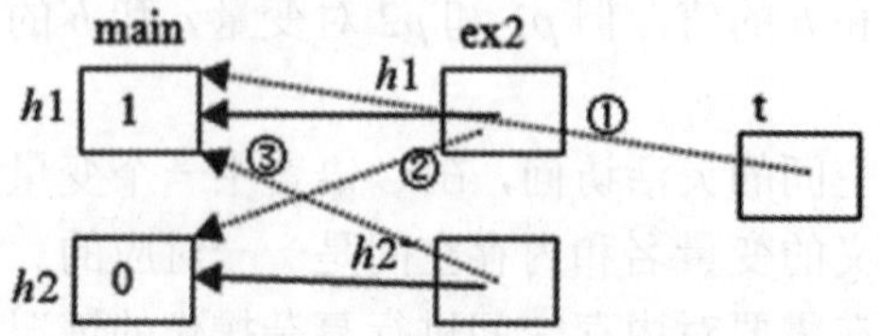

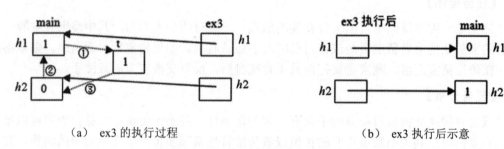

（a）ex2 的执行过程 （b）ex2 执行后示意

图 8-7 ex2 执行过程及执行后示意

（3）函数 ex3 的形参为两个整型指针，在函数体内用指针运算符*实现指针所指向存储单元值的互换。因此该函数是一个真交换。函数 ex3 执行过程及执行后示意如图 8-8 所示，其中虚线箭头表示 ex3 执行时指针所指向存储单元的值的交换过程。

（a）ex3 的执行过程 （b）ex3 执行后示意

图 8-8 ex3 执行过程及执行后示意

（4）在主函数中定义变量 $h1$ 和 $h2$，并赋初值，然后依次调用函数 ex1、ex2 和 ex3，并输出 $h1$ 和 $h2$ 的值，比较验证交换函数的效果。

【源程序】

```
/*程序名称：8_3.c                                    */
#include <stdio.h>
void ex1(int h1, int h2);
void ex2(int *h1, int *h2);
void ex3(int *h1, int *h2);
int main() {
  /*1 代表有宝贝，0 代表没有宝贝*/
  int h1 = 1, h2 = 0;              /*h1 代表左手，h2 代表右手*/
  printf("游戏开始时:\n");
  printf("左手=%d, 右手=%d\n", h1, h2);
  ex1(h1, h2);
  printf("第 1 次交换后:\n");
  printf("左手=%d, 右手=%d\n", h1, h2);
  ex2(&h1, &h2);
  printf("第 2 次交换后:\n");
  printf("左手=%d, 右手=%d\n", h1, h2);
  ex3(&h1, &h2);
  printf("第 3 次交换后:\n");
  printf("左手=%d, 右手=%d\n", h1, h2);
```

```
    return 0;
}
void ex1(int h1, int h2) {          /*形参是一般变量*/
    /*交换形参变量的值*/
    int t;
    t = h1;
    h1 = h2;
    h2 = t;
}
void ex2(int * h1, int * h2) {  /*形参是指针变量*/
    /*交换形参的值*/
    int *t;
    t = h1;
    h1 = h2;
    h2 = t;
}
void ex3(int * h1, int * h2) {  /*形参是指针变量*/
    /*交换形参所指向存储单元的值*/
    int t;
    t = * h1;
    * h1 = * h2;
    * h2 = t;
}
```

相关知识——指针作为函数参数

C 语言规定实参为形参传递数据是值传递，即单向传递。不能由形参传给实参，这和 C 语言的内存分配方式有关。在实际调用一个函数时，系统会首先为函数形参及函数体内定义的变量在栈内分配内存空间，形参的值则直接用对应实参的值初始化。这些分配在栈中的内存空间对于函数外的主调函数不可见，函数调用完成后这些分配的空间均由系统自动释放，这些量也不复存在。

调用一个函数的目的是为程序的总体服务，函数有多种方式影响主调函数，一是返回值方式，函数经过一定的运算将运算结果返回给主调函数，此方式的局限性是每次调用至多传递一个值给主调函数；二是通过全局变量，但这种方式违背模块化程序设计的原则，并不提倡使用；三是利用指针通过传址的方式将主调函数的存储空间引入到被调函数中，从而使被调函数具备操作主调函数内数据的能力，这也是本节要重点讨论和掌握的问题。

本案例中函数 ex1 的形参为整型变量，根据传值调用的规则，普通变量作为函数的参数。形参和实参按值结合，形参的改变不影响实参。函数体中的数值交换只会发生在栈中，不会影响主调函数的数据。

函数 ex2 的形参为整型指针，在调用函数时，main 函数的变量 $h1$ 和 $h2$ 的地址传给 ex2 的形参变量，因此 ex2 函数具备了操纵主调函数数据的能力。但其体内的数据交换仅限于形参 $h1$ 和 $h2$ 二者指向的互换，并没有引用它们指向的数据，因此 ex2 函数的执行也不改变主调函数的数据。

和函数 ex2 一样，函数 ex3 的形参也是指针，因此也具备操作主调函数数据的能力。

而且在 ex3 的函数体内数据交换时使用了指针运算符*，数据交换的对象是形参所指向的内存单元的数据，即主调函数中 h1 和 h2 的值，因此调用函数 ex3 后 main 函数中的变量 h1 和 h2 的值发生了改变。

由此案例可知函数的参数不仅可以是整型、实型、字符型等数据，还可以是指针。指针作为函数实参的作用是将一个变量的地址传送给另一个函数以在另一个函数中访问该变量的值。

当前函数调用有两种参数，即传值与传址，注意区分二者的异同。

【思考题】

（1）指针作为函数形参时，若发生函数调用，则对实参有何要求？

（2）指针作为函数形参时，若发生函数调用，是否一定会修改主调函数中的实参值？

（3）自定义函数 sum_sub(float op1,float op2,float *sum,float *sub)实现求实数 op1、op2 的和与差，并将结果存放到 sum 与 sub 指针所指向的内存单元中。

案例4 产品使用寿命统计分析

【任务描述】

小王作为一个车间的质量检验员，需要统计 11 个抽样产品的使用寿命，获取其平均使用寿命、标准差、最长使用寿命、最短使用寿命等数据。要求运用指针实现对数据的批量处理。

【任务分析】

首先需要定义一个存储 11 种产品使用寿命的数组，并定义一个指向该数组的指针。

编写第 1 个函数遍历定义的数组并求寿命之和，用寿命之和除以 11 得到平均使用寿命并输出。

编写第 2 个函数在遍历定义的数组的元素时求元素与平均使用寿命的差的平方和，遍历完成后除以元素个数开平方根，得到标准差。

编写第 3 个函数在遍历数组过程中比较元素的值，获取并输出最长使用寿命与最短使用寿命。

该任务的本质是运用指针遍历定义的数组。

【解决方案】

（1）定义函数 out_ave 输出使用寿命及计算平均使用寿命，在定义形参时定义两个指针 data 和 ave，data 指向数组，ave 指向平均使用寿命。在函数体内通过 data 指针遍历数组元素并计算平均使用寿命。

（2）定义函数 cal_std 计算标准差。用形参定义两个指针 data、std，以及一个普通变量 ave，data 指向数组，std 指向标准差，ave 接收传递的平均使用寿命值。在函数体内，通过 data 指针遍历定义的数组求得标准差。

（3）定义函数 max_min 计算最长与最短使用寿命，用形参定义 3 个指针，其中 data 指向使用寿命数组，max 指向最长使用寿命，min 指向最短使用寿命。在函数体内，通过

data 指针顺序查找数组元素求得最长与最短使用寿命。

主函数的设计思路如下。

（1） 定义 life 数组并保存产品寿命数据，定义指针 *p* 并将其初始化为 life，即指针 *p* 指向数组 life。

（2） 定义变量 max、min、ave 和 std 分别表示最长使用寿命、最短使用寿命、平均使用寿命和标准差，并且将 ave、std 初始化为 0。

（3） 调用函数 out_ave 输出 11 个产品的使用寿命，计算平均使用寿命并输出，实参是数组名 life 和 ave 的地址。

（4） 调用函数 cal_std 计算数列的标准差，实参是指针 *p*、ave、std 的地址。

（5） 输出标准差 std。

（6） 调用函数 max_min 计算最长与最短使用寿命，实参是指针 *p*、max 和 min 的地址。

（7） 输出最长及最短使用寿命后结束程序。

【源程序】

```
/*程序名称：8_4.c                                    */
#include <stdio.h>
#include <math.h>
void out_ave(double *data, double *ave);
void cal_std(double data[], double ave, double *std);
void max_min(double *data, double *max, double *min);
int main() {
    double life[11] = {28.94, 27.53, 25.27, 31.52, 30.85, 30.10, 25.99, 33.38,
31.05, 29.10, 30.07};
    double *p = life;                    /*定义指针，并以数组名对其初始化*/
    double max, min, ave = 0, std = 0; /*记录数据的最大值、最小值、均值和标准差*/
    out_ave(life, &ave);
    cal_std(p, ave, &std);                      /*计算数据的标准差*/
    printf("该数列的标准差为：%.2lf\n", std);
    max_min(p, &max, &min);                    /*求最大值与最小值*/
    printf("最长寿命为：%.2lf\n", max);
    printf("最短寿命为：%.2lf\n", min);
    return 0;
}
void out_ave(double *data, double *ave) {
                                    /*遍历输出数列并求均值*/
    int i;
    printf("这 11 个产品的使用寿命如下：\n");
    for(i = 0; i < 11; i++) {
        printf("%.2lf\t", *data);  /*用指针方式访问数组元素*/
        *ave = *ave + *data;
        data++;
        if((i + 1) % 6 == 0)
            printf("\n");
```

```
    }
    printf("\n");
    *ave = *ave /11;/*求平均寿命*/
    printf("平均使用寿命为：%.2lf\n", ave);
}
void cal_std(double data[], double ave, double *std) {
    /*遍历求标准差*/
    int i;
    for(i = 0; i < 11; i++) {
        /*通过data运用指针运算符访问数组元素*/
        *std = *std + pow((*data - ave), 2.0); /*每个元素值与平均值的差的平方和*/
        data++;
    }
    *std = sqrt(*std /11);/*求得数组的标准差*/
}
void max_min(double *data, double *max, double *min) {
    /*遍历求最大值与最小值*/
    int i = 0;
    *max = data[i]; /*对于指向数组的指针，也可以用下标方式访问元素*/
    *min = data[i];
    while(i < 11) {
        if(*max < data[i]) /*以下标的方式访问数组元素*/
            *max = data[i];
        if(*min> data[i])
            *min = data[i];
        i++;
    }
}
```

相关知识 —— 一维数组与指针

（一）数组与指针

数组由连续的一块内存单元组成，数组名即其首地址。指针是以地址作为值的变量，而数组名是一个地址常量，可以看成常量指针。

【例8-1】 数组的内存分配与指向数组的指针。

```
/*程序名称：8_5.c                                    */
#include <stdio.h>
int main() {
    int a[10], *p = a, i; /*给p赋值为&a[0]的地址也是一样的*/
    printf("a=%p\n", a); /*输出数组名的值，从值上看出，数组名就是一个地址*/
    /*由于下标是0的元素是数组中的第1个元素，因此输出a[0]的地址与a是一样的*/
    printf("&a[0]=%p\n", &a[0]);
    printf("p=%p\n", p); /*p指向数组的开始位置，因此与前两个输出的地址一样*/
```

```
printf("&p=%p\n", &p); /*该语句是输出指针 p 在内存中的地址*/
for(i = 0; i < 10; i++) {
  printf("%p\n", a + i); /*该语句换成 printf("%p\n",p++);是一样的*/
}
return 0;
}
```

【说明】

$p=a+1$ 是合法的，但 $a=a+1$ 是非法的。因为数组一旦分配空间，数组名所代表的内存单元不能改变。

数组、指针和地址间的关系如图 8-9 所示。

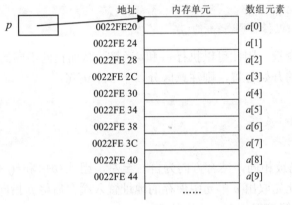

图 8-9　数组、指针和地址间的关系

（二）通过指针引用数组元素

C 语言规定如果指针变量 p 已指向数组中的一个元素，则 $p+1$ 指向同一数组中的下一个元素，如图 8-10 所示。

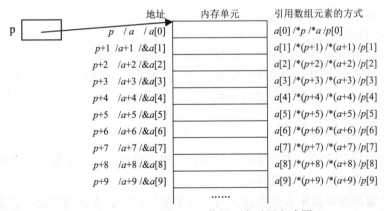

图 8-10　数组元素引用方式图

若当前 p 指向 $a[0]$ 元素，则执行语句 $p=p+1$ 后，p 指向的是 $a[1]$ 元素。

如果 p 的初值为 $\&a[0]$，则 $\&a[i]$、$p+i$、$a+i$ 都是 $a[i]$ 的地址，或者说它们指向 a 数组的

第 i 个元素。$a[i]$、$p[i]$、$*(p+i)$、$*(a+i)$ 都是 $p+i$ 或 $a+i$ 所指向的数组元素，即 $a[i]$。指向数组的指针也可以带下标，如 $p[i]$ 与 $*(p+i)$ 等价。

根据以上叙述，引用一个数组元素可以用下面 3 种方式。

（1）下标法：运用数组名或者指针加下标运算符的方式，如 $a[i]$ 或 $p[i]$。

（2）数组名加偏移量结合指针运算符法：如 $*(a+i)$。

（3）指针法：如 $*(p+i)$ 或者 $*p$。

本案例中访问数组元素运用了指针进法，分析如下。

（1）数组名与指针。

数组名是数组所占内存单元的首地址，在程序运行期间其值不变。因此它是一个指针常量，不能执行 ++ 和 -- 运算。若有数组 a，则以下程序段是错误的：

```
for(i = 0; i < 10; i++)
printf("%d", a++);/*数组名是不能改变的*/
```

指向数组的指针是一个变量，因此可以执行 ++ 和 -- 运算，从而指向不同的数组元素。

若指针 p 指向整型数组的开始位置，则注意区分以下 3 个语句：

```
*p++ = i;    /*正确语句*/
*(p++) = i;  /*正确语句*/
(*p)++ = i;  /*错误语句*/
```

由于运算符 ++ 和 * 的优先级相同，结合方向为自右至左，因此 $*p++$ 和 $*(p++)$ 等价，即先计算 $p++$。由于 ++ 在后，因此先取出 p 单元中保存的地址置入缓存后将 p 指向下一元素，然后用缓存中的地址结合 * 运算符得到上一元素的值。

由于 $(*p)$ 单元中保存的是数据，不能执行自增运算，因此 $(*p)++$ 是错误的。

（2）访问的效率。

尽管 $a[i]$、$*(a+i)$、$*(p+i)$ 或者 $*(p++)$ 都能访问数组元素的值，但它们的执行效率不同。用下标法访问数组元素是把 $a[i]$ 转换为 $*(a+i)$ 处理，即先计算数组元素的地址 $a+i$，然后按此地址找到它所在的内存单元；指针法引用数组元素不必每次计算数组元素的地址，引用数组元素时使用 $p++$ 这样的操作效率较高。

（3）下标是否越界的问题。

使用指针法引用数组元素要特别注意下标是否越界的问题，数组在内存中占用一片连续的内存单元，只要在这个范围内的操作都是安全的。但是一旦指针指向未开辟的内存单元，可能出现程序异常终止，因此应当谨慎处理。

（三）数组名作为函数参数

使用数组名作为函数参数时，实参数组名代表该数组首地址。而形参接收实参传递的数组首地址，因此形参应该是一个指针变量。

实际上，C 语言编译器是将形参数组作为指针变量来处理的。正因为如此，在定义一维形参数组时可以不指定数组的大小，如：

```
void cal_std(double data[], double ave, double *std);
```

实际上，double data[]与 double data[10]或者 double *data 这 3 种形式在定义形参时是等价的，但要注意这 3 种形式在定义实参数组时是不同的。

数组名作为函数的参数，实参和形参按地址结合，在被调用函数中可以直接访问实参数组所在的内存单元。不但可以引用这些数组元素，还可以修改这些内存单元的值。返回主调函数后相应数组元素的值已经改变，同样可以用指针作为函数的参数。

归纳起来，如果有一个实参数组，需要在函数中改变此数组的元素的值，实参与形参的对应关系有 4 种，见【例 8-2】～【例 8-5】。

【例 8-2】形参和实参都是数组名。

```c
/*程序名称: 8_6.c                                    */
#include <stdio.h>
void fun1(int x[], int n);  /*以数组作为形参*/
int main() {
  int a[5], i;
  fun1(a, 5);  /*数组名作为实参，即将数组的首地址传递给形参*/
  for(i = 0; i < 5; i++) {
    printf("%5d", a[i]);  /*直接以下标方式访问数组元素*/
  }
  printf("\n");
  return 0;
}
void fun1(int x[], int n) {  /*同样以数组作为形参接收实参*/
  /*此处数组的大小不需要的定义，因为 C 语言将其处理为指针*/
  int i;
  for(i = 0; i < n; i++) {
    x[i] = i * i;  /*直接以下标的方式操作数组元素*/
  }
}
```

【例 8-3】实参用数组名，形参用指针。

```c
/*程序名称: 8_7.c                                    */
#include <stdio.h>
void fun2(int *x, int n);  /*直接定义指针作形参*/
int main() {
  int a[5], i;
  fun2(a, 5);  /*数组名做实参，即将数组的首地址传递给形参*/
  for(i = 0; i < 5; i++) {
    printf("%5d", *(a+i));  /*以数组名加偏移量的形式访问数组元素*/
  }
  printf("\n");
  return 0;
}
void fun2(int *x, int n) {  /*指针 x 接收到数组的首地址*/
  /*此处指针形式与例 8-3 定义为数组本质一样，只是形式不同*/
  int i;
  for(i = 0; i < n; i++) {
    *(x + i) = i * i;  /*以指针加偏移量的形式对数组元素操作*/
```

```
        }
    }
```

【例 8-4】实参、形参均用指针。

```
/*程序名称: 8_8.c                                    */
#include <stdio.h>
void fun3(int *x,int n);
int main() {
    int a[5], i, *p = a; /*定义指向数组 a 开始位置的指针 p*/
    fun3(p, 5);
    for(i = 0; i < 5; i++) {
        printf("%5d", *(p + i)); /*以指针加偏移量的形式访问数组元素*/
    }
    printf("\n");
    return 0;
}
void fun3(int *x, int n) {
    int i;
    for(i = 0; i < n; i++) {
        x[i] = i * i; /*直接以下标方式操作数组元素*/
    }
}
```

【例 8-5】实参为指针，形参为数组名。

```
/*程序名称: 8_9.c                                    */
#include <stdio.h>
void fun4(int x[], int n); /*定义形参为数组格式*/
int main() {
    int a[5], i, *p = a;
    fun4(p, 5); /*指针作为实参*/
    for(i = 0; i < 5; i++) {
        printf("%5d", *p++); /*以指针方式访问数组元素*/
    }
    printf("\n");
    return 0;
}
void fun4(int x[], int n) { /*以数组格式作为形参，实质仍是指针*/
    int i;
    for(i = 0; i < n; i++) {
        x[i] = i * i; /*以下标方式操作数组元素*/
    }
}
```

【思考题】

（1） 数组名与指针有什么相同与不同之处？

（2） 编程运用下标法输入 10 个学生的年龄信息，采用数组名加偏移量法计算他们的平均年龄，然后使用指针法输出年龄低于平均年龄的学生年龄。

案例 5   实现简单电子表格

【任务描述】

电子表格由 N 行 M 列的单元格组成，其中可以输入并保存字符或数字，并支持多种运算，如按行或按列求和、求平均值等功能。

编程实现简单电子表格的按行或者按列求和功能。

【任务分析】

电子表格是包含行和列的二维结构，需要用二维数组来保存表格数据。

为简单起见，本案例定义固定大小的表格，同时指定表格内的值。

编写不同的函数实现表格数据的按行或按列求和功能。

在求和过程中可以运用下标方式或指针访问二维数组元素，当运用指针访问二维数组元素时，若定义的是数组形式，则首先运用指针运算符获取数组中指定行的首地址。即通过数组名加上行数访问，然后运用指针运算符访问该行中指定列的元素；若当定义的是指针形式，则直接运用指针运算符获取指定行或列的元素，即数组名加上行数乘上每行元素个数再加上列位置访问。

【解决方案】

（1）编写函数 srow 按行求和并保存到数组的最后一列中，定义形参二维数组 t 接收表格数据、形参 r 接收指定的行数、形参 c 接收指定的列数。在此函数中二维数组作为参数，因此在函数体内运用指针和下标两种方式访问数组元素。

（2）编写函数 scol 按列求和并保存到数组的最后一行中，定义形参指针 t 接收表格数据、形参 r 接收指定的行数、形参 c 接收指定的列数。在此函数中指向二维数组的指针作为参数，则在函数体内只能运用指针方式访问数组元素，以下类似。

（3）编写函数 prow 输出按行求和的结果，定义形参指针 t 接收表格数据、形参 r 接收指定的行数、形参 c 接收指定的列数。

（4）编写函数 pcol 输出按列求和的结果，定义形参指针 t 接收表格数据、形参 r 接收指定的行数、形参 c 接收指定的列数。

（5）在主程序中首先定义二维数组 t 并赋初值，定义变量 m 表示求和模式，定义函数指针 p。通过函数指针调用按列输出函数输出原始数据表，然后接收用户选择的求和模式并调用对应的求和函数求和，最后按照求和模式输出对应的求和结果。

【源程序】

```
/*程序名称: 8_10.c                                */
#include <stdio.h>
#define SIZE 4
void srow(double t[][SIZE+1], int r, int c);
void scol(double *t, int r, int c);
void prow(double *t, int r, int c);
void pcol(double *t, int r, int c);
```

```
int main() {
    /*数组多定义一行与一列的作用是保存按行或者按列求和值*/
    double t[SIZE+1][SIZE+1] = {{1,2,3,4},{5,6,7,8},{9,10,11,12},
    {13,14,15,16}
    };
    int m; /*保存求和模式(按行或者按列)*/
    printf("原始数据表为:\n");
    pcol(t, SIZE, SIZE); /*调用输出函数输出原始数据*/
    printf("请选择计算模式(1:按行求和, 0:按列求和):\n");
    scanf("%d", &m); /*输入求和模式*/
    if(m == 1)
        srow(t, SIZE, SIZE); /*调用按行求和函数进行求和*/
    else
        scol(t, SIZE, SIZE); /*调用按列求和函数进行求和*/
    if(m == 1) {
        printf("按行求和后的数据表为:\n");
        prow(t, SIZE, SIZE+1);
    }
    else {
        printf("按列求和后的数据表为:\n");
        pcol(t, SIZE+1, SIZE);
    }
    return 0;
}
void srow(double t[][SIZE+1], int r, int c) {
    /*二维数组作为形参时，每行元素个数必须给出*/
    int i, j;
    for(i = 0; i < r; i++) {
        for(j = 0; j < c; j++) {
            /*数组名作为参数，对其元素的访问可以用下标方式，也可以用指针方式*/
            t[i][c] = *(*(t + i) + c) + *(*(t + i) + j);
        }/**(*(t + i) + c)代表第 i 行的最后一个元素，即保存该行和的元素*/
    }/**(*(t + i) + j)代表第 i 行的第 j 个元素，即 t[i][j]*/
}
void scol(double *t, int r, int c) {
    int i, j;
    for(i = 0; i < r; i++) {
        for(j = 0; j < c; j++) {  /*只需要计算每行的前 SIZE 个元素*/
        /*(c+1)表示真实存储中，该二维数组每行的元素个数，运行时到 c-1，即跳过行尾元素*/
            *(t+r*(c+1)+j)=*(t+r*(c+1)+j)+*(t+i*(c+1)+j);
        }/**(t+r*(c+1)+j)代表下标是 SIZE 行的第 j 个元素，即保存该列元素和的元素*/
    }/**(t+i*(c+1)+j)代表第 i 行第 j 列的元素，即 t[i][j]*/
}
void prow(double *t, int r, int c) {
    int i, j;
    for(i = 0; i < r; i++) {
        for(j = 0; j < c; j++) {
            /*运用指针访问二维数组元素*/
            printf("%4.0lf", *(t + i * c + j));
        }
```

```
        printf("\n");
    }
}
void pcol(double *t, int r, int c) {
    int i, j;
    for(i = 0; i < r; i++) {
        for(j = 0; j < c; j++) {
            /*运用指针访问二维数组元素*/
            printf("%4.0lf", *(t + i * (c + 1) + j));
        }/*i*(c+1)列元素个数加1跳过每行最后一个元素*/
        printf("\n");
    }
}
```

由于将二维数组以指针形式传递，因此在该程序编译时将出现警告。若需要去除这些警告，则将形参改为二维数组的形式即可。

相关知识——二维数组与指针

指针可以指向一维数组或多维数组，在概念和使用上，多维数组的指针比一维数组的指针要复杂一些。

二维数组名也是保存该数组开始位置的地址，以二维数组 $a[3][4]$ 为例，a 代表整个二维数组的首地址；$a+0$ 代表第 0 行的首地址；$a+1$ 代表第 1 行的首地址。若 a 的值为 2 000 且一个整数分配 4 个字节，则 $a+1$ 为 2 016，$a+2$ 为 2 032。二维数组的 a 地址结构如图 8-11 所示。

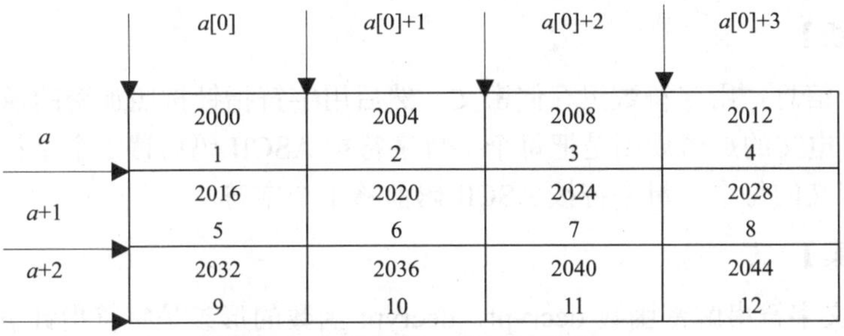

	$a[0]$	$a[0]+1$	$a[0]+2$	$a[0]+3$
a	2000 / 1	2004 / 2	2008 / 3	2012 / 4
$a+1$	2016 / 5	2020 / 6	2024 / 7	2028 / 8
$a+2$	2032 / 9	2036 / 10	2040 / 11	2044 / 12

图 8-11　二维数组 a 的地址结构

第 i 行第 j 列的元素地址可以用 $\&a[i][j]$、$a[i]+j$、$*(a+i)+j$、$\&a[0][0]+i*4+j$ 表示。若有指针 p 指向该数组的开始位置，也可以采用 $p+i*4+j$ 表示。同理，第 i 行第 j 列的元素可以用 $a[i][j]$、$*(a[i]+j)$、$*(*(a+i)+j)$、$*(\&a[0][0]+i*4+j)$ 引用。若有指针 p 指向该数组的开始位置，还可以用 $*(p+i*4+j)$ 引用。

从以上分析看出，二维数组元素的访问形式比较多，但无论用哪种形式，一定要注意每行元素的个数。

【例 8-6】二维数组元素的多种访问形式。

```
/*程序名称：8_11.c                              */
#include <stdio.h>
```

```
int main() {
  int a[3][4];
  int i, j, *p = &a[0][0];
  for(i = 0; i < 3; i++) {
    for(j = 0; j < 4; j++) {
        a[i][j] = i + j;
    }
  }
  printf("%p,%p,%p,%p\n", &a[1][2], a[1]+2, *(a+1)+2, (&a[0][0]+1*4+2));
  printf("%d,%d,%d,%d\n\n", a[1][2], *(a[1]+2), *(*(a+1)+2),
  *(&a[0][0] + 1 * 4 + 2));
  printf("%p\n", p + 1 * 4 + 2);
  printf("%d\n", *(p+1*4+2));/*数组开始地址加行号乘以每行元素个数后再加列位置*/
  return 0;
}
```

二维数组的数组名可以作为函数实参传递，而接收方则可以定义指针或者以同样的二维数组接收。在指针变量作为形参来接收实参数组名传递的地址时，在函数体内运用指针加偏移量的形式访问数组元素；用数组作为形参时，则用下标及数组名加偏移量两种形式访问数组元素。

案例 6 信息解密

【任务描述】

针对第 7 章案例 7 中加密的字符串，运用指针访问形式解密密码。

【任务分析】

为了解密信息，用字符数组存储密文，然后用字符指针按照加密的逆规则处理数组中的每个字符。电文的加密规则是把每个字母字符按 ASCII 码后移 1 个字符，则密文的解密规则就是把密文的每个字母字符按 ASCII 码前移 1 个字符。

【解决方案】

（1） 定义字符串解密函数 decrypt，decrypt 函数的形参是字符指针 p，在调用时接收保存密文的数组 m 的首地址。在函数体中，通过字符指针 p 的移动实现对密文中的每个字符进行解密处理。

（2） 在主函数中定义字符数组 m 用于保存密文信息，然后输入需要解密的密文并调用 decrypt 函数解密，最后将解密后的明文输出。

【源程序】

```
/*程序名称: 8_12.c                                    */
#include <stdio.h>
void decrypt(char *p);
int main(void) {
  char m[100];
```

```
    printf("请输入密文：\n");
    gets(m); /*输入密文保存到字符串 m 中*/
    decrypt(m); /*调用解密函数解密*/
    printf("明文是:%s\n", m); /*输出解密后的明文*/
    return 0;
}
void decrypt(char *p) { /*解密函数*/
    while(*p != '\0') {
        if(*p == 'a')
            *p = 'z';
        else if(*p == 'A')
            *p = 'Z';
        else if((*p> 'a' && *p <= 'z') || (*p> 'A' && *p <= 'Z'))
            *p = *p - 1;
        p++;
    }
}
```

相关知识——字符指针

在 C 语言中，可以用两种方法访问一个字符串。

（1）用字符数组保存一个字符串，用下标法或者字符数组名加偏移量访问字符串中的字符。

（2）用字符指针指向一个字符串，用字符指针或者字符指针加偏移量访问字符串中的字符。

系统在保存一个字符串常量时，首先给定一个起始地址，从该地址指定的内存单元开始连续保存该字符串中的字符。显然该起始地址代表保存字符串常量首字符的内存单元的地址，称为"字符串的首地址"。

如果定义一个字符型指针接收字符串的首地址，则该指针指向字符串的首位置，如：

```
char *ps = "C Language";
```

等价于：

```
char *ps;
ps = "C Language";
```

用字符数组和字符指针变量都可保存和运算字符串，但是二者有区别，如：

```
char str[] = "C Lanuage";
char *ps = "C Lanuage";
```

字符数组 str 在内存中占用了一块连续的内存单元，有确定的地址。每个数组元素保存字符串的一个字符，字符串保存在数组中。字符指针 ps 只占用一个可以保存地址的内存单元保存字符串的首地址，而不是将字符串保存到字符指针中，如图 8-12 所示。

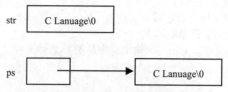

图 8-12　字符数组和字符指针的区别

字符串指针本身是一个变量，用于保存字符串的首地址，而字符串保存在以该首地址开始的一块连续的内存空间中并以'\0'结束。字符数组由若干个数组元素组成，它可以保存整个字符串。

如果要改变字符数组所代表的字符串，只能改变数组元素的内容；如果要改变指针所代表的字符串，通常直接改变指针的值，使其指向新的字符串。因为指针是变量，所以其值可以改变，以指向其他单元。

定义字符指针后，如果没有为其赋值，则指针的值不确定，即不能明确它指向的内存单元。因此如果引用未赋值的指针（野指针），可能会出现难以预料的结果，如：

```
char *s;
scanf("%s", s);
```

没有为指针 s 赋值，却为 s 指向的内存单元赋值。程序编译和连接正常，但在运行时将异常终止。而：

```
char *s, str[20];
s = str;
scanf("%s", s);
```

是正确的。数组 str 有确定的内存单元，使 s 指向数组 str 的首元素并为 s 指向的数组赋值。

为了尽量避免引用未赋值的指针造成的危害，在定义指针时可先将其初值置为空，即空指针，如 char *s=NULL。

【思考题】

（1）　使用指针访问字符数组时，需要注意的问题是什么？

（2）　试分析以下程序的功能：

```
#include <stdio.h>
int main() {
 char c[20] = "believe", *p;
 p = c;
 while(*p != '\0') {
    p++;
 }
 do {
    p--;
    printf("%c", *p);

 } while(p> c);
 printf("\n");
```

```
    return 0;
}
```

（3）编程输入个人姓名全拼，姓氏与名字中间用空格分隔，采用标准英文名字的书写格式输出个人姓名。例如，输入 zhang san，输出 Zhang San。

案例 7　常任理事国国名的字典次序

【任务描述】

输入联合国常任理事国的英文名字，按字典次序排序后输出。

【任务分析】

本任务分解为如下两个部分。

（1）定义排序函数完成常任理事国的字典次序排序，该函数的形参为指针数组，接收待排序的各个国名组成的字符数组的指针。形参 n 为字符串的个数，在函数体内运用选择排序实现将国名按字典（由小到大）次序排序。

国名排序的实质是比较字符串的大小，可直接调用 strcmp 函数完成。

（2）定义输出函数输出排序前后国名，其形参与排序函数的形参相同。

为了简化程序的运行，将常任理事国的名字直接赋值给出。

【解决方案】

（1）编写函数 sort 实现排序函数的功能。

（2）定义函数 print 实现输出函数的功能。

（3）编写 main 函数实现定义指针数组 name 并为其初始化为常任理事国的名字，然后调用 sort 函数排序 name，最后调用 print 函数输出排序后的国名。

【源程序】

```c
/*程序名称：8_13.c                                    */
#include <stdio.h>
#include <string.h>

void sort(char *name[], int n);
void print(char *name[], int n);

int main(void) {
    /*定义指针数组 name 用于指向 5 个国家的国名*/
    char *name[] = {"CHINA", "AMERICA", "RUSSIA", "FRANCE", "ENGLAND"};
    printf("5 个联合国常任理事国的国名是\n");
    print(name, 5); /*指针数组作实参*/
    sort(name, 5); /*按字典次序对 5 个国家的国名排序*/
    printf("字典中 5 个联合国常任理事国的国名是\n");
    print(name, 5); /*显示排序后的国名*/
    return 0;
}
```

```
void sort(char *name[], int n) {
    /*指针数组作为形参，接收实参指针数组对应的指向*/
    char *t;
    int i, j;
    for(i = 0; i < n - 1; i++) {
        /*运用选择排序实现对指针数组所指的 5 个字符串进行排序*/
        for(j = i + 1; j < n; j++)
            if(strcmp(name[i], name[j]) > 0) {
                /*交换字符串指针的值*/
                t = name[i];
                name[i] = name[j];
                name[j] = t;
            }
    }
}
void print(char *name[], int n) {
    int i;
    for (i = 0; i < n; i++)
        printf("%s\t", name[i]);
    printf("\n");
}
```

相关知识——指针数组与多级指针

（一）指针数组

C 语言中的数组可以是任何类型，如果其中各个元素都是用于保存内存地址的指针类型，则这个数组就是指针数组。

指针数组定义的一般格式为：

类型说明符 *数组名[元素个数]

其中类型说明符为指针值所指向的变量的类型，如：

char *name[5];

表示 name 是一个指针数组，有 5 个数组元素，每个元素都是一个指向字符串首位置的指针。

可以使字符指针数组 str 的每个 str[i] 分别指向一个字符串，其示意如图 8-13 所示。

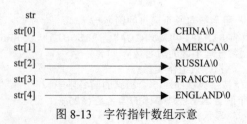

图 8-13　字符指针数组示意

（二）多级指针

如果一个指针保存的是另一个指针的地址，则称这个指针为"指向指针的指针"，即二级指针。依此类推，可以有三级指针、四级指针等。

如前所述，通过指针访问变量为间接访问，简称"间访"。如果指针变量直接指向变量，则为单级间访；如果通过指向指针的指针访问变量，则构成二级或多级间访。

在 C 语言中，未明确限制间访的级数，但是间访级数过多不易理解，也易出错，因此一般不超过四级间访。

定义二级指针的一般格式为：

类型声明符 **二级指针名

例如，int **pp; 表示 pp 是一个指针，它指向另一个指针；另一个指针则指向一个整型量。

下面以实例说明这种关系：

```
#include <stdio.h>
int main(){
    int x, *p, **pp;
    x = 10;
    p = &x;
    pp = &p;
    printf("x=%d\n", **pp);
    return 0;
}
```

其中 p 是一个指针，指向整型变量 x；pp 也是一个指针，指向指针 p。通过 pp 间接访问 x 的用法是**pp，该程序最后输出 x 的值为 10。

读者可以自行绘制该程序的指针指向图，进一步理解多级指针及其访问方式。

【例 8-7】指针数组与二级指针的应用实例。

```
/*程序名称：8_14.c                              */
#include <stdio.h>
int main() {
    char *p1[] = {"Basic", "C", "C++", "Java", "Python"};
    char **p2 = p1;
    int i;
    for(i = 0; i < 5; i++) {
        printf("%s\t", *p2);
        p2++;
    }
    printf("\n");
    return 0;
}
```

【说明】

该程序首先定义并初始化指针数组 p1，接下来定义字符型二级指针 p2 并使其指向指

针数组 $p1$ 的首位置。然后在 5 次循环中 $p2$ 分别获取了 $p1[0]$、$p1[1]$、$p1[2]$、$p1[3]$、$p1[4]$ 的地址值，最后再通过这些地址找到该字符串并输出。

【思考题】

（1） 指针数组一般适合应用于解决什么问题？

（2） 绘制以下程序段中的指针指向图：

```
char c[10] = "relive", *p, *q, *r;
p = c;
q = p;
r = &p;
p = &r;
```

案例 8　我的程序我作主

【任务描述】

在命令行中以可执行程序的形式运行程序，同时输入多个简单的数学式子，自动计算结果后输出每个式子的结果。

【任务分析】

本任务的要点在于以可执行程序的形式运行程序，同时输入多个数学式子，这必须要运用带参的 main 函数实现。

在带参的 main 函数中第 1 个参数统计参数的个数，不需要人为输入，自动统计运行时用户的输入个数；第 2 个参数的类型是字符型的指针数组，用于接收用户输入。输入的第 1 个量必须是可执行程序名，中间用空格分隔每一个输入量。

将第 2 个参数中接收的数学式子（字符串），转换为对应的数值后参与相应的运算，将运算结果保存到结果数组中。

运用 string 标准库中的 strtok 函数分隔数学式子，然后运用 stdlib 标准库中的 atof 函数将数字字符串转换为数值。接下来按照数学式子中的运算符计算转换后的数值，结果保存到对应下标的数组中，最后输出每个数学式子及其对应的结果。

【解决方案】

本任务的解决方案分为两个部分。

编写函数 fun 将对应的数学式子字符串转换为相应的数值，并按所提供的运算符求解该数学式子的结果保存到对应下标位置的结果数组中。

编写带参的 main 函数接收用户的输入，并调用函数 fun 求解每个数学式子，最后输出每个数学式子及其结果。

【源程序】

```
/*程序名称：8_15.c                                    */
#include <stdio.h>
```

```
#include <string.h>
#include <stdlib.h>
void fun(char *s, int n, char c[], double r[]); /*实现对应的运算*/
int main(int argc, char *argv[]) {
    int i;
    double r[100] = {0}; /*r用于保存算式的结果*/
    char s[100]; /*用于保存每个算式*/
    for(i = 1; i < argc; i++) { /*对每个算式进行遍历*/
        strcpy(s, argv[i]); /*由于strtok对原串有破坏作用，因此先复制原式*/
        if(strchr(argv[i], '+') != NULL) { /*若为加法算式，则执行对应的运算*/
            fun(s, i, "+", r);
        } else if(strchr(argv[i], '-') != NULL) {
            fun(s, i, "-", r);
        } else if(strchr(argv[i], '*') != NULL) {
            fun(s, i, "*", r);
        } else if(strchr(argv[i], '/') != NULL) {
            fun(s, i, "/", r);
        }
    }
    for(i = 1; i < argc; i++) {
        printf("%s=%.4lf\n", argv[i], r[i]); /*输出每个表达式及对应结果*/
    }
    return 0;
}
void fun(char *s, int n, char c[], double r[]) {
    /*s指向一个数学式子字符串，n代表输入的第n个式子，c代表该式子的运算符，r是结果*/
    char *s1;
    int j = 0;
    double x[2];
    s1 = strtok(s, c); /*按照分隔串c运用strtok将串s进行分解*/
    while(s1 != NULL) { /*若不等于NULL，则说明分解成功*/
        /*提取数学式子中的每一个数值*/
        x[j] = atof(s1); /*先用atoi取出第1个操作数*/
        s1 = strtok(NULL, c); /*继续下去*/
        j++;
    }
    if(strcmp(c, "+") == 0)
        r[n] = x[0] + x[1];
    else if(strcmp(c, "-") == 0)
        r[n] = x[0] - x[1];
    else if(strcmp(c, "*") == 0)
        r[n] = x[0] * x[1];
    if(strcmp(c, "/") == 0) {
        if(x[1] == 0) {
            printf("除数为零错误!\n");
            exit(1);
        }
        r[n] = x[0] /x[1];
    }
}
```

该程序在 Dev-C++环境下编译并运行，没有任何输出。正确的运行方式是按 WIN+R
组合键，打开"运行"窗口，输入"cmd"，如图 8-14 所示。

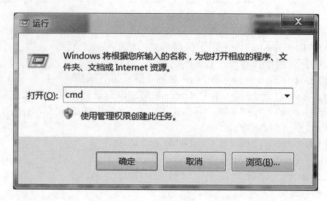

图 8-14　输入"cmd"

按 Enter 键进入 DOS 系统，如图 8-15 所示。

图 8-15　进入 DOS 系统

在 DOS 提示符下输入对应的盘符（不区分大小写），转到该程序所在的 E 盘，输入及
转换过程如图 8-16 所示。

图 8-16　输入及转换过程

在提示符下输入 dir 命令查看当前盘中所有目录及文件，然后输入 cd 目录名进入对应
的目录。当前程序所在目录为"源程序"，输入过程如图 8-17 所示。

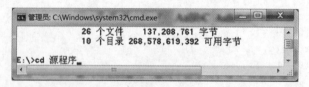

图 8-17　输入过程

在该目录下重复执行 dir 和 cd 命令，直止找到第 8 章.txt 文件。在 DOS 提示符下输入
运行的程序名及参数，按 Enter 键，运行结果如图 8-18 所示。

```
E:\源程序\第8章>第8章 1.21+3.5 5.31-2.98 7.65×5.17 9.64/0.25
1.21+3.5=4.7100
5.31-2.98=2.3300
7.65×5.17=39.5505
9.64/0.25=38.5600
```

图 8-18　可执行程序的运行结果

这是相对路径运行过程，还有一种绝对路径运行方式，读者可自行尝试。

另外，在 DOS 提示符下按 F3 键可重复输入上一次输入的内容。

相关知识——带参的 main

指针数组的另一个应用是作为 main 函数的形参，前面编写的 main 函数都不带参数。因此其后的括号都是空括号或括号中的参数为 void，实际上 main 函数可以带参数。

C 语言规定 main 函数的参数只能有两个，习惯上写为"argc"（第 1 个形参）和"argv"（第 2 个形参）。C 语言还规定 argc 必须是整型变量，argv 必须是指向字符串的指针数组。加上形参声明后，main 函数的函数头应写为：

```
main (int argc,char *argv[ ] )
```

由于 main 函数不能被其他函数调用，因此形参不可能在程序内部取得实参。实际上，main 函数的参数值从操作系统命令行上获得。当运行一个可执行文件时，在 DOS 提示符下键入文件名后输入实际参数即可把这些实参传送给 main 的形参。

DOS 提示符下命令行的一般格式为：

```
C:\>可执行文件名 参数 1 [参数 2……]
```

应该特别注意的是 main 的两个形参和命令行中的参数在位置上不是一一对应的，因为 main 的形参只有两个，而命令行中的参数个数原则上未加限制，所以 argc 参数表示命令行中参数的个数（文件名本身也是一个参数），其值在输入命令行时由系统按实际参数的个数自动赋予。例如，如下命令行：

```
C:\>第 8 章 Basic C C++ Java Python
```

由于文件名"第 8 章"本身也是一个参数，所以共有 6 个参数，因此 argc 取得的值为 6。argv 参数是字符型指针数组，其各元素值为命令行中的各字符串（参数均按字符串处理）的首地址。指针数组的长度即参数个数，数组元素初值由系统自动赋予。

【例 8-8】带参 main 函数的应用实例。

```
/*程序名称：8_16.c                                    */
#include <stdio.h>
int main(int argc, char *argv[]) {
  int i;
  for(i = 0; i < argc; i++) {
    printf("第%d 个参数是:%s\n", i + 1, argv[i]);
  }
  return 0;
}
```

【思考题】

（1） 在什么情况下使用带参的 main 函数？

（2） 在运行可执行程序的同时输入整数值及所需求的是阶乘（用符号!表示）还是求 1 到该整数的累加和（用符号 s 表示），输出其对应的结果。

案例 9　由我差遣

【任务描述】

由系统自动生成一组 20 以内的整数（不包含 0），输出这组整数的个数。然后由用户选择对这组整数执行加操作或乘操作，通过统一的接口调用执行加操作的函数或者执行乘操作的函数并输出结果。

【任务分析】

本任务的关键在于统一接口的设计与实现，为实现统一接口，可以运用函数指针，并且将求累加函数与求累乘函数定义为函数头部相同的函数。

可以将任务分解为如下 4 个部分。

（1） 定义统计个数函数：返回这组整数尾元素的地址，该函数的形参为指针，接收所产生这组整数的首地址,在函数体内通过遍历将形参指针指向这组整数的最后一个元素。

（2） 定义累加函数：完成这组整数的累加求和运算，其形参是指针，用于接收所产生这组整数的首地址，在函数体内计算累加并返回和的功能。

（3） 定义累乘函数：完成这组整数的累乘求积运算，其形参同样是指针，用于接收所产生这组整数的首地址，在函数体内计算累乘并返回积的功能。

（4） 定义主函数：生成这组整数，选择相应的操作，然后运用统一的接口调用相应的函数并输出其结果。

【解决方案】

（1） 编写函数 fun1，返回这组整数尾元素的地址。

（2） 编写函数 fun2，对这组整数累加并返回和。

（3） 编写函数 fun3，对这组整数累乘并返回积。

（4） 主函数的设计如下。

- 定义整型数组 y，元素个数为 100，用于保存系统生成的这组整数；同时定义变量 i 和 j 分别表示循环变量及用户输入的选项编号。

- 定义函数指针 $p1$，指向一个返回值是整型指针的函数。

- 定义函数指针 $p2$，指向一个返回值是实型数据的函数。

- 运用系统时间 time 函数设置随机数种子。

- 运用循环生成一组不为 0 且在 20 以内的整数，保存在数组 y 中。

- 为 $p1$ 赋值 fun1，即指向函数 fun1 的入口。

- 将数组名 y 作为实参借助函数指针 $p1$ 调用函数 fun1 后减 y，得到所生成的元素个数并输出。

- 按照每行 10 个整数输出这组整数。
- 输出提示信息，由用户输入需要执行操作的编号保存到 j 中。
- 若 j 等于 1，表示执行累加操作，则将 fun2 赋值给 $p2$；若 j 等于 2，表示执行累乘操作，则将 fun3 赋值给 $p2$。
- 运用统一接口 $p2$ 调用对应的函数，实参为数组名 y，输出函数调用的返回值后结束程序。

【源程序】

```c
/*程序名称: 8_17.c                                       */
#include <stdio.h>
#include <stdlib.h>
#include <time.h>
int *fun1(int *p); /*定义函数 fun1 返回函数指针*/
double fun2(int *p); /*定义函数 fun2 求随机数列的累加和*/
double fun3(int *p); /*定义函数 fun3 求随机数列的累乘*/
/*为防止累加或者累乘数据超出范围,返回值类型为实型*/
int main() {
    int y[100], i = 0, j;
    int *(*p1)(); /*定义函数指针,该函数指针的返回值是整型指针*/
    double (*p2)(); /*定义函数指针,该函数指针的返回值是实型数据*/
    srand((unsigned int)time(NULL)); /*设置随机数种子*/
    do {
        y[i] = rand() % 20; /*生成 20 以内的随机整数*/
        i++;
    } while(y[i - 1]> 0); /*当生成的随机整数等于 0 时结束*/
    p1=fun1;
    i=(*p1)(y)- y; /*数组尾元素的地址减去数组首元素的地址即为数组中元素的个数*/
    printf("随机产生的元素个数是%d\n",i);  /*输出生成的随机数的个数*/
    if(i != 0) { /*产生的随机整数个数不是 0 个时*/
        printf("产生的随机数列是\n");
        for(i = 0; y[i]> 0; i++) { /*输出生成的随机数列*/
            printf("%4d", y[i]);
            if((i + 1) % 10 == 0)
                printf("\n");
        }
        printf("\n");
        printf("您想对随机数列执行什么运算\n(1:求和 2:求积 ):");
        scanf("%d", &j); /*输入需要的操作编号*/
        if(j == 1) {
            p2 = fun2; /*将函数 fun2 的入口地址赋值给 p2*/
            printf("随机产生这些数的累加和是");
        } else if(j == 2) {
            p2 = fun3; /*将函数 fun3 的入口地址赋值给 p2*/
            printf("随机产生这些数的累乘积是");
        }
        printf("%.0lf\n", (*p2)(y)); /*通过函数指针调用对应的函数*/
    }
}
```

```
    return 0;
  }
int *fun1(int *p) {
    while(*p> 0)
        p++;
    return p; /*返回整型指针p*/
}
double fun2(int *p) {
    double sum = 0;
    while(*p> 0) {
        sum += *p;
        p++;
    }
    return sum; /*返回累加和*/
}
double fun3(int *p) {
    double mul = 1;
    while(*p> 0) {
        mul *= (*p);
        p++;
    }
    return mul;/*返回累乘*/
}
```

【说明】

由于系统时间不同，因此该程序每次运行生成的元素个数也不同，可能比较多或比较少。更有甚者，第 1 个生成的整数就是 0，读者可多次运行该程序进行验证。

相关知识——函数指针与指针函数

（一）函数指针

可以用指针变量指向整型变量、字符串、数组等，也可以指向一个函数。一个函数在编译时被分配一个入口地址，此即函数的指针。可以用一个指针变量指向函数，然后通过该指针变量调用此函数。

函数指针的一般定义格式为：

```
数据类型 (*函数指针名)();
```

数据类型是指函数返回值的类型，函数可以通过函数名调用，也可以通过函数指针调用。double (*p2)()表示定义一个指向函数的指针 p2，用来保存函数的入口地址。在为函数指针赋值时，只需给出函数名，而不必给出参数，如本案例中的语句：

```
p2 = fun2;
```

用函数指针调用函数时，只需用(*p2)代替函数名即可。在(*p2)之后的括号中根据需要写上实参，如：

```
(*p2)(y);
```

函数指针是一个指针，即一个指向函数开始地址的变量。

【例 8-9】函数指针的应用实例。

```
/*程序名称: 8_18.c                                         */
#include <stdio.h>
#include <math.h>
int fun(int n);
int main() {
  double (*p1)();
  int (*p2)();
  p1 = sqrt;/*函数指针指向标准库函数*/
  printf("%d 开平方根的结果是%.3lf\n", 5, (*p1)(5.0));
  p2 = fun;/*函数指针指向自定义函数*/
  printf("%d 以内的累加和是%d\n", 10, (*p2)(10));
  return 0;
}
int fun(int n) {
  int i, sum = 0;
  for(i = 1; i <= n; i++)
    sum = sum + i;
  return sum;
}
```

（二）指针函数

指针函数的全称为"返回值为指针的函数"，其本质是一个函数，返回值是某种类型的指针。指针函数的一般定义格式为：

```
返回值类型 *函数名（[形参表列]）
{ 函数体 }
```

例如，本案例中定义的函数 int *fun1(int *p)，带有一个整型指针参数。其返回值是一个整型指针，因此该函数是一个指针函数。

指针函数的调用与普通函数的调用相同，只不过返回值是一个指针罢了。

案例 10　我心飞翔

【任务描述】

用户输入一批正整数，但事先无法预料整数的个数。为了避免内存空间的不足或者浪费，需要在程序运行时根据输入动态调整内存空间的大小。

【任务分析】

由于无法事先预料数据量的多少，所以采用静态数组存储数据不合适。无论数组设置多大都未必能满足需求，内存空间有可能不足或者大量浪费，最优的方案是运用 malloc 及 realloc 函数按需分配内存。事先分配数量较少的内存空间，随着输入量的增加不断增加。

【解决方案】

（1）定义整型变量 count 记录输入数据的数量，定义整型变量 memsize 记录分配的内存空间大小，定义整型变量 data 保存每一次输入整数，定义 INCSIZE 为每次分配内存空间的增量。

（2）定义整型指针 p 记录分配的内存空间首地址，用 malloc 函数分配 INCSIZE 大小的存储空间。若分配失败，则退出程序；否则输出内存空间分配的首地址并更新 memsize 的值。

（3）输入整数到 data 中，若 data 不等于 0，则继续下一步；否则转到（6）执行。

（4）将 data 存入 p 加 count 所指向的内存单元，同时更新 count。

（5）判断 count 是否等于 memsize，若等于，则表示用完已分配的内存空间。使用 realloc 继续按约定增量 INCSIZE 增加内存空间，成功后内存空间的首地址仍保存到 p 中。

（6）判断输入的数据是否是 0，若不是，则转到（3）执行；否则继续下一步。

（7）输出已经分配的内存空间数与已经输入的有效数据个数。

（8）输出所输入的全部数据。

（9）释放 p 所指向的内存空间并结束程序。

【源程序】

```
/*程序名称: 8_19.c                                    */
#include <stdio.h>
#include <stdlib.h>
#define INCSIZE 5 /*每次增长的内存空间数*/
int main(void) {
  int count, memsize; /*记录输入数据量和分配的内存空间量*/
  int data, i, *p; /*记录分配的内存空间的指针*/
  if((p = (int *)malloc(INCSIZE*sizeof(int))) == 0) { /*分配内存空间*/
    printf("内存分配失败! \n");    /*分配不成功*/
    exit(1);
  }
  printf("首次分配存储空间的开始地址是%p\n", p);
  memsize = INCSIZE;    /*分配成功, 记录分配大小*/
  count = 0;
  printf("请输入一批数据, 以 0 结束.\n");
  do {
    scanf("%d", &data);
    if (data != 0) {
        *(p+count) = data; /*将数据存入指定内存空间*/
        count++;
        if(count == memsize) { /*分配内存空间已用完*/
            if((p = (int *)realloc(p, (memsize+INCSIZE)*sizeof(int))) == 0)
            /*重新分配更大的存储空间*/
                printf("再次分配内存失败! \n");
                exit(1);
            }
            printf("再次分配存储空间的首地址是%p\n", p);
```

```
            memsize += INCSIZE;/*分配成功，记录内存空间大小*/
        }
    }
} while(data != 0);
printf("当前已经分配的内存空间是%d.\n", memsize);
printf("您已经输入了%d 个有效数据,它们是:\n", count);
for(i = 0; i < count; i++) {
    printf("%d ", *(p++)); /*依次输出各数据元素*/
}
printf("\n");
free(p);/*释放 p 所指向的存储空间*/
return 0;
}
```

相关知识——动态内存空间管理函数

在 C 语言中主要以两种方法使用内存空间，一种是由编译系统分配内存空间；另一种是动态分配方式。动态分配的内存空间在用户的程序区之外，即不由编译系统分配。动态内存空间分配能有效地使用内存空间，而且同一段内存可以有不同用途。用时申请，用完释放。

1. 动态内存空间分配

（1）分析需要多少内存空间。

（2）利用 C 语言提供的动态内存空间分配函数分配所需要的内存空间。

（3）将所获取的内存空间的地址存入指针变量，用指针操作该段内存空间。

（4）数据处理结束，释放相应的内存空间。

2. 动态内存空间分配函数

在动态内存空间分配的操作中 C 语言提供了一组标准库函数，定义在 stdlib.h 中。

（1）动态内存空间分配函数 malloc。

函数原型如下：

```
void *malloc(unsigned size)
```

该函数在内存的动态内存空间中分配一块长度为 size 字节的连续区域，若申请成功，则返回一个指向所分配内存空间的起始地址的指针；否则返回 NULL（值为 0）。

malloc()的返回值为(void *)类型，在具体使用中将返回值强制转换为特定指针类型。

size 是一个无符号数，代表所分配的内存空间的大小，在本案例中：

```
p=(int *)malloc(INCSIZE * sizeof(int));
```

表示分配保存 INCSIZE 个整数的内存空间，特别注意将所分配的内存空间强制转换为 int 类型。函数的返回值为指向该内存空间的首地址，把该地址赋予指针 *p*。

需要强调的是虽然内存空间是动态分配的，但其大小在分配后也是确定的。不要越界使用，尤其不能越界赋值；否则可能引发非常严重的后果。

（2）计数动态内存空间分配函数 calloc。

函数原型如下：

```
void *calloc(unsigned n, unsigned size)
```

该函数在内存空间动态中分配 n 块长度为 size 字节的连续区域，并在分配后把所有参数初始化为 0。若分配成功，则返回一个指向被分配内存空间的起始地址的指针；否则返回 NULL（值为 0），如：

```
p=(double *)calloc(2, sizeof(double));
```

该函数按 double 的长度分配两块连续区域，强制转换为 double 类型，并把其首地址赋予指针变量 p。

（3）动态释放内存空间函数 free。

函数原型如下：

```
void free(void *p);
```

该函数释放由动态内存空间分配函数申请得到的整块内存空间，p 指向由 malloc 或 calloc 函数所分配的被释放区域的首地址。

为了保证动态内存空间的有效利用，若某个动态分配的内存空间不再使用，则应该及时释放。释放后不允许通过该指针访问，否则可能引起灾难性的后果。

（4）分配调整函数 realloc。

函数原型如下：

```
void *realloc(void *p, unsigned size);
```

该函数重新调整以前的内存空间分配，p 是以前通过动态内存空间分配得到的地址，参数 size 为调整后的内存空间的大小。如果调整失败，返回 NULL，原来 p 所指向的内存空间的内容不变；如果调整成功，则返回调整后内存空间的首地址。

本章小结

本章从寻找存折密码引出指针的概念，详细讲解了地址与指针、指针变量的定义、赋值运算和指针的基本运算，接下来在猜宝游戏中说明了指针作为函数参数的作用。然后采用相关案例逐一介绍了数组与指针、字符串指针、指针数组、指向指针的指针、函数指针、指针函数、带参的 main 函数及动态内存空间管理函数等。

习题

一、选择题

1. 当调用函数时，实参是一个数组名，则向函数传送的是_____。
   A. 数组的长度   B. 数组的首地址
   C. 数组每一个元素的地址   D. 数组每个元素中的值
2. 对于指向同一数组的两个指针，不能执行的运算是_____。
   A. <   B. =   C. +   D. -

3．有以下函数：

```
char *fun(char *p) {
 return  p;  }
```

该函数的返回值是_____。

    A．无确切值   B．形参 p 中保存的地址值

    C．一个临时内存单元的地址   D．形参 p 自身的地址值

4．若有"int a[8];"，则以下表达式中不能代表数组元素 a[1]的地址的是_____。

    A．&aA[0]+1   B．&a[1]   C．&a[0]++   D．a+1

5．若有以下定义语句：

```
int  s[4][5], (*ps)[5];
ps = s;
```

则正确引用 s 数组元素的形式是_____。

    A．ps+1   B．*(ps+3)   C．ps[0][2]   D．*(ps+1)+3

6．以下程序的输出结果是_____。

```
#include  <stdio.h>
#include  <string.h>
int main()  {
 char  b1[8] = "abcdefg", b2[8],*pb = b1 + 3;
 while(--pb>= b1)
     strcpy(b2, pb);
 printf("%d\n", strlen(b2));
 return 0;
}
```

    A．8   B．3   C．1   D．7

7．在声明语句 int (*f)();中，标识符 f 代表的是_____。

    A．一个用于指向整型数据的指针变量

    B．一个用于指向一维数组的行指针

    C．一个用于指向函数的指针变量

    D．一个返回值为指针型的函数名

8．若有以下语句：

```
int fun(int *c){  }
int main() {
  int  (*a)() = fun, *b(), w[10], c;
  ⋮
  return 0;
}
```

在必要的赋值之后，正确调用 fun 函数的语句是_____。

    A．a(w);   B．(*a)(&c);   C．*b(w);   D．fun (b);

9．有如下语句：

```
int  a[10] = {1, 2, 3, 4, 5, 6, 7, 8, 9, 10}, *p = a;
```

则数值为 9 的表达式是_____。

    A. *p+9   B. *(p+8)   C. *p+=9   D. p+8

10. 若指针 p 已正确定义，要使 p 指向两个连续的整型动态存储单元，错误的语句是_____。

    A. p=2*(int*)malloc(1*sizeof(int));   B. p=(int*)malloc(2*sizeof(int));

    C. p=(int*)malloc(2*4);   D. p=(int*)calloc(2,sizeof(int));

11. 以下函数返回 a 所指数组中最小值所在元素的下标值：

```
int fun(int *a, int n) {
 int  i, p = 0;
 for(i = 0; i < n; i++)
     if(a[i] < a[p])
         _____;
 return p;
}
```

在下画线处应填入的是_____。

    A. i=p   B. a[p]=a[i]   C. p=*a+i   D. p=i

12. 有语句 "char *st="how are you"; "，以下程序段中正确的是_____。

    A. char a[11], *p;   strcpy(p=a+1,&st[4]);

    B. char a[11];   strcpy(++a, st);

    C. char a[11];   strcpy(a, st);

    D. char a[], *p;   strcpy(p=&a[1],st+2);

13. 若已定义：

```
int a[ ] = {0, 1, 2, 3, 4, 5, 6, 7, 8, 9}, *p = a, i;
```

其中 0≤i≤9，则错误引用数组 a 中元素的是_____。

    A. a[p-a]   B. *(&a[i])   C. p[i]   D. a[10]

14. 以下程序运行后的输出结果是_____。

```
#include <stdio.h>
void func(int *a, int b[]) {
 b[0] = *a + 6;
}
int main() {
 int a, b[5];
 void func(int *a, int b[]);
 a = 0;
 b[0] = 3;
 func(&a, b);
 printf("%d \n", b[0]);
 return 0;
}
```

A. 6 　　　　　　 B. 7 　　　　　　 C. 8 　　　　　　 D. 9

15. 以下程序的输出结果是_____。

```c
#include <stdio.h>
int b = 2;
int func(int *a) {
 b += *a;
 return b;
}
int main() {
 int a = 2, res = 2;
 int func(int *a);
 res += func(&a);
 printf("%d\n", res);
 return 0;
}
```

A. 4 　　　　　　 B. 6 　　　　　　 C. 8 　　　　　　 D. 10

16. 以下程序的输出结果是_____。

```c
#include <stdio.h>
int main() {
 char ch[2][5] = {"6937", "8254"}, *p[2];
 int i, j, s = 0;
 for(i = 0; i < 2; i++)
     p[i] = ch[i];
 for(i = 0; i < 2; i++)
     for(j = 0; p[i][j]> '\0'; j += 2)
         s = 10 * s + (p[i][j] - '0');
 printf("%d\n",s);
 return 0;
}
```

A. 69825 　　　　 B. 63825 　　　　 C. 6385 　　　　 D. 693825

17. 以下程序的输出结果是_____。

```c
#include <stdio.h>
void fun(int *a, int *b) {
 int *k;
 k = a;
 a = b;
 b = k;
}
int main() {
 int a = 3, b = 6, *x = &a, *y = &b;
 void fun(int *a, int *b);
 fun(x, y);
 printf("%4d %4d\n", a, b);
 return 0;
}
```

A. 6 3   B. 3   6   C. 编译出错   D. 0   0

18. 假定以下程序的可执行文件名为"prg.exe"，则在其所在的子目录下输入命令行 prg hello good<Enter>后，程序的输出结果是_____。

```c
#include <stdio.h>
int main(int argc, char *argv[]) {
  int i;
  if(argc < 0)
     return 0;
  for(i = 1; i < argc; i++)
     printf("%c", *argv[i]);
  return 0;
}
```

A. hello good   B. hg   C. hel   D. hellogood

二、填空题

1. 以下程序的输出结果是_____。

```c
#include <stdio.h>
void fun(int *x, int *y) {
  *x = *x + *y;
  *y = *x - *y;
  *x = *x - *y;
}
int main() {
  int a = 10,b = 20;
  fun(&a, &b);
  printf("a=%d,b=%d\n", a, b);
  return 0;
}
```

2. 以下程序的输出结果是_____。

```c
#include <stdio.h>
void fun(int *n) {
    while( (*n)--) ;
    printf("%d\n", ++(*n)) ;
}
int main() {
    int a = 100;
    fun(&a);
    return 0;
}
```

3. 以下程序的输出结果是_____。

```c
#include <stdio.h>
int main() {
  int arr[ ] = {30, 25, 20, 15, 10, 5}, *p = arr;
  p++;
```

```
   printf("%d\n", *(p + 3));
   return 0;
}
```

4. 以下程序的输出结果是_____。

```
#include <stdio.h>
int main() {
  char  *p = "abcdefgh", *r;
  long  *q;
  q = (long*)p;
  q++;
  r = (char*)q;
  printf("%s\n", r);
  return 0;
}
```

5. 以下程序的输出结果是_____。

```
#include <stdio.h>
int main() {
  int  x = 0;
  void sub(int *a, int n, int k);
  sub(&x, 8, 1);
  printf("%d\n", x);
  return 0;
}
void sub(int *a, int n, int k) {
  if(k <= n)
      sub(a, n /2, 2 * k);
  *a+=k;
}
```

6. 以下程序中 select 函数的功能是在 N 行 M 列的二维数组中选出一个最大值作为函数值返回，并通过形参返回此最大值所在行的下标，请填空。

```
#include <stdio.h>
#define   N   3
#define   M   3
int select(int a[N][M], int *n) {
  int i, j, row = 1, colum = 1;
  for(i = 0; i < N; i++)
      for(j = 0; j < M; j++)
          if(a[i][j]> a[row][colum]) {
              row = i;
              colum = j;
          }
  *n = _____;
  return _____;
}
int main() {
```

```
int  a[N][M] = {9, 11, 23, 6, 1, 15, 9, 17, 20}, max, n;
max = select(a, &n);
printf("max=%d,line=%d\n", max, n);
return 0;
}
```

7. mystrlen 函数的功能是计算 str 所指字符串的长度，并作为函数值返回，请填空。

```
int mystrlen(char *str) {
int  i;
for(i = 0;_____!= '\0'; i++);
return _____ ;
}
```

8. 以下程序的功能是将无符号八进制数字构成的字符串转换为十进制整数，如输入的字符串为 556，则输出十进制整数 366，请填空。

```
#include <stdio.h>
int main() {
char *p, s[6];
int n;
p = s;
gets(p);
n = *p - '0';
while(_____ != '\0')
    n = n * 8 + *p - '0';
printf("%d\n", n);
return 0;
}
```

9. void fun(float *sn, int *n) 函数的功能是根据以下公式计算 S，计算结果通过形参指针 sn 返回。n 通过形参传入，n 值大于等于 0，请填空。

$$S = 1 - \frac{1}{3} + \frac{1}{5} - \frac{1}{7} + \cdots \frac{1}{2n+1}$$

```
void  fun( float *sn, int n) {
 float s = 0.0, w, f = -1.0;
 int i = 0;
 for(i = 0; i <= n; i++)  {
    f = _____ * f;
    w = f /(2 * i + 1);
    s += w;
  }
    _____ = s;
}
```

10. 以下程序调用 findmax 函数返回数组中的最大值，在下画线处填入正确的表达式。

```
#include <stdio.h>
findmax(int *a, int n) {
 int *p, *s;
```

```
for(p = a, s = a; p - a < n; p++)
    if(_____)
        s = p;
return *s;
}
int main() {
int x[5] = {12, 21, 13, 6, 18};
printf("%d\n", findmax(x, 5));
return 0;
}
```

三、编程题

本章习题均要求运用指针处理。

1. 在 main 函数中输入 3 个整数，并调用函数 fun1 按由小到大的顺序排序后在 main 中输出这 3 个数。

2. 有 *n* 个人围成一圈顺序编号，从第 1 个人由 1 到 3 开始报数，凡是报到 3 的人退出圈子。如此继续，直到剩下最后一个人，问最后留下的人原来的编号是多少？编程要求如下。

（1）用函数 fun2 实现人员报数并出圈功能。

（2）*n* 的值由 main 函数调用时以实参形式传递给 fun2 函数，最后剩余人的编号返回 main 函数并在其中输出。

3. 有一数列含有 20 个整数，现要求编写一个函数 fun3，能够对从指定位置开始的几个数按相反顺序重新排列，并在 main 函数中输出新的数列。

例如，原数列为：

1，2，3，4，5，6，7，8，9，10，11，12，13，14，15，16，17，18，19，20。

若要求从第 9 个数开始的 10 个数进行逆序处理，则得到的新数列为：

1，2，3，4，5，6，7，8，18，17，16，15，14，13，12，11，10，9，19，20。

4. 输入 10 个整数，将其中最大的数与最后一个对换，最小的数与第 1 个数对换，编程要求如下：

（1）用函数 fun4 查找最大数、最小数并对换。

（2）注意最大和最小本身在首尾位置的情况。

5. 请输入一个字符串，在函数 fun5 中将每个单词首字母大写后输出。

6. 一个函数 fun6 求一个字符串的长度，在 main 函数中输入字符串，在 fun6 中统计字符串的长度并输出。

7. 输入一个字符串，将从第 *m* 个字符开始的所有后续字符复制为另外一个符串。*m* 由用户输入，要求写一个 fun7 函数完成字符串复制功能。

8. 在主函数中输入 1 个字符串，用函数 fun8 判断这个字符串是否是回文字符串。如果是，则输出"YES"；否则输出"NO"。

9. 输入如下 14 个国家的英文名字：

中国—China、俄罗斯—Russia、美国—American、英国—the United Kingdom、澳大利亚—Australia、日本—Japan、意大利—Italy、法国—France、西班牙—Spain、葡萄牙—Portugal、

德国—Germany、丹麦—Denmark、荷兰—the Netherlands、韩国—South Korea。

编写函数 fun9 按照字典次序对它们排序后输出。

实训项目

一、小学一年级数学练习板

（1）　实训目标。

- 了解小学一年级数学的相关内容。
- 掌握指针变量的定义与使用。
- 熟练掌握指针变量作为函数参数的使用方法。

（2）　实训要求。

- 定义一个字符型变量和两个整型变量。
- 定义 3 个指针变量，其中一个是字符类型，两个是整数类型。
- 将字符型指针指向字符型变量，将两个整型指针分别指向两个整型变量。
- 给出选择界面，由用户选择练习的是加法或减法。判断用户选择的编号，为字符变量赋相应值。
- 采用随机函数 rand 产生两个 10 以内的整数分别赋值给两个整型指针指向的单元。
- 在屏幕上显示相应的算术式子。
- 由用户答题练习，即输入该算术式子的答案。
- 重复 10 遍，结束时给出得分。

二、截取任意同学姓名拼音中姓氏字符

（1）　实训目标。

- 了解英文书写中国人姓名的表示方式。
- 熟练掌握字符数组的定义与使用。
- 熟练掌握采用指针访问数组的方法。

（2）　实训要求。

- 定义字符数组 name。
- 定义字符指针 p，并将 p 指向字符数组 name。
- 按照习惯书写（名在前且首字母大写，姓在后，首字母也大写，中间以空格分隔）读入的一名同学的姓名。
- 使用循环语句查找姓的开始位置，即空格后的第 1 个字符位置，找到后复制姓。
- 输出该同学的姓氏。

第9章 结 构 体

学习目标

通过本章的学习，使读者掌握定义结构体类型和结构体变量来处理现实生活中的对象、使用结构体数组处理批量对象，以及定义和使用结构体指针为对象增加其他访问形式的能力；另外，熟悉定义及使用枚举类型和共用体类型的方法。

主要内容

- ◆ 结构体类型的定义。
- ◆ 结构体变量的定义及初始化方法。
- ◆ 结构体数组的定义和使用方法。
- ◆ 结构体指针的定义和使用方法。
- ◆ 枚举类型、共用体类型的定义和使用方法。

案例 1 学生信息表

【任务描述】

学生信息表中一名学生的基本信息包括学号、姓名、年龄、身高和体重，输入一名学生的信息后以格式化形式输出。

【任务分析】

学生信息如表 9-1 所示。

表 9-1 学生信息表

学号（整型）	姓名（字符型）	年龄（整型）	身高（实型）	体重（整型）
190126	Liu Yang	18	1.74	66

由于学号、姓名、年龄、身高和体重这些基本信息同属于这名学生，因此需要对这些信息进行整体处理。这些信息的数据类型各不相同，必须用结构体类型进行处理。

【解决方案】

（1）定义结构体类型 Student，其中包括学生的学号（sno）、姓名（name）、年龄（age）、身高（height）、体重（weight）5 个成员。

（2）采用结构体类型 Student 定义结构体变量 s。

（3）使用 scanf 函数借助于成员运算符 "." 访问变量 s 中各成员的信息进行输入。

（4）使用 printf 函数输出保存在变量 s 中的个人信息，并且采用成员运算符. 访问变量 s 中的各个成员。

【源程序】

```
/*程序名称: 9_1.c                                    */
#include <stdio.h> /*预编译命令*/
struct Student {  /*结构体类型 Student 的定义*/
    int sno;
    char name[20];
    int age;
    double height;
    int weight;
}; /*结构体类型定义结束*/
int main() {
    struct Student s; /*使用结构体类型 Student 定义结构体类型数组*/
    scanf("%d", &s.sno);
    getchar(); /*将学号输入后按 Enter 键读出，以免 gets 读出 Enter 导致错误*/
    gets(s.name);
    scanf("%d%lf%d", &s.age, &s.height, &s.weight);
    printf("学号: %d\n姓名: %s\n", s.sno, s.name);
    printf("年龄: %d 岁\n身高: %.2lf 米\n体重: %d 公斤\n", s.age, s.height,
        s.weight);
    return 0;
}
```

相关知识——结构体的定义与结构体变量

通过前面有关章节的学习，我们认识了整型、实型、字符型等 C 语言的基本数据类型，也了解了数组这种构造数据类型。在实际问题中，有时需要将不同类型的数据组合成一个有机的整体，以便于数据处理。例如，此例中一名学生的学号、姓名、年龄、身高和体重等数据。它们具有不同的数据类型，却又属于同一个处理对象。每次处理一名学生记录，都要处理这些信息，因此有必要将其定义成一个整体。

一组不同类型的数据显然不能用一个数组来保存，因为数组中各元素的类型和长度都必须一致。为了解决这个问题，C 语言中给出了另一种构造数据类型，即结构体。

（一）定义结构体

结构体是一种由若干成员组成的构造类型，每个成员可以是一个基本数据类型，也可以是一个构造类型。结构体既然是一种构造而成的数据类型，那么在使用之前必须先定义它。

定义结构体类型的格式为：

```
struct 结构体名
{
    类型1    成员1;
    类型2    成员2;
     ⋮
    类型n    成员n;
}
```

一般情况下结构体类型名大小写均可，为了区别普通变量，以及后续课程的学习，本书采用首字母大写的方式。

结构体中的每个成员均需声明类型，成员名的命名应符合标识符的书写规定。它可以与程序中的变量名同名，二者不代表同一对象，互不干扰，但一般应避免重名。

【说明】

结构体类型定义末尾的分号必不可少，它表明一个结构体定义语句的结束。

（二）结构体变量的定义

如同整型与整型变量，定义的结构体类型仅仅表示一种类型。如果用它表示该类型的一个对象，则必须使用其定义变量，如同用 int 定义一个整型变量。

定义结构体类型的变量有以下 3 种方法。

（1） 先定义结构体类型，再定义变量，如：

```
struct Student {/*先定义结构体类型 struct Student*/
    int sno;
    char name[20];
    int age;
    double height;
    int weight;
};
struct Student  s1, s2; /*再用该类型定义结构体类型的变量*/
```

此处定义 Student 结构体类型之后用该类型定义了两个结构体变量 s1 与 s2。

为了使用方便，也可以在程序开头定义一个符号常量来表示一个结构体类型，如：

```
#define STU struct Student
STU {
  int sno;
  char name[20];
  int age;
  double height;
```

```
    int weight;
};
STU  s1, s2;
```

（2）在定义结构类型的同时定义结构体变量，如：

```
struct Student {
    int sno;
    char name[20];
    int age;
    double height;
    int weight;
} s1, s2;
```

这是一种紧凑的方法，在定义类型的同时定义了变量。如果需要，后面还可继续用结构体类型 Student 定义其他同类型变量。

（3）直接定义结构体变量，如：

```
struct {
  int sno;
  char sname[20];
  int age;
  double height;
  int weight;
}s1, s2;
```

直接定义了两个结构体变量 *s*1 与 *s*2，这种方法省略了结构体名；不足是后面不方便定义同类型的变量，因此一般不推荐使用。

上述 3 种方法中定义的变量 *s*1 与 *s*2 具有相同的结构，它的所有成员都是基本数据类型或数组类型。若将其中的 age 更换为出生日期 birthday，定义为含有年、月、日 3 个子成员的类型，则需要先定义一个 struct Date 日期类型。然后用其定义 birthday 对象，这就形成了嵌套的结构体，如图 9-1 所示。

sno	sname	birthday			height	weight
		year	month	day		

图 9-1 嵌套的结构体

对应的结构体定义如下：

```
struct Date {
    int year;
    int month;
    int day;
};
struct Student {
    int sno;
    char name[20] ;
    struct Date birthday;
```

```
    double height;
    int weight;
}s1,s2;
```

首先定义一个结构体类型 Date，由 year、month、day 3 个成员组成，然后将其用到 struct Student 类型的定义中，使其中的成员 birthday 被定义为 Date 类型。

类型与变量是不同的概念，不要混同。对结构体变量来说，在定义时一般先定义对应的结构体类型，然后定义变量。只能对变量，而不能对一种类型赋值、存取或运算，一种类型可以定义多个变量；同一个变量只能属于一种类型。

（三）结构体类型所占的存储空间

从存储空间的优化角度出发，C 语言引入了内存对齐机制。通常情况下，不同编译器的内存对齐机制有所不同。

```
/*程序名称：9_2.c                                    */
#include <stdio.h>
int main() {
  struct Student {
    int sno;
    char name[10];
    int age;
    char sex;
    double height;
  } s ;
  printf("%d\n", sizeof(s));
  printf("sno 在内存的开始地址是%p\n", &s.sno);
  printf("name 在内存的开始地址是%p\n", &s.name);
  printf("age 在内存的开始地址是%p\n", &s.age);
  printf("sex 在内存的开始地址是%p\n", &s.sex);
  printf("height 在内存的开始地址是%p\n", &s.height);
  return 0;
}
```

若当前开发环境中 int 占 4 个字节，每个字符占一个字节；double 占 8 个字节，累加计算得 Student 类型占用 27 个字节，该程序的运行结果如图 9-2 所示。

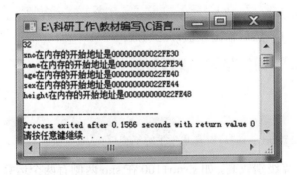

图 9-2　程序 9_2 的运行结果

与预期的结果不同，这是因为当前机器是 64 位操作系统。即一个字长为 8 个字节，所以以 8 个字节为单位执行对齐操作。但是系统只要能放下一个成员，就绝对不会再分配一个字长的单元，因此常出现一个字长的单元内保存两个或者多个成员的情况；另外，由于每个字符型数据仅占用一个字节，所以只要有空闲位置（整字节）即可保存字符型数据。

sno 是 s 的第 1 个成员，在内存中的开始地址是 0022FE30。由于 int 类型占用 4 个字节，并且 name 是 char 类型，一个字符占用一个字节，因此 name 紧接着 sno 保存，即 name 的开始地址是 0022FE34。由于保存 sno 时当前字长仅余 4 个字节，因此仍需要分配 1 个字长保存 name 剩下的 6 个字符。为 name 分配 1 个字长后剩下两个字节，但是下一个成员 age 需要 4 个字节，因此这两个字节空闲——对齐。age 的开始地址是 0022FE40，占用 4 个字节。因而当前字长中剩下 4 个字节，足够下一个成员 sex 使用。因此 sex 开始地址是 0022FE44，为 char 类型，占用一个字节即可。这样剩下 3 个字节，对于下一个成员 height 来说空间不足。因此系统再次进行对齐，即空下这 3 个字节的空间。致使成员 height 的开始地址为 0022FE48，类型是 double，单独占用了一个字长。

累加每个成员按对齐方式所占用的空间后，Student 类型占用 32 个字节。

请读者思考如下结构体类型所占存储空间。

```
struct CC{
   char c;
   double d;
};
```

（四）结构体变量的引用

（1） 引用结构体变量中的成员。

由于一个结构体变量包含多个成员，因此要访问其中一个成员，必须运用成员运算符.，引用格式为：

结构体变量名.成员名

对成员变量可以如普通变量一样执行各种操作。

例如，将学号 190126 赋给 s1 中的 sno，应写成：

```
s1.sno = 190126;
```

将姓名 LiuYang 通过键盘赋给 s1 中的 name，应写成：

```
scanf("%s", s1.name);   或者   gets(s1.name);
```

将 s2 中的 age 加 1，然后输出该值，应写成：

```
s2.age = s2.age + 1;
```

或者

```
s2.age++;
printf("%f", s2.age) ;    /*输出学生的年龄*/
```

成员运算符的运算级别较高，如 s.sno+100 在 sno 两侧有两个运算符。由于成员运算符的运算优先于加法运算符，所以相当于(*s*.sno)+100。

（2）成员本身又是结构体类型时其子成员的引用。

如果成员本身又是一种结构体类型，那么对其下级子成员通过成员运算符，逐级引用，直到最后一级成员为止。例如，可以这样引用上面提到的 birthday：

```
s1.birthday.year
```

这里 *s*1.birthday 相当于一个结构体变量，下述用法是错误的：

```
year                /*少了上两级所属主体*/
birthday.year       /*少了结构体变量主体*/
s1.year             /*不能跨级访问*/
year.birthday.student1  /*不能颠倒次序*/
```

（3）同一种类型的结构体变量之间可直接赋值。

一般地，可以将一个结构体变量作为一个整体赋给另一个具有相同类型的结构体变量，如：

```
s2 = s1;
```

*s*1 与 *s*2 的类型相同，上述赋值语句相当于将 *s*1 中各个成员的值逐个依次赋给 *s*2 中的相应成员。若二者的类型不一致，则不能直接赋值。

通常也可以把一个结构体变量中的内嵌结构体类型成员赋给同种类型的另一个结构体变量的相应部分，如下语句是合法的：

```
s2.birthday = s1.birthday。
```

（4）不允许将一个结构体变量作为一个整体输入或输出，下述用法是错误的：

```
scanf("%d,%s,%c,%d,%lf",&s1); /*错*/
printf("%d",s1); /*错*/
printf("%d,%s,%c,%d,%lf",s1); /*错*/
```

（五）结构体变量的初始化

初始化结构体变量时，要用花括号括起成员的初始数据，并且其顺序必须与结构体定义中成员的顺序保持一致。

【源程序】

```
/*程序名称：9_3.c                            */
#include <stdio.h>/*预编译命令*/
struct Student {
    int sno;
    char name[20];
    int age;
    double height;
    int weight;
};
int main() {
    /*定义结构体变量并初始化*/
```

```
struct Student s1 = {1126, "LiuBing", 18, 1.76, 66};
printf("学号: %-6d\n姓名: %-20s\n", s1.sno, s1.name);
printf("年龄: %d 岁\n 身高: %.2lf 米\n 体重: %d 公斤\n", s1.age, s1.height,
    s1.weight);
return 0;
}
```

【思考题】

（1）分析 C 语言中结构体类型与面向对象程序设计语言中类的关系。

（2）定义时间类型 Time，其中包括时、分、秒 3 个成员。

（3）定义图书类型 Book，其中包括书号、书名、作者、出版社、定价、出版时间 6 个成员；另外，出版时间包括年、月信息。

案例 2　民主选举得票统计

【任务描述】

设某班有 4 名候选人竞选班长，有 12 位同学参加投票选举。选举结束后输入每张选票中候选人的名字，统计并输出每位候选人的姓名及得票数。

【任务分析】

定义一个全局的结构体数组，其中包括 4 个元素，每个元素包括姓名和票数两个成员。定义时初始化，使 4 名候选人的票数归 0。在主函数中定义字符数组，运用循环依次输入每张选票上候选人的姓名，将其与 4 位候选人的姓名进行比较。若是某位候选人的得票，则其票数加 1。输入且统计结束后，输出候选人的姓名和票数。

【解决方案】

（1）定义结构体数据类型 Person，其中包括竞选班长者的姓名 name 及竞选者的得票数 count；同时定义对应的数组 leader，其中包括的 4 个候选人分别为 zhao、qian、sun、li，将他们的 count 初始化为 0。

（2）定义整型变量 i、j 用于循环控制，并且定义字符数组 fn 用于保存选票上候选人的姓名。

（3）采用外层循环控制选民人数，输入每张选票上候选人的姓名；在内层循环中采用 strcmp 判断是哪位候选人被选中，选中者的得票数 count 加 1。

（4）采用循环依次输出每个候选人的得票数后结束程序。

【源程序】

```
/*程序名称: 9_4.c                                    */
#include <stdio.h>        /*预编译命令*/
#include <string.h>       /*预编译命令*/
struct Person { /*结构体类型 Person 定义开始*/
  char  name[20]; /*姓名*/
```

```
    int   count;  /*得票数*/
} leader[4] = {{"zhao",0}, {"qian",0}, {"sun",0}, {"li",0}};
/*定义结构体变量并初始化*/
int main() {
    int  i, j;
    char  fn[20];
    for(i = 0; i < 12; i++) {  /*共输入12位选民的选票*/
        scanf("%s", fn);      /*输入选票中候选人的姓名*/
        for(j = 0; j < 4; j++) {
            if(strcmp(fn, leader[j].name) == 0) {  /*判断是哪位候选人的得票*/
                leader[j].count++;
                break;
            }
        }
    }
    printf("%5s%8s\n", "姓名", "得票数");
    for(i = 0; i < 4; i++) /*输出每位候选人的得票*/
        printf("%5s: %-6d\n", leader[i].name, leader[i].count);
    return 0;
}
```

相关知识——结构体数组

一个结构体变量只能保存一个对象（如一位学生或一位职工）的相关数据，如果要保存一个班（假设有30人）学生的有关数据，就要定义30个结构体变量，显然很不方便。C语言允许使用结构体数组，即数组中每一个元素都是一个结构体变量。

（一）定义结构体数组

定义结构体数组的定义有如下3种方法。
（1）定义结构体类型后定义结构体数组，如：

```
struct Student {
    int  sno;
    char  name[20];
    int  age;
    double  height;
    int  weight;
};
struct Student s[30];
```

（2）定义结构体类型的同时定义结构体数组，如：

```
struct Student {
    int  sno;
    char  name[20];
    int  age;
```

```
    double  height;
    int  weight;
}s[30] ;
```

（3） 直接定义结构体数组，如：

```
struct {
    int sno;
    char name[20];
    int age;
    double height;
    int weight;
}s[30] ;
```

这3种方法定义的效果相同，均定义了一个结构体数组 *s*。这个数组有 30 个元素，每一个元素都是 Student 类型，各元素在内存中的示意如图 9-3 所示。

	Sno	name	age	height	weight
s[0]	190101	Liu Yang	18	1.74	66
s[1]	190102	Wang Li	20	1.77	65
⋮	⋮	⋮	⋮	⋮	⋮
s[29]	190130	Mao Qiang	18	1.71	62

图 9-3 结构体数组 *s* 各元素在内存中的示意

这个数组的各元素在内存中占用连续的一段存储区域，要引用其中一个元素中的成员，可采用以下形式：

```
s[i].weight;
```

其中 *i* 为数组元素的下标。

（二）结构体数组的初始化

在定义结构体数组的同时允许用花括号括起数据初始化结构体数组，数据的次序必须与定义的结构体类型中每个成员的次序一致；另外，为了清晰，可以将每个数组元素的初始化再用一层花括号括起来，如：

```
struct Student {
    int sno;
    char name[20];
    int age;
    double height;
    int weight;
} s[30] = { {190101, "Liu Yang",18,1.74,66},{140101, "Wang Li",20, 1.77,65}};
```

若初始化全部数组元素，则可以省略数组个数；如果初始化部分，则必须有元素个数。
一般结构体数组数据是通过程序运行时由数据文件导入或键盘输入获取的。

（三）结构体数组的引用

一个结构体数组的元素相当于一个结构体变量，所以前面关于结构体变量的使用方法对结构体数组元素同样适用，有关数组的用法同一般数组。

例如，可采用以下形式为结构体数组元素输入数据：

```
for(i = 0; i < 30; i++)
scanf("%d,%s,%d,%lf", &s[i].sno, s[i].name, &s[i].age, &s[i].height);
```

结构体数组元素值的输出：

```
for(i = 0; i < 50; i++)
printf("%d,%s,%d,%.2lf", s[i].sno, s[i].name, s[i].age, s[i].height);
```

由于结构体数组成员的类型通常不一致，特别是字符类型与数值类型交替的情况，因此通常的输入方式是每个成员的值单独使用一个输入语句。并且前面有对应的提示信息，如：

```
for(i=0;i<30;i++) {
  printf("请输入学号: ");
  scanf("%d", &s[i].sno);
  printf("请输入姓名: ");
  scanf("%s", s[i].name);
  printf("请输入年龄: ");
  scanf("%d", &s[i].age);
  printf("请输入身高: ");
  scanf("%lf", &s[i].height);
  printf("请输入体重: ");
  scanf("%d", &s[i].weight);
}
```

【思考题】

编程输入个人出生日期，输出对应的星座，12 星座包括白羊座（3 月 21 日—4 月 19 日）、金牛座（4 月 20 日—5 月 20 日）、双子座（5 月 21 日—6 月 21 日）、巨蟹座（6 月 22 日—7 月 22 日）、狮子座（7 月 23 日—8 月 22 日）、处女座（8 月 23 日—9 月 22 日）、天秤座（9 月 23 日—10 月 23 日）、天蝎座（10 月 24 日—11 月 22 日）、射手座（11 月 23 日—12 月 21 日）、摩羯座（12 月 22 日—1 月 19 日）、水瓶座（1 月 20 日—2 月 18 日）、双鱼座（2 月 19 日—3 月 20 日）。

案例 3　输出班长的基本信息

【任务描述】

用结构体记录班长的学号、姓名、年龄、身高及体重等信息，采用 3 种方式输出这些信息。

【任务分析】

定义一个结构体类型的变量，用来保存班长的相关信息。在引用各成员时，如果是结构体变量，则使用成员运算符；如果是结构体指针，可以使用指向运算符->，也可以运用指针运算符*和成员运算符.结合引用成员。

【解决方案】

（1）定义结构体类型 Student，包括的 5 个成员 sno、name、age、height 和 weight 分别表示学号、姓名、年龄、身高和体重。

（2）采用结构体类型 Student 定义相应的变量 *s* 和结构体指针**p*。

（3）将 Student 类型的指针 *p* 指向对应的变量 *s*。

（4）采用指针访问的方式读入班长的学号、姓名、年龄、身高和体重信息。

（5）对变量 *s* 使用成员运算符引用输出各成员的值。

（6）对指针 *p* 使用指向运算符引用输出各成员的值。

（7）对指针 *p* 使用指针运算符和成员运算符结合的形式引用各成员的值。

【源程序】

```
/*程序名称: 9_5.c                                    */
#include <stdio.h>
struct Student {
    int sno;
    char name[20];
    int age;
    double heigh;
    int weight;
};
int main() {
    struct Student s, *p;
    p=&s;/*指针指向结构体变量*/
    scanf("%d%s%d%lf%d", &p->sno,p->name,&p->age,&p->heigh,&p->weight);
    printf("第 1 种访问方式下输出结果:\n");
    printf("%-5d%s%5d%7.2lf%5d\n", s.sno,s.name,s.age,s.heigh,s.weight);
    printf("第 2 种访问方式下输出结果:\n");
    printf("%-5d%s%5d%7.2lf%5d\n", p->sno,p->name,p->age,p->heigh,p->
            weight);
    printf("第 3 种访问方式下输出结果:\n");
    printf("%-5d%s%5d%7.2lf%5d\n", (*p).sno,(*p).name,(*p).age,(*p).heigh,
            (*p).weight);
    return 0;
}
```

相关知识——结构体指针

结构体变量在内存中占用一段连续的内存空间,可以定义一个指针存储该内存空间的起始地址。这样的指针变量称为"指向结构体类型的指针变量",简称"结构体指针"。

(一)结构体指针的定义

定义一个结构体指针的方法如下。

(1) 定义结构体类型后定义指向该类型的指针变量,如前面已定义过 struct Student 类型,则可定义该类型的指针变量:

```
struct Student *p;
```

(2) 定义类型的同时定义指针变量,如:

```
struct Student{
    ......
}s, *p;
```

(3) 直接定义指针变量,如:

```
struct {
    ......
}s, *p;
```

(二)结构体指针的使用

(1) 结构体指针的赋值与普通指针相同,必须先赋值后使用。一个结构体指针可以用一个结构体变量或结构体数组的某个元素的首地址赋值,还可以是同类型指针之间赋值,如:

```
struct Student {
    int sno;
    char sname[20];
    int age;
    double heigh;
    int weight;
}s, stu[30], *p1, *p2;
p1 = &s; /*指针 p1 指向结构体变量 s*/
p2 = &stu[0]; 或者 p2 = stu;/* p2 指向结构体数组 stu 的开始位置*/
```

这样可以通过结构体指针引用结构体变量或结构体数组元素。

【说明】

结构体指针只能指向一个结构体变量,不能指向结构体变量中的某一个成员,因为结构体指针和结构体成员的数据类型不一致。例如,下面的赋值方式是错误的:

```
s1 = &student.name; /* 错误 */
s2 = &stu[1].age ; /* 错误 */
```

（2） 如果要用结构体指针访问结构体成员，可以运用指向运算符，也可以使用指针运算符和成员运算符结合的方法。

总的来说，结构体变量中成员的访问有以下3种形式。

- 结构体变量.成员名。
- (*结构体指针).成员名。
- 结构体指针->成员名。

【说明】

运算符->左侧只能是结构体指针。

在(*结构体指针变量名) 形式中，两边的括号不能省略；否则意义不同，因为指针运算符*与成员运算符.的优先级别和结合方向不同。

（三）结构体指针的运算

在结构体指针上可执行的运算包括算术运算、关系运算和赋值运算，其中算术运算一般只有加或者减运算。结构体指针不可以执行乘、除等其他算术运算，如：

```
struct Student {
    int sno;
    char name[20];
    int age;
    double heigh;
    int weight;
}s[10];
struct Student *p = s; /*将指针p指向数组sp的首位置，即student[0]的首位置*/
p++; /*将指针p指向数组s的第2个元素的首地址，即s[1]的地址*/
```

在结构体指针上执行关系运算的目的是判断指针是否越界；另外，在链表操作中最常见的比较操作是 $p!=NULL$，其意义是判断指针 p 是否指向链表尾部。

在结构体指针上执行的赋值运算主要用于同类型之间，常见的赋值有同类型结构体指针之间的赋值、同类型变量地址赋给结构体指针和同类型数组首地址赋给结构体指针等。

【说明】

（1） (++s)->sno：使 s 自加 1，然后获取数组元素中成员 sno 值。

（2） ++s->sno：得到 s->sno 值，然后该值执行自增 1 操作。

结构体指针运算的综合实例如下。

```
/*程序名称：9_6.c                                        */
#include <stdio.h>/*预编译命令*/
struct Student {
    /*定义结构体类型Student*/
    int sno;
    char name[20];
```

```
    int age;
    double heigh;
    int weight;
} s[2]; /*定义结构体数组*/
int main() {
    struct Student *p = s; /*同类型结构体数组首地址赋给指针*/
    while(p <= &s[1]) { /*同类型之间关系运算*/
        scanf("%d%s%d%lf%d", &p->sno,p->name,&p->age,&p->heigh,&p->weight);
        p++; /*结构体指针的自增运算*/
    }
    printf("%-5s%-9s%-6s%-6s%-5s\n", "学号", "姓名", "年龄", "身高", "体重");
    while(p> &s[0]) {
        p--; /*指针的自减运算*/
        printf("%-5d%-9s%-6d%-6.2lf%-5d\n",p->sno,p->name,p->age,p->heigh,
                                    p->weight);
    }
    return 0;
}
```

【思考题】

（1）　在"校园歌手大赛"上，每位选手的数据包括序号、姓名、性别、参赛曲目、成绩，比赛结束后按照成绩由高到低输出比赛结果。

（2）　建立花语档案，即红玫瑰—我爱你、康乃馨—母爱、郁金香—爱之寓言、波斯菊—纯情、水仙花—尊敬、文竹—永恒、剑兰—性格坚强、毋忘我—永恒的爱、蝴蝶兰—初恋、梅花—高洁、风铃草—温柔的爱、桃花—好运将至、石竹—谦逊。请输入个人喜欢的花名，查询并输出对应的花语。

案例4　摸球游戏

【任务描述】

在一个不透明的箱子中有黑、白、红、黄4种颜色的球若干，每个球为单色球。每次取出一个球，取出3次为一局游戏。一局游戏结束时，按次序出现球的颜色均不相同即为胜出；否则失败。要求输出该游戏中所有可能的成功摸球次数及每次摸出的球的颜色。

【任务分析】

这是一个排列问题。每个球的颜色仅可能是黑、白、红、黄4色之一。而且要判断3个球是否同色，可以用枚举类型的变量来处理。

每一局游戏要求摸出3个球，并且每个球的颜色均不同。为了加速程序的运行，当摸出第2个球时发现该球的颜色与第1个球的颜色相同时，则直接放回重摸一个，第3个球也如此处理。

【解决方案】

（1）定义枚举类型 color，其中包括 4 个枚举值 black、white、red、yellow，分别代表黑、白、红、黄 4 种颜色。

（2）定义整型变量 *b*1、*b*2、*b*3 表示游戏中摸出的 3 个球，定义整型变量 *n* 和 *i* 分别表示计数器及局数。

（3）使用 typedef 重命名类型 enum color 为 "CC"，方便使用。

（4）使用 CC 定义对应的变量 *b*4 获取所摸出的每个球的颜色。

（5）采用多重循环进行摸球游戏，外层循环控制摸出的第 1 个球；第 2 层循环控制摸出的第 2 个球；第 3 层循环控制摸出的第 3 个球，并且每摸出一个球后与本局前面所摸出球的颜色进行比较。如果颜色一样，则需要重新摸出一个球；否则可继续摸下一个球。

（6）摸出 3 种颜色的球后计数器 *n* 增加 1，输出第 *n* 种组合数。

（7）采用循环控制依次读取每个球的颜色赋值给 *b*4，采用 switch 语句输出对应的颜色。

（8）每行输出两种排列数。

（9）输出总排列数后结束程序。

【源程序】

```
/*程序名称：9_7.c                                    */
#include <stdio.h>/*预编译命令*/
int main() {
  enum color {black, white, red, yellow};
  int b1, b2, b3, n=0, i;    /*n 表示不同颜色的组合数*/
  typedef enum color CC; /*typedef 的功能是将已经存在的类型重命名*/
  CC b4;
  for(b1 = black; b1 <= yellow; b1++) { /*摸出第 1 个球*/
    for(b2 = black; b2 <= yellow; b2++) { /*摸出第 2 个球*/
        if(b1 != b2) { /*如果第 1 个球和第 2 个球颜色不一样*/
            for(b3 = black; b3 <= yellow; b3++) { /*摸出第 3 个球*/
                if(b3 != b1 && b3 != b2) {
                    /*如果第 3 个球的颜色与第 1 个和第 2 个不一样*/
                    n++;
                    printf("第%2d 种组合：", n); /*输出组合序号*/
                    for(i = 1; i <= 3; i++) { /*输出 3 个球的颜色*/
                        switch(i) {
                            case 1:
                                b4 = (CC)b1;
                                break;/*第 1 个球的颜色赋值给 b4*/
                            case 2:
                                b4 = (CC)b2;
                                break;/*第 2 个球的颜色赋值给 b4*/
                            case 3:
                                b4 = (CC)b3;
                                break;/*第 3 个球的颜色赋值给 b4*/
                        }
                        switch(b4) {
                            case black:
```

```
                                printf("%4s","黑");
                                break;
                      case white:
                                printf("%4s","白");
                                break;
                      case red:
                                printf("%4s","红");
                                break;
                      case yellow:
                                printf("%4s","黄");
                                break;
                      }
                  }
                  if(n % 2 == 0)
                      printf("\n");
                  else
                      printf("\t");
             }
         }
      }
  }
  printf("共计组合有%d 种。\n", n);
  return 0;
}
```

相关知识——枚举类型

如果一个变量的取值范围可以一一列举并且每个值之间没有任何联系，则可以将其定义为枚举类型。枚举类型变量的值在该枚举类型中所列举的常量代表的整数值范围内，因此枚举变量可以作为循环变量控制循环。

枚举类型的定义格式如下：

```
enum [枚举名]{<枚举成员 1>, <枚举成员 2>, …, <枚举成员 n>};
```

【说明】

枚举类型是一个集合，其成员（集合中的元素）是一些命名的整型常量，它们之间用逗号隔开。例如，color 是一个枚举名，可以看成是 4 种颜色集合的名字。这是一个可选项，一般不要省略。

第 1 个枚举成员的默认值为整型的 0，后续枚举成员的值在前一个成员上加 1。也可人为设定枚举成员的值，从而自定义某个范围内的整数。

枚举变量的定义与结构体类型定义类似，在此不再赘述。

【例 9-1】判断明天是星期几。

```
/*程序名称：9_8.c                              */
#include <stdio.h>
```

```
#include <time.h>
int main() {
    time_t t; /*运用日期时间类型 time_t 定义变量 t*/
    struct tm *p; /*运用标准日期时间结构体类型 tm 定义指针 p*/
    enum weekday {Sun, Mon, Tues, Wed, Thur, Fri, Sat}; /*定义枚举类型 weekday*/
    enum weekday w; /*定义枚举类型变量 w*/
    t = time(NULL); /*获取 1970 年 1 月 1 日零时到当前的秒数*/
    p = gmtime(&t); /*t 的值转换为实际日期表示格式*/
    printf("今天是%d/%d/%d\n", p->tm_year+1900, p->tm_mon, p->tm_mday);
    w = p->tm_wday;
    w++; /*枚举变量自增 1 表示取下一个枚举量*/
    switch(w) {
        case Sun:
            printf("明天是星期%s\n","天");
            break;
        case Mon:
            printf("明天是星期%s\n","一");
            break;
        case Tues:
            printf("明天是星期%s\n","二");
            break;
        case Wed:
            printf("明天是星期%s\n","三");
            break;
        case Thur:
            printf("明天是星期%s\n","四");
            break;
        case Fri:
            printf("明天是星期%s\n","五");
            break;
        case Sat:
            printf("明天是星期%s\n","六");
            break;
    }
    return 0;
}
```

案例 5　设计教师与学生通用的表格

【任务描述】

设计一个教师与学生通用的表格，输入与输出常用数据。

【任务分析】

教师有编号、姓名、性别、教研室等数据，学生有学号、姓名、性别、班级等数据。

由于教师和学生类型中只有教研室与班级不同，因此教师的教研室用字符数组表示，而学生的班级用整数表示。虽然教师和学生的数据类型不完全相同，但要共用表格的一列，所以该列应采用共用体类型实现。

【解决方案】

在主函数外声明结构体类型成员 bh、name、sex、role，分别表示编号、姓名、性别和角色，并且定义共用体类型和共用体变量 depa。如果角色表示教师，则是教研室（office）；如果角色表示是学生，则是班级（classname）。

重命名该结构体类型为"PS"，以方便使用，然后设计主函数。

（1）定义该结构体类型的数组 p，有 3 个元素，即输入 3 个人的信息。

（2）定义循环变量 i。

（3）循环读入 3 个人的姓名、性别、角色、班级或教研室等信息。

（4）采用循环输出 3 个人的信息后结束程序。

【源程序】

```
/*程序名称：9_9.c                                    */
#include <stdio.h>
#define MAXSIZE 3
struct Person {
    /*定义结构体类型*/
    int bh;
    char name[20];
    char sex[3];
    char role;
    union {
        /*定义共用体类型，同时定义共用体变量 depa*/
        int classname;
        char office[20];
    } depa;
};
typedef struct Person PS;/*重命名结构体类型 struct Person 为 PS*/
int main() {
    PS p[MAXSIZE];
    int i;
    for(i = 0; i < MAXSIZE; i++) {
        printf("请输入第 %d 个人的信息:\n", i + 1);
        p[i].bh = i + 1;
        printf("姓名: ");
        gets(p[i].name);
        printf("性别: ");
        gets(p[i].sex);
        printf("角色(教师用 t 代表，学生用 s 代表): ");
        scanf("%c", &p[i].role);
        getchar();
```

```
    if(p[i].role == 's') {
        printf("班名: ");
        scanf("%d", &p[i].depa.classname); /*对共用体成员的访问*/
        getchar();
    } else {
        printf("教研室: ");
        gets(p[i].depa.office);
    }
}
printf("%4s%7s%6s%6s%12s\n", "编号", "姓名", "性别", "角色", "部门");
for(i = 0; i < MAXSIZE; i++) {
    printf("%d%10s%6s", p[i].bh, p[i].name, p[i].sex);
    if(p[i].role == 's')
        printf("%6s%12d\n", "学生", p[i].depa.classname);
    else
        printf("%6s%14s\n", "教师", p[i].depa.office);
}
return 0;
}
```

相关知识——共用体类型

共用体类型是指将不同的数据项组织成一个整体，它们在内存中占用同一块内存区域。该类型允许不同数据类型的成员共享一块公用的内存空间，所占用的内存空间由所需字节数最多的成员而定，共用体类型的定义与结构体类型类似。

共用体类型定义格式为：

```
union 共用体名
{成员列表};
```

共用体数据类型与结构体在形式上非常相似，但表示的含义及所占内存空间完全不同。

【例 9-2】共用体与结构体类型所占存储空间对比。

```
/*程序名称: 9_10.c                                          */
#include <stdio.h>
union Data { /*共用体 Data 的定义*/
  int i;
  double d;
  char c;
};
struct Student { /*结构体 Student 的定义*/
  int i;
  double d;
  char c;
};
```

```
int main() {
    printf("类型 Student 所占用的空间为%d 个字节\n", sizeof(struct Student));
    printf("类型 Data 所占用的空间为%d 个字节\n", sizeof(union Data));
    return 0;
}
```

输出结果说明结构体类型采用内存对齐方式使用内存空间,而共用体类型所占的内存空间为所有成员中占内存空间最多的那个成员所占的内存空间。即在共用体 Data 类型的 4个成员中,成员 *d* 在内存空间中占用 8 个字节,因此共用体类型 Data 占用 8 个字节的内存空间。

引用共用体成员与引用结构体成员相同,由于共用体各成员共用同一块内存空间,因此要根据需要使用其中的某一个成员。共用体的特点是方便程序设计人员在同一内存空间交替使用不同数据类型,增加灵活性并节省内存。

不能同时引用 4 个成员,在某一时刻只能使用 4 个成员中的一个,即一个成员为活动成员。

【例 9-3】共用体的当前活动成员。

```
/*程序名称: 9_11.c                                  */
#include <stdio.h>
union Data {
    int i;
    double d;
    char c;
};
int main() {
    union Data data;
    data.i = 11;  /*成员 i 有效,即为活动成员*I/
    printf("%d\n", data.i);
    data.c = 'B';  /*成员 c 有效,即为活动成员*/
    printf("%c\n", data.c);
    data.d = 11.26;  /*成员 d 有效,即为活动成员*/
    printf("%6.2lf,%c\n", data.d, data.c);  /*试图使用非活动成员 c 出现异常*/
    return 0;
}
```

程序的最后一个输出无法预料,原因是执行 data.*d*=11.26 后 *d* 成员为活动成员。而之前写入的字符被覆盖,试图使用成员 *c* 导致出现异常。

本章小结

本章首先从学生信息表案例介绍了结构体类型的定义,从结构体类型的使用一一说明了结构体变量定义、结构体变量的引用和初始化。从民主选举实例讲解了结构体数组的相关知识,并借助输出班长基本信息描述了结构体指针的定义、使用和运算。然后从摸球游戏中引出了枚举类型的定义及枚举变量的应用,通过设计教师与学生的通用表格说明了共用体类型的定义及其变量的应用。

习题

一、选择题

（1） 若有以下定义，则引用结构体变量 s1 中成员 age 的错误方式为_____。

```
struct Student {
  int age;
  int num;
}s1, *p = &s1;
```

A. s1.age
B. Student.age
C. p→age
D. (*p).age

（2） 若有以下程序，则_____是错误的。

```
struct Student {
  int num;
  int age;
};
Student s[3] = {{1001,20}, {1002,19}, {1004,20}};
int main() {
  struct Student *p;
  p=s;
  return 0;
}
```

A. (p++)→num
B. p++
C. (*p).num
D. p=&s[i].age

（3） 若已定义如下的共用体类型变量 x，则 x 所占用的内存字节数为_____。

```
union Data {
  int i;
  char ch;
  double f;
}x;
```

A. 7
B. 11
C. 8
D. 10

（4） 以下程序正确的运行结果为_____。

```
#include <stdio.h>
int main() {
  struct Str {
      int n;
      int *m;
  }*p;
  int d[5] = {10,20,30,40,50};
  struct Str arr[5] = {{100,&d[0]}, {200,&d[1]}, {300,&d[2]}, {400,&d[3]},
      {500,&d[4]}};
```

```
 p = arr;
 printf("%d\n", ++p->n);
 printf("%d\n", (++p)->n);
 printf("%d\n", *((++p)->m));
 return 0;
}
```

A. 101
 200
 21

B. 101
 200
 30

C. 200
 101
 21

D. 100
 101
 10

（5） 以下程序段的输出结果是_____。

```
#include <stdio.h>
int main() {
 enum Hand{left = 1, right};
 enum Hand h = left;
 printf("%d\n", ++h);
 return 0;
}
```

A. 0　　　　　　　B. 1　　　　　　　C. 2　　　　　　　D. 3

二、填空题

（1） 若已定义：

```
struct Num {
 int a;
 int b;
 double f;
}n = {1, 3, 5.0};
struct Num *p = &n;
```

则表达式 $p{\rightarrow}b/n.a*{++}p{\rightarrow}b$ 的值是_____，表达式 $(*p).a+p{\rightarrow}f$ 的值是_____。

（2） 若有结构体定义 struct Date{int year; int month; int day;};，请写出一条定义语句，用于定义 d 为上述结构类型变量，并同时依次初始化其成员 year、month、day 为 2019、10、1，_____。

（3） 以下程序中函数 fun 的功能是统计 person 所指结构数组中所有性别（sex）为 M 的记录的个数，并作为函数值返回，请填空。

```
#include <stdio.h>
#define N 3
struct SS {
 int num;
 char name[10];
 char sex;
};
int fun(struct SS person[]) {
 int i, n = 0;
 for(i = 0; i < N; i++)
```

```
    if(_____ == 'M')
        n++;
 return n;
}
int main() {
 struct SS W[N] = {{1, "AA", 'F'}, {2, "BB", 'M'}, {3, "CC", 'M'}};
 int n;
 n = fun(W);
 printf("n = %d\n", n);
 return 0;
}
```

（4）以下程序的运行结果是_____。

```
#include <stdio.h>
int main() {
 struct Complex {
     int x;
     int y;
 }cnum[2] = {1, 3, 2, 7};
 printf("%d\n", cnum[0].y/cnum[0].x*cnum[1].x);
 return 0;
}
```

（5）以下程序输入并保存 10 个学生的信息，计算并输出平均分，请填空。

```
#include <stdio.h>
struct Student {
 int num;
 char name[20];
 int score;
};
int main() {
 int i, sum=0;
 _____;
 for(i = 0; i < 10; i++) {
     printf("No%d: ", i+1);
     scanf("%d%s%d", &stud[i].num,_____, &stud[i].score);
     sum = sum + stud[i].score;
 }
 printf("average=%d\n", sum /10);
 return 0;
}
```

（6）以下程序输入某班学生的姓名及数学、英语成绩，计算每位学生的平均分。然后输出平均分最高的学生的姓名及数学、英语成绩，请填空。

```
#include <stdio.h>
struct Student {
 char name[10];
 int math, eng;
```

```
  double aver;
};
int fun(struct Student s[], int n) {
  int k, maxsub = 0;
  for(k = 0; k < n; k++)
  {
    _____=(s[k].math + s[k].eng)/2.0;  /*计算平均分*/
    if(_____)
        maxsub = k;
  }
  return maxsub;
}
int main( ) {
  int i, n, maxn;
  struct Student s[50];
  scanf("%d", &n);
  for(i = 0; i < n; i++)
    scanf("%s%d%d", s[i].name, &s[i].math, &s[i].eng);
  _____;
  printf("%10s%3d%3d\n", s[maxn].name, s[maxn].math, s[maxn].eng);
  return 0;
}
```

（7） 以下程序读入时间数值，将其加 1 秒后输出，按时间格式 hh:mm:ss 输出。若小时等于 24，则置为 0。

```
#include <stdio.h>
struct {
  int hh, mm, ss;
}time;
int main() {
  scanf("%d:%d:%d", &time.hh, &time.mm, &time.ss);
  time.ss++;
  if(time.ss == 60) {
    _____;
    time.ss = 0;
    if(_____) {
        time.hh++;
        time.mm = 0;
        if(_____)
            time.hh = 0;
    }
  }
  printf("%d:%d:%d", time.hh, time.mm, time.ss);
  return 0;
}
```

三、编程题

（1） 定义结构体类型，成员包括编号、姓名、性别、身份证号、工资、住址。

（2） 对上述定义的变量，从键盘输入一位职工的数据放到一个结构体变量中，然后用 printf 函数输出。

（3） 定义一个结构体数组，保存 6 位职工的信息，并计算最高的工资及所有职工工资的平均值。

（4） 对上述职工的信息，增加一项"参加工作时间"，要求含有年、月、日。试重新定义结构体类型，并输入上题中每位职工参加工作的时间，计算并输出工龄。

实训项目

定义 CPU 结构体类型

（1） 实训目标。

- 通过网络查找 CPU 的基本属性信息。
- 熟练掌握结构体类型的定义。
- 熟练掌握自定义类型的变量定义、变量值的输入与输出。

（2） 实训要求。

- 定义 CPU 结构体类型，其中包括主频、外频、字长、缓存、CPU 的内核电压、CPU 的 I/O 电压 6 个成员。
- 使用自定义类型 CPU 定义变量。
- 输入当前畅销 CPU 的参数到变量中。
- 输出该变量中的 CPU 信息。

第10章 文　件

学习目标

通过本章的学习，使读者掌握打开与关闭文件的基本技能，具有使用文件函数导入与导出数据的能力。

主要内容

- ◆ 文件的基本概念。
- ◆ 文件的打开和关闭函数。
- ◆ 常用的文件读写操作函数。
- ◆ 文件定位函数。

案例1　导出学生信息到文件

【任务描述】

学生信息由学号、姓名、年龄组成，学号由程序自动生成；姓名与年龄则需要在程序运行时手动输入。要求学生信息分别以文本文件和二进制文件格式保存在本机 D 盘根目录下，以实现数据的一次输入长期保存和多次使用的目的。

【任务分析】

为简化操作，只输入 3 位学生信息分别保存到文本文件与二进制文件中。这两个文件按要求保存在 D 盘根目录下，导出数据的实质就是将内存中的数据写到文件中。

本任务的关键是反复使用文件的基本操作与内存数据，文件的基本操作包括定义文件指针、打开文件、向文件中写入数据和关闭文件 4 个部分。运用系统定义的结构体类型 FILE 定义文件指针，使用 fopen 函数以写的方式打开文件。向文件中写入数据的 4 个函数是 fputc、fputs、fprintf、fwrite，依据数据格式灵活选择函数实现相应要求，并且使用 fclose 函数关闭文件。

由于把输入的数据写出到两个文件，即反复使用数据，因此将输入的数据保存到数组中，当输入结束后执行数据的批量导出操作。

【解决方案】

（1）定义结构体类型 Student，其中包括 3 个成员 sno、name、age，分别表示学号、姓名、年龄；同时为了方便使用，将其重命名为"STU"。

（2）运用 FILE 定义文件指针 fp1 和 fp2。

（3）使用 STU 定义结构体数组 s，其中包括 3 个元素。

（4）定义循环控制变量 i 控制循环执行 3 次，输入 3 个学生的信息保存在数组 s 中。

（5）使用 fopen 函数在 D 盘根目录下以写入方式 w 打开文本文件 file1.txt，并使文件指针 fp1 指向该文件。

（6）判断 fp1 是否为 NULL，如果是，则表示文件打开错误，退出程序；否则继续。

（7）使用 fopen 函数在 D 盘根目录下以写入方式 wb 打开二进制文件 file2.dat，并使文件指针 fp2 指向该文件。判断 fp2 是否为 NULL，如果是，则表示文件打开错误，退出程序；否则继续。

（8）采用循环变量 i 控制循环 3 次使用函数 fprintf 将 s 中的学生信息以格式化形式写到 fp1 所指向的文件中。

（9）使用函数 fwrite 将 s 中的 3 个学生信息以数据块形式写到 fp2 所指向的文件中。

（10）使用 fclose 函数关闭所有打开的文件后结束程序。

【源程序】

```c
/*程序名称：10_1.c                                    */
#include <stdio.h>/*预编译命令*/
#include <stdlib.h>/*预编译命令*/
struct Student {
   int sno; /*学号*/
   char name[20]; /*姓名*/
   int age; /*年龄*/
};
typedef struct Student STU;
int main() {
   FILE *fp1, *fp2;/*定义文件指针*/
   STU s[3];
   int i;
   for(i = 0; i < 3; i++) {
     s[i].sno = 190101 + i; /*自动生成学号*/
     printf("姓名:");
     gets(s[i].name);
     printf("年龄:");
     scanf("%d", &s[i].age);
     getchar();
   }/*下行以文本写入方式打开 file1.txt 后将文件所在首位置赋给 fp1*/
   fp1 = fopen("d:\\file1.txt", "w");
```

```
if(fp1 == NULL) { /*判断 fp1 是否为空*/
    /*fp1 为空，则打开或者新建文件失败*/
    printf("打开 file1.txt 文件时出错\n");
    exit(0); /*文件打开出错，退出程序*/
}
if((fp2 = fopen("d:\\file2.dat", "wb")) == NULL) {
    /*以二进制写入方式打开 file2.dat 并判断打开是否正确*/
    printf("打开 file2.dat 文件时出错\n");
    exit(0);
}
for(i = 0; i < 3; i++) {
    /*将数组数据批量写入文件中*/
    fprintf(fp1,"%d\t%s\t%d\n", s[i].sno, s[i].name, s[i].age);
    /*运用 fprintf 格式化写入*/
}
fwrite(s, sizeof(STU), 3, fp2); /*运用 fwrite 以数据块的形式写*/
fclose(fp1); /*文件使用后一定要及时关闭*/
fclose(fp2);
return 0;
}
```

该程序的输入过程如图 10-1 所示。

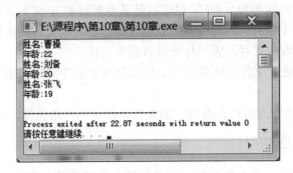

图 10-1　程序 10_1 的输入过程

输入结束后程序未输出任何数据直接结束，实际上，程序运行后在 D 盘根目录下新建了 file1.txt 和 file2.dat 文件，如图 10-2 所示。

名称	修改日期	类型	大小
file1.txt	2018/12/1 22:40	文本文档	1 KB
file2.dat	2018/12/1 22:40	DAT 文件	1 KB

图 10-2　程序新建的 file1.txt 和 file2.dat 文件

打开 file1.txt 文件，可以看到写入的内容与程序内容一致，如图 10-3（a）所示。file2.dat 文件可以用文本方式打开，但打开后通常是不可读的乱码，如图 10-3（b）所示。

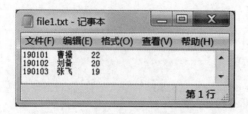
（a） 文件 file1.txt 的内容

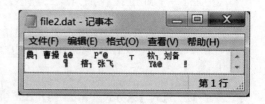
（b） 文件 file2.dat 的内容

图 10-3　file1.txt 和 file2.dat 文件的内容

读者不必在乱码问题上纠结，重点学习的是将数据导出到文件并正确地从文件导入数据。

相关知识——文件的基本操作

文件是指存储在外部介质中的数据的集合，广义来说，所有输入输出设备都是文件，现在的操作系统均以文件为单位管理数据。要处理数据，首先要按文件名找到文件，然后才能从该文件中读取数据或写入数据。

在 C 语言中把文件看成是按照顺序构成的字符序列。

可以按照数据的组织形式将文件分为文本文件（扩展名为 ".txt"）和二进制文件（一般二进制文件使用的扩展名为 ".dat"，也可以是其他扩展名），文本文件是指每个字节保存用 ASCII 码表示的一个字符，因此打开后数据可读；二进制文件是指以数据在内存中的存储形式原样输出到磁盘中保存，因此打开后数据不可读。

C 语言所使用的磁盘文件系统有缓冲文件系统和非缓冲文件系统，ANSI C 标准规定只采用前者处理文件。

在本书中，仅介绍 ANSI C 标准规定的文件系统及其常用操作。

（一）文件类型指针

缓冲文件系统为每一个文件开辟一个专门的文件信息区，用来保存文件的基本信息。例如，文件字、文件状态、文件的当前位置等。该文件的这些信息在内存中是一个结构体类型，由系统在 stdio.h 头文件中定义。用户不用定义，其定义形式为：

```
typedef struct {
    ……      /*结构体成员项，用来保存文件信息*/
}FILE;
```

有了结构体类型 FILE 后，使用文件时直接定义文件相关的结构体变量。但一般不直接用结构体变量标识文件结构，而是通过定义指向该结构体变量的指针来访问文件。例如：

```
FILE *fp1, *fp2;
```

定义了两个文件指针 fp1、fp2，可以把该文件所有信息在内存中的起始地址赋给它们，然后可以通过指针找到相应的文件。

在缓冲文件系统中只有通过文件指针才能调用相应的文件。

（二）文件的打开与关闭

在 C 语言中，读写文件首先要打开文件，操作完毕后应关闭文件。ANSI C 标准规定了文件打开和关闭的函数分别为 fopen 和 fclose 函数。

fopen 函数调用的一般格式为：

```
FILE *fp;
fp = fopen(文件名，使用文件方式);
```

例如：

```
fp = fopen("E:\\file1.txt", "w");
```

表示以只写方式打开 E 盘根目录下的文本文件 file1，注意指定文件位置时所用到目录是\。由于在 C 语言中\是转义符，故必须用\\表示\。

fopen 函数将返回指向 file1 文件的起始地址赋给 fp，通过 fp 指针可以操作 file1 文件。

文件使用方式及其含义如表 10-1 所示。

表 10-1　文件使用方式及其含义

文件使用方式	含　义
r（只读）	以只读方式打开一个文本文件（文件必须存在）
w（只写）	以只写方式打开一个文本文件（若文件存在，则清空内容；否则创建该文件）
a（追加）	在文本文件尾部添加数据（文件可以不存在）
rb（只读）	以只读方式打开一个二进制文件（文件必须存在）
wb（只写）	以只写方式打开一个二进制文件（若文件存在，则清空内容）
ab（追加）	在二进制文件尾部添加数据（文件可以不存在）
r+（读写）	以读写方式打开一个文本文件（文件必须存在）
w+（读写）	以读写方式打开一个新的文本文件（文件可以不存在）
a+（读写）	以读写方式打开一个文本文件（文件可以不存在）
rb+（读写）	以读写方式打开一个二进制文件（文件必须存在）
wb+（读写）	以读写方式建立一个新的二进制文件（文件可以不存在）
ab+（读写）	以读写方式打开一个二进制文件（文件可以不存在）

使用文件的注意事项如下。

（1）用 w 方式打开文件时，如果不存在该文件，则新建一个以指定名字命名的文件；如果已经存在以该文件名命名的文件，则清空文件中的原有内容。

例如：在本案例中使用 fopen 函数以 w 方式打开文件 file1.txt。如果 D 盘根目录下没有该文件，则创建一个名为"file1.txt"的文本文件；如果该文件已经存在，则打开时将清空文件内容。如果文件正常打开，则可继续操作文件；否则提示"文件打开失败"消息后异常退出。

（2）用 r 方式打开文件时，文件必须已存在；否则将出错。

如果打开文件出现错误，fopen 函数将返回一个空指针值 NULL，表示打开失败。因此常用下面的方法打开一个文件：

```
if((fp = fopen("file1.txt", "r")) == NULL) {
/*以只读方式打开项目目录中的 file1.txt 文件*/
```

```
        printf("cannot open this file\n");
        exit(0);
    }
```

首先检查打开操作是否成功，如果出错，则输出提示信息，然后执行 exit(0)结束程序。exit 函数立刻终止程序执行，并清除和关闭所有打开的文件。

终端设备也是作为文件来处理的，程序开始运行时，系统自动打开标准输入、标准输出、标准出错输出 3 个标准文件，因此不需要在程序中打开它们。

使用一个文件后应该及时关闭它，关闭文件 fclose 函数的一般格式是：

```
fclose(文件指针);
```

在写程序时应该养成在程序结束之前关闭文件的好习惯，否则可能会造成缓冲区尚未写入文件而丢失数据。

成功关闭文件，fclose 函数返回值为 0；否则为 EOF。EOF 是一个符号常量，在 stdio.h 头文件中被定义为-1。

feof 函数用来判断文件是否结束，即文件指针是否指到文件的结束位置。feof(fp1)值为 1，说明文件结束；为 0，说明未结束。

（三）文件的读写

ANSI C 提供了 4 对读写文件的函数。

（1） 读写一个字符函数 fputc 和 fgetc。

fputc 函数将一个字符写到磁盘文件中，其一般格式为：

```
int fputc(ch, fp);
```

该函数把字符变量 ch 的值或者字符常量 ch 写到 fp 所指向的文件中，如果成功，返回值为写入字符的 ASCII 码值；否则返回一个 EOF。

fgetc 函数从磁盘文件中读入一个字符，其一般格式为：

```
int ch = fgetc(fp);
```

该函数从文件指针 fp 所指向的文件中读入一个字符赋给字符变量 ch，如果遇到文件结束符，则返回文件结束标志 EOF。

（2） 写读一个字符串函数 fputs 和 gets。

fputs 函数将一个字符串写到指定文件中，其一般格式为：

```
int fputs(字符串,fp);
```

若写成功，函数值为 0；否则为 EOF。

注意：字符串写到文件中时，不包括字符串结束符'\0'。

fgets 函数从指定文件中读取字符串，其一般格式为：

```
char *fgets(字符数组, n, fp);
```

该函数从 fp 所指向的文件中读入 n-1 个字符，在最后添加'\0'得到一个 n 个字符的字符串并保存到字符数组中，返回值为字符数组的首地址。

【例 10-1】数据的写出与读入。

```
/*程序名称: 10_2.c                                        */
#include <stdio.h>
#include <stdlib.h>
int main() {
  FILE *fp;
  char c, s[50];
  fp = fopen("D:\\file3.txt", "w+");
  if(fp == NULL) {
    printf("文件打开失败!\n");
    exit(1);
  }
  c = getchar();
  while(c != '\n') {
    fputc(c, fp); /*每读入一个有效字符就写到文件中*/
    c = getchar();
  }
  rewind(fp); /*将文件指针回文件开始位置*/
  fgets(s, 20, fp); /*从 fp 所指向的文件的当前位置开始读入 20 个字符赋值给 s*/
  puts(s);
  fclose(fp);
  return 0;
}
```

（3）格式化读写函数 fscanf 和 fprintf。

fprintf 和 fscanf 函数的用法与 printf 和 scanf 函数相似，都是格式化输出/输入函数，只不过 fprintf 和 fscanf 函数的输出/输入对象是磁盘文件。

fprintf 和 fscanf 函数的一般格式为：

```
int fprintf(fp, 格式字符串, 输出列表);
int fscanf(fp, 格式字符串, 输入列表);
```

使用 fprintf 和 fscanf 函数格式化读写磁盘文件，清晰明了且使用方便。成功执行，返回值是写出或者读入的字符数；否则返回一个负数。

fprintf 和 fscanf 函数在读写时要在 ASCII 码与二进制之间进行转换，因此花费时间较多，执行效率不高。

（4）数据块读写函数 fread 和 fwrite。

fread 和 fwrite 函数按数据块读写文件，C 语言提供这种读写方式主要是为了方便整体导入或者导出数组、结构体数据。

fread 和 fwrite 函数的一般格式为：

```
int fread(buffer, size, count, fp);
int fwrite(buffer, size, count, fp);
```

其中 buffer 是一个指针，对于 fread 函数，是读入数据保存位置的起始地址。对于 fwrite 函数，是写数据到文件的起始地址；size 为要读写的数据块的大小，即字节数；count 为读写多少个 size 字节的数据块；fp 为文件指针，如：

```
fread(s2,sizeof(STU),3,fp2);
```

表示从 fp2 所指向的文件读入 3 个大小为 sizeof(STU)的数据块保存到 s2 开始的地址空间中，即一次导入 3 个学生信息数据块到内存中。

　　fread 和 fwrite 函数按字符块读写，最好采用二进制方式。因为按数据块长度处理时，如果发生字符和二进制转换，则很有可能出现与设想不同的情况发生。

　　此处仅是为了易于学习将其配对出现，但从程序 10_2.c 中可以看出只要能正确执行读写操作就可以配对或混合使用。

【思考题】

　　（1）　输入 10 个同学的学号、姓名、成绩信息存入项目目录下的文件 file1.dat 中。

　　（2）　随机产生 1 000 个[1000, 2000]范围内的整数保存到项目目录下的文件 file2.txt 中。

案例 2　学生信息的导入

【任务描述】

　　在案例 1 操作的基础上，将文件 file1.txt 和 file2.dat 的内容导入到内存后显示在屏幕上。

【任务分析】

　　本任务中所说的信息导入是指将存储在文件中的数据读入到内存的过程，本任务的关键为文件的基本操作，即导入数据和使用内存中数据。

　　文件的基本操作包括打开文件、读出文件中数据、关闭文件。

　　使用 fopen 函数打开文件，注意由于要求从文件中读出数据，因此指定的文件必须已经存在。

　　从文件中读出数据的函数有 fgetc、fscanf、fgets、fread，同样应依据数据格式选择使用合适的函数。由于本任务中的学生信息属于结构体类型，因此考虑使用 fscanf 或者 fread 函数。

　　使用 fclose 函数关闭文件。

　　为了使用导入的数据，可以直接将数据导入到指定的结构体数组中。

【解决方案】

　　（1）　类似程序 10_1.c，定义结构体类型 Student 并将其重命名为"STU"。

　　（2）　定义文件指针 fp1 和 fp2，调用 fopen 函数以只读方式打开对应文件，并使 fp1 指向 D 盘根目录下的 file1.txt 文件；fp2 指向 D 盘根目录下的 file2.dat 文件。如果打开失败，则返回错误；否则继续下一步。

　　（3）　定义 STU 类型的数组 s1 和 s2，用于保存从文件中导入的学生数据，元素个数为 3 个；另外定义整型变量 i 用于循环控制。

　　（4）　运用循环结合 fscanf 函数从 fp1 所指向的文件中依次读入 3 个学生的信息保存到 s1 中，每读入一个学生的信息后使用 printf 函数输出。

（5）调用 fread 函数从 fp2 所指向的文件中读入 3 个大小为 STU 的数据块保存到 s2 数组中。

（6）循环调用 printf 函数输出导入到 s2 中的数据。

（7）调用 fclose 函数关闭所有打开的文件后结束程序。

【源程序】

```c
/*程序名称：10_3.c                            */
#include <stdio.h> /*预编译命令*/
#include <stdlib.h> /*预编译命令*/
struct Student {
    int sno; /*学号*/
    char name[20]; /*姓名*/
    int age; /*年龄*/
};
typedef struct Student STU;
int main() {
    FILE *fp1, *fp2; /*定义文件指针*/
    STU s1[3], s2[3];
    int i;
    fp1 = fopen("d:\\file1.txt", "r");
    if(fp1 == NULL) { /*判断 fp1 是否为空*/
        /*fp1 为空，则打开或者新建文件失败*/
        printf("打开 file1.txt 文件时出错\n");
        exit(0); /*文件打开出错退出程序*/
    }
    if((fp2 = fopen("d:\\file2.dat", "rb")) == NULL) {
        /*以二进制写入方式打开 file2.dat 并判断打开是否正确*/
        printf("打开 file2.dat 文件时出错\n");
        exit(0);
    }
    printf("file1.txt 文件的内容为：\n");
    for(i = 0; i < 3; i++) {
        /*将文本文件中的数据批量读入数组*/
        fscanf(fp1, "%d%s%d", &s1[i].sno, s1[i].name, &s1[i].age);
        /*运用 fscanf 格式化读入数据*/
        printf("%d\t%s\t%d\n", s1[i].sno, s1[i].name, s1[i].age);
    }
    printf("\nfile2.dat 文件的内容为：\n");
    /*运用 fread 将 3 个学生的信息以数据块的形式直接从 fp2 中读出*/
    fread(s2, sizeof(STU), 3, fp2);
    for(i = 0; i < 3; i++) {
        /*把读入数组 s2 中的数据输出*/
        printf("%d\t%s\t%d\n", s2[i].sno, s2[i].name, s2[i].age);
    }
    fclose(fp1); /*文件使用过一定要及时关闭*/
```

```
    fclose(fp2);
    return 0;
}
```

【说明】

为了方便运用程序实现批量操作数据，可以先把程序所需要的原始数据写到 Excel 文件中（其中只有一个 Sheet，若有多个，则自行删除）。保存时打开【另存为】对话框，如图 10-4 所示。

图 10-4 【另存为】对话框

在【保存类型】下拉列表框中选择"文本文件（制表符分隔）（*.txt）"选项，然后输入文件名后单击【保存】按钮，弹出如图 10-5 所示的提示对话框。

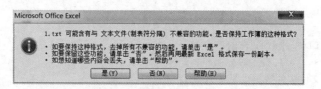

图 10-5 提示对话框

单击【否】按钮，显示【另存为】对话框，在【另存为】对话框中单击【取消】按钮，关闭 Excel 文件。打开提示对话框，提示"是否保存对 XX 的修改"，单击【否】按钮。在保存位置可以找到刚才保存的文本文件，打开该文件后删除最后一个数据后面的一个空行，即可作为为原始数据进行批量导入。

【思考题】

（1）编写程序，将前面思考题（1）中文件 file1.dat 的数据导入后按照成绩由高到低排序后输出到文件 file2.dat 中。

（2）通过网络查找百家姓的相关信息，将其复制到 Excel 表中做成 bjx.txt 文件。然后编程将百家姓导入到内存后，输入个人姓氏查询其在百家姓中的排名。

案例3　学生信息的备份

【任务描述】

将案例1所生成的文件file1.txt导入内存后，备份到E盘根目录下back.txt文件中。

【任务分析】

备份是指将数据内容复制转存到其他存储位置的过程，通常情况下备份会将数据从一个盘转存到另外一个盘。

本任务涉及两个文件，一个以读方式打开，将内容导入到内存中；另一个以写方式打开，将内存中的数据导出到此文件。因此需要定义两个文件指针。

【解决方案】

（1）　定义结构体类型Student，然后用其定义数组s。

（2）　定义整型变量i。

（3）　定义文件指针fp1和fp2，调用fopen函数以只读方式打开并使fp1指向D盘根目录下的file1.txt文件；fp2指向E盘根目录下以只写方式打开的back1.dat文件。如果打开失败，则返回错误；否则继续下一步。

（4）　使用feof函数判断当fp1指针未到达文件结束位置时，运用fscanf函数依次读入学生信息到数组s中；同时再次将该数组中的数据写到fp2所指向的文件中完成备份。

（5）　输出成功备份的数据量。

（6）　调用fclose函数关闭所有打开的文件后结束程序。

【源程序】

```
/*程序名称：10_4.c                              */
#include <stdio.h> /*预编译命令*/
#include <stdlib.h> /*预编译命令*/
struct Student {
    int sno; /*学号*/
    char name[20]; /*姓名*/
    int age; /*年龄*/
};
typedef struct Student STU;
int main() {
    int i = 0;
    FILE *fp1, *fp2; /*定义文件指针*/
    STU s[3];
    if((fp1 = fopen("d:\\file1.txt", "r")) == NULL) { /*判断fp1是否为空*/
        /*fp1为空，则打开或者新建文件失败*/
        printf("打开file1.txt文件时出错\n");
        exit(0); /*文件打开出错，退出程序*/
    }
```

```
    if((fp2 = fopen("E:\\back.txt", "w")) == NULL) {
        /*以写入方式打开 back.txt 并判断打开是否正确*/
        printf("打开 back.txt 文件时出错\n");
        exit(0);
    }
    while(!feof(fp1)) {
        /*将文本文件中的数据批量读入数组*/
        fscanf(fp1, "%d%s%d", &s[i].sno, s[i].name, &s[i].age);
        fprintf(fp2, "%d\t%s\t%d\n", s[i].sno, s[i].name, s[i].age);
        i++;
    }
    printf("成功备份%d 位同学的信息\n", i);
    fclose(fp1); /*文件使用后一定要及时关闭*/
    fclose(fp2);
    return 0;
}
```

对比 D 盘根目录下的源文件 file1.txt 与 E 盘根目录下的备份文件 back.txt 的内容可以发现此次备份成功。

【说明】

若备份后发现备份文件多出一行，则是源文件最后多一个空行，删除即可。

相关知识——文件定位函数

1. ftell 函数

该函数的一般格式为：

```
int ftell(文件类型指针);
```

其功能是得到文件位置指针的当前位置，用相对于文件开头的位移量表示，如：

```
i = ftell(fp1); /*使用 ftell 获取 file1.txt 的当前位置*/
```

如果读取文件当前位置出错，则返回值为-1L。

2. fseek 函数

该函数的一般格式为：

```
int fseek(文件类型指针, 位移量, 起始点);
```

其功能是使位置指针移动到所需的位置。

其中位移量是指以起始点为基点移动的字节数，该字节数必须为常量，不允许使用变量或者表达式。如果为正值，表示向前移，即从文件头向文件尾移动；否则表示向后移，即由文件尾向文件头移动。位移量应为 long 型数据，这样当文件长度很长（如大于 64 KB）时不致出错，如：

```
fseek(fp1, 18L, 0);  /*将位置指针移动到离文件开头 18 个字节处*/
fseek(fp1, -36L, 1); /*将位置指针从当前位置向后退 36 个字节*/
fseek(fp1, -18L, 2); /*将位置指针移动到离文件末尾 18 个字节处*/
```

当 fseek 函数成功，返回 0；否则返回非 0 值。

起始点指定指针移动的基准处，必须是下列数值之一。

（1） 0 或 SEEK_SET：代表文件头。

（2） 1 或 SEEK_CUR：代表位置指针的当前位置。

（3） 2 或 SEEK_END：代表文件尾。

fseek 函数一般用于二进制文件，因为文本文件要发生字符转换，所示计算位置容易出现混乱。

3. rewind 函数

该函数的一般格式为：

```
void rewind(文件类型指针);
```

其功能是把位置指针移动到文件头，它没有返回值，如：

```
rewind(fp1); /*将 file1.txt 的文件指针移到文件开始位置*/
```

【思考题】

引入文件操作类函数后对编写程序有何帮助？

本章小结

本章从导出学生信息着手引出文件的概念、按照数据存储的编码形式分类介绍文件。接下来引入文件结构与文件指针的相关内容。然后从文件的打开关闭操作开始，采用案例方式着重讲解了数据的导入与导出，最后通过数据备份介绍了操作文件的其他相关函数。

习题

一、选择题

1. 若 fp 是指向某文件的指针，且已读到文件尾，则库函数 feof(fp) 的返回值是_____。

   A. EOF   B. -1

   C. 非零值   D. NULL

2. 若要打开 D 盘中 user 子目录下名为 "abc.txt" 的文本文件执行读写操作，下面符合此要求的函数调用是_____。

   A. fopen("D:\user\abc.txt", "r")   B. fopen("D:\\user\\abc.txt", "r+")

   C. fopen("D:\user\abc.txt", "rb")   C. fopen("D:\\user\\abc.txt", "w")

3. 以下叙述中错误的是_____。

   A. 二进制文件打开后可以先读文件尾，而顺序文件不可以

   B. 程序结束时应当用 fclose 函数关闭已打开的文件

   C. 在利用 fread 函数从二进制文件中读数据时，可以用数组名加偏移量的形式为数组中的所有元素读入数据

D. 不可以用 FILE 定义指向二进制文件的文件指针

4. 下列叙述中正确的是_____。

A. C 语言中的文件是流式文件，因此只能顺序存取数据

B. 打开一个已存在的文件并执行写操作后，原有文件中的全部数据未必被覆盖

C. 在一个程序中对文件执行写操作后，必须关闭该文件后打开，才能读到第 1 个数据

D. 当对文件执行读写操作后文件必须关闭，否则可能导致数据丢失

5. 下面的程序执行后，文件 test.t 中的内容是_____。

```c
#include <stdio.h>
#include <string.h>
void fun(char *fname, char *st) {
    FILE *myf;
    int i;
    myf = fopen(fname, "w");
    for(i = 0; i < strlen(st); i++)
        fputc(st[i], myf);
    fclose(myf);
}
int main() {
    fun("test", "new world");
    fun("test", "hello, ");
    return 0;
}
```

A. hello,   B. new worldhello,

C. new world   D. hello,rld

6. 有以下程序：

```c
#include <stdio.h>
int main()
{
    FILE *fout;
    char ch;
    fout = fopen("abc.txt", "w");
    ch = fgetc(stdin);
    while(ch != '#')
    {
        fputc(ch, fout);
        ch = fgetc(stdin);
    }
    return 0;
}
```

其中存在问题的原因是_____。

A. 函数 fopen 调用形式错误   B. 输入文件没有关闭

C. 函数 fgetc 调用形式错误   D. 文件指针 stdin 没有定义

二、填空题

1. 下面的程序把从终端读入的文本（用@作为文本结束标志）输出到一个名为"bi.dat"的新文件中，请填空。

```
#include <stdio.h>
#include <stdlib.h>
int main() {
  FILE  *fp;
  char  ch;
  if( (fp = fopen(_____) ) == NULL)
  exit(0);
  while((ch = getchar()) != '@')
  fputc(ch, fp);
  fclose(fp);
  return 0;
}
```

2. 以下程序运行时，先输入一个文本文件的文件名（不超过 20 个字符）。然后输出该文件中除 0～9 数字字符之外的所有字符，请填空。

```
#include <stdio.h>
#include <stdlib.h>
int main() {
 FILE *f1;
 char ch, filename[20];
 gets(filename);
 if((f1 = fopen(filename, _____)) == NULL) {
     printf("%s 不能打开! \n", filename);
     exit(0);
 }
 while(_____) {
     ch = _____;
     if (ch < '0' || ch> '9')
         printf("%c", ch);
 }
 fclose(f1);
 return 0;
}
```

3. 以下程序的功能是将文件 file1.c 的内容输出到屏幕并复制到文件 file2.c 中，请填空。

```
#include <stdio.h>
#include <stdlib.h>
int main() {
 _____;
 fp1 = fopen("file1.txt", "r");
 fp2 = fopen("file2.txt", "w");
 while(!feof(fp1))
```

```
        putchar(getc(fp1));
printf("\n");
_____;
while(!feof(fp1))
    _____;
fclose(fp1);
fclose(fp2);
return 0;
}
```

4. 以下程序的功能是以二进制写方式打开文件 d1.dat，写入 1～100 这 100 个整数后关闭文件。然后以二进制读方式打开文件 d1.dat，将这 100 个整数读入到另一个数组 b 中并打印输出，请填空。

```
#include <stdio.h>
#include <stdlib.h>
int main() {
 FILE *fp;
 int i, a[100], b[100];
 fp = fopen("d1.dat", _____);
 for(i = 0; i <100; i++)
     a[i] = i + 1;
 fwrite(a, sizeof(int), 100, fp);
 fclose(fp);
 fp = fopen("d1.dat",_____);
 fread(b, sizeof(int), 100, fp);
 fclose( fp );
 for(i =0; i < 100; i++) {
     printf("%5d", b[i]);
     if((i + 1) % 10 == 0)
         printf("\n");
 }
 return 0;
}
```

三、编程题

设信息工程学院教职员工（以下简称"职工"）的基本信息包括职工姓名、工号、年龄、工资。

（1）从键盘输入 5 名职工的基本信息，然后输出到磁盘文件 worker1 中保存。

（2）从文件中导入职工信息，按工资从高到低排序职工数据，把排序后的数据保存到 worker2 文件中。

（4）在 worker2 文件中增加一个新职工的数据，按工资从高到低插入到相应位置，然后保存到 worker3 文件中。

（5）打印 worker3 文件中年龄大于 55 岁的职工的信息。

实训项目

一、将河南省各地市的名称和区号写入文件并读取

（1） 实训目标。

- 了解河南省各地市的名称和区号，郑州，0371；商丘，0370；安阳，0372；新乡，0373；许昌，0374；平顶山，0375；信阳，0376；南阳，0377；开封，0378；洛阳，0379；焦作，0391；鹤壁，0392；濮阳，0393；周口，0394；漯河，0395；驻马店，0396；三门峡，0398。
- 熟悉打开与关闭文本文件的操作流程。
- 熟练掌握使用文件类函数读写文本文件。

（2） 实训要求。

- 定义结构体类型 Henan，其中包括两个属性——城市与区号。
- 定义文件指针并使用文件打开函数打开文件 city.txt。
- 定义 Henan 类型数组，将文件 city.txt 中河南省各地市的区号读入到该数组中。
- 使用循环将河南省各地市的区号显示在屏幕上。
- 关闭文件 city.txt。

二、改写案例 3

（1） 实训目标。

- 了解二进制文件与文本文件的区别。
- 掌握打开与关闭二进制文件的操作流程。
- 熟练掌握使用文件类函数读写文件。

（2） 实训要求。

- 定义两个文件指针并使用文件打开函数使其分别指向文件 file2.dat 和 back2.dat。
- 定义结构体类型 Student 及其变量，首先将 file2.dat 中的一条记录读入 Student 类型变量中，然后使用文件写函数将 Student 类型变量中的数据写入 back2.dat 中。
- 关闭文件 file2.dat 和 back2.dat。

第11章

综合案例
——学生成绩管理系统

教学目标

通过本章的学习，使读者熟悉链表的概念，掌握链表的创建、遍历、增、删、改、查等操作。并且了解面向过程的程序设计方法，具备运用所学知识解决实际问题的能力；另外还要掌握应用文件批量导入数据到链表并将链表中处理的数据批量导出到文件的方法。

教学内容

- ◆ 链表的创建和遍历。
- ◆ 链表中数据的增、删、改、查操作。
- ◆ 导入文件中的数据到链表。
- ◆ 导出链表中的数据到文件。
- ◆ 面向过程的程序设计思想与方法。

综合案例　学生成绩管理系统

【功能描述】

学生成绩管理系统是学生信息管理系统的一个组成部分，通过将学生成绩信息的整合，从而达到批量数据管理、提高成绩处理的效率、降低管理成本等目的。一个典型的学生成绩管理系统管理学生的所有课程成绩，并具备对成绩进行增、删、改、查，以及统计等功能。

本案例综合前面所学知识，读者在本案例的学习过程中应注意知识的融会贯通。

学生成绩管理系统需要实现的功能如下。

（1）创建学生成绩链表：通过导入学生原始信息的方法，将学生学号、姓名，以及所学的 5 门课程（语文、数学、外语、科学、体育）的信息导入并创建学生成绩链表。若原始成绩单中没有某门课程的成绩，则在原始成绩单中以–1 表示。

（2）输出班级成绩单：将链表中的数据形成班级成绩单输出到屏幕，并询问用户是否需要保存此成绩单，若需要，则输入文件名。

（3）录入单科成绩：若导入的成绩单中遗漏某门课程的成绩，则允许录入该课程所有学生的考试成绩。

（4）插入新生成绩信息：若有转入学生，则允许输入其成绩信息（包括学号、姓名、语文、数学、外语、科学、体育），并将转入学生按学号由小到大次序插入到学生成绩链中。

（5）修改学生成绩信息：输入要修改学生的学号后选择修改项修改。

（6）删除学生成绩信息：输入要删除学生的学号，找到该生后删除。

（7）查找学生成绩信息：输入要查找成绩的条件，按指定的条件进行精确或者模糊查找学生成绩信息。

（8）计算课程的平均分：计算指定课程的平均成绩并输出。

（9）学生成绩排序：按照单科成绩或者总成绩由高到低排序并输出。

（10）导出学生成绩：将学生成绩链中所有数据导出到指定文件中保存。

学生成绩管理系统的功能结构图如图 11-1 所示。

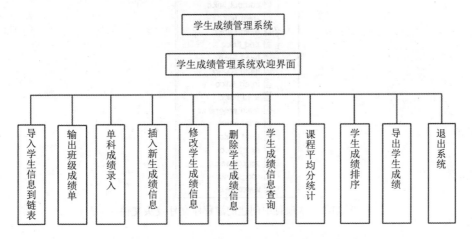

图 11-1 学生成绩管理系统的功能结构图

【案例分析】

本项目涉及的是学生成绩信息，由于成绩信息的数据类型不是相同的数据类型，因此定义结构体数据类型——学生，用于此项目。

由于本项目功能较多，所以从软件管理与维护的角度考虑，需要创建项目"学生成绩管理系统"，具体项目的创建过程请参照第 1 章案例 2。

学生成绩管理系统的基础是按学号排序的学生名单（学号不能重复），由于学生名单已经存在，因此从文件中直接将其导入到系统中。

另外，考虑没有名单的特殊情况，允许用户以插入新生的方式直接输入学生成绩到系统中。

最后考虑实际应用中不存在学号重复的情况，因此插入新生成绩信息时不允许与学生成绩链中的已有学号重复。

任务1　创建学生成绩管理系统的项目架构

【任务描述】

创建学生成绩管理系统的项目架构。

【任务分析】

在 Dev-C++环境中按照第 1 章案例 2 所述的创建过程创建项目整体架构，其中包括 C 语言源程序文件和头文件。

学生成绩管理系统项目中创建的源程序文件及头文件如图 11-2 所示。

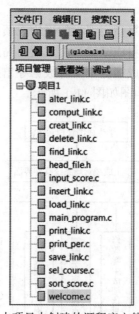

图 11-2　本项目中创建的源程序文件及头文件

任务2　定义头文件

【任务描述】

将学生成绩管理系统中用到的学生结构体类型、所涉及的外部函数声明、班级额定人数、类型重命名等保存在头文件中。

【任务分析】

在头文件中定义结构体数据类型 struct Student，为了方便使用，将其重命名为"STU"；另外，考虑实际情况，班级人数最多为 35 人。最后声明外部函数，供项目实现时调用。

【解决方案】

（1）在项目中自定义头文件 head_file.h，一定要注意在创建文件时选择文件类型为头文件（即扩展名为"h"的文件）。

（2）将项目中使用的头文件 stdio.h、stdlib.h 和 string 放在头文件定义中。

（3）约定一个标准班级额定人数，即通过宏定义定义班级额定人数为 35 人。

（4）定义结构体类型 struct Student，其中包括 4 个成员，即学号（no）、姓名（sname）、课程成绩数组（course，其中包括 5 门课程成绩）、指向下一个节点的指针（next）。

（5）利用 typedef 将结构体类型 struct Student 重命名为"STU"，简化以后的书写。

（6）将程序中多次使用到的输出成绩单表头语句定义在此头文件中。

（7）声明项目实现中所用到的外函数。

【源程序】

学生成绩管理系统的头文件 head_file.h 如下：

```
/*程序名称：head_file.h                              */
#ifndef _STUDENT_H_ /*先判断_STUDENT_H_是否被包含过，避免重复包含*/
#define _STUDENT_H_ /*定义_STUDENT_H_*/
#include <stdio.h>
#include <stdlib.h>
#include <string.h>
#define MAXSIZE  35  /*本班最多人数为 35 人*/
#define OUT printf("%-13s%-20s%-5s%-5s%-5s%-5s%-5s\n","学号","姓名","语文","数学","外语","科学","体育");
struct Student {
    char sno[12];/*学生学号*/
    char sname[20];/*学生姓名*/
    int course[5];/*5 门课程依次是语文、数学、外语、科学、体育*/
    struct Student *next; /*next 为指向下一节点的指针*/
};

typedef struct Student STU;/*重命名 struct student 为 STU */

STU * load_link(STU * head,int *count);/*加载学生基本信息到链表*/
STU * delete_link(STU *head,int *count);/*删除学生信息*/
void find_link(STU *head);/*查找学生成绩信息*/
STU *insert_link(STU *head,int *count);/*插入学生成绩信息*/
STU *input_score(STU * head,int *count);/*按课程录入该课程成绩*/
void print_link(STU *head);/*输出本班所有成绩信息*/
void comput_link(STU * head,int *count);/*求指定课程的平均成绩*/
void alter_link(STU * head);/*修改学生成绩信息*/
int welcome();/*欢迎界面*/
void sel_course(char *course,int bh);/*选择课程*/
void save_link(STU * head);/*保存学生成绩信息到指定文件*/
void sort_score(STU * head,int *count);/*按指定成绩进行排序,保存到文件*/
void print_per(STU *p);/*输出当前学生的成绩信息*/

#endif
```

下面按照结构化程序设计方法实现学生成绩管理系统的功能。

任务 3　实现总控功能

【任务描述】

总控功能是学生成绩管理系统调度的核心，负责检查用户所选功能编号，以及调用相应功能。

【任务分析】

首先引入自定义头文件 head_file.h，为了运行界面的友好设置颜色。然后调用系统欢迎界面并返回用户所选的功能编号，判断功能编号。编号为 0，则输出致谢信息后退出；编号为 1~10，则调用相应的功能。

【解决方案】

总控功能的思路描述如下：

（1）　采用#include 命令引用自定义头文件 head_file.h。

（2）　定义 STU 类型指针 head 指向链的首节点，并赋初值 NULL。

（3）　定义变量 count 为班级人数，设置初始人数为 0 人。

（4）　调用 system 函数设置背景色为淡绿色，字体颜色为蓝色。

（5）　在 main 函数中设置永久循环 while(1)。

（6）　在循环内部首先调用欢迎界面函数，并将返回值赋给变量 i。

（7）　采用 switch 语句根据变量 i 的值调用对应函数，以实现相应的功能。

（8）　退出时输出致谢信息并结束程序。

【源程序】

```c
/*程序名称: main_program.c                              */
#include "head_file.h"
int main() {
   int i;
   STU *head = NULL; /*永远指向链首*/
   int count = 0; /*班级人数*/
   system("color B1"); /*运行背景色为B(淡绿色)，字体颜色为1(蓝色)*/
   while(1) {
     i = welcome(); /*显示欢迎界面*/
     if(i == 0) /*退出系统*/
        break;
     switch(i) {
        case 1:
            head = load_link(head,&count);
            break; /*导入文件数据到链表*/
        case 2:
            head = input_score(head,&count);
            break; /*录入单科成绩*/
        case 3:
            alter_link(head);
```

```
            break; /*修改学生成绩信息*/
        case 4:
            head = delete_link(head, &count);
            break; /*删除指定学生成绩信息*/
        case 5:
            print_link(head);
            break; /*输出班级成绩单*/
        case 6:
            comput_link(head,&count);
            break; /*统计课程平均分*/
        case 7:
            find_link(head);
            break; /*查找学生成绩信息*/
        case 8:
            head = insert_link(head,&count);
            break; /*插入新生成绩信息*/
        case 9:
            sort_score(head,&count);
            break; /*按成绩由高到低排序*/
        case 10:
            save_link(head);
            break; /*导出学生成绩信息到指定文件*/
        }
    }
    printf("感谢您的使用，欢迎您下次使用本系统!再见……\n");
    return 0;
}
```

任务 4　实现系统欢迎界面

【任务描述】

编写程序 welcome.c，实现学生成绩管理系统的系统欢迎界面。

【任务分析】

在系统欢迎界面中，显示该系统的名称和系统所具备功能的编号，并提示用户选择功能编号进行输入。若用户输入的编号错误，则提示相关信息，并要求用户再次输入。系统返回欢迎界面时，带回用户所选功能对应的编号。

【解决方案】

定义函数 is_int 判断用户输入的选项编号是否是整数，若不是整数，则返回-1；若是，则返回该整数。

系统欢迎界面的设计思路描述如下。

（1）定义字符数组 id 用于接收用户输入的编号。

（2）定义整型变量 i 用于保存有效的输入编号。

（3） 采用 while(1)显示系统欢迎界面。

（4） 调用系统的 system("cls")清除屏幕信息，即清屏。

（5） 多次调用 printf 函数输出系统欢迎界面。

（6） 输出提示信息"请选择您需要的功能："。

（7） 采用 scanf 函数输入选项编号到字符数组 id 中。

（8） 调用函数 is_int 判断 id 中是否是整数，若不是，则提示"您输入的编号类型错误，请重新输入"，并转到（3）执行；否则继续下一步。

（9） 判断输入的编号是否是[0, 10]之间，若不在，则提示"您输入的编号错误，请重新输入!"，并转到（3）执行；若在该范围，则继续下一步。

（10） 运用 break 退出循环。

（11） 通过 return 返回用户选择的有效功能编号 i。

【源程序】

```c
/*程序名称：welcome.c                                    */
#include "head_file.h"


int is_int(char *s); /*声明函数is_int*/

int is_int(char *s) {
  char *c;
  int n = 0;
  c = s;
  while(*c != '\0' && (*c>= '0' && *c <= '9')) {
    n = n * 10 + (*c - '0');
    c++;
  }
  if(*c == '\0')
    return n;
  else
    return -1;
}
int welcome() {
  char id[5];
  int i = 0;
  while(1) {
    system("cls");
    printf("*******************************************************\n");
    printf("*              欢迎使用学生成绩管理系统                *\n");
    printf("*-----------------------------------------------------*\n");
    printf("*     1 导入学生信息           2  按课程录入成绩       *\n");
    printf("*     3 修改学生成绩           4  删除学生成绩信息      *\n");
    printf("*     5 输出全班成绩表         6  课程平均分统计        *\n");
    printf("*     7 按条件查询学生成绩     8  插入新生成绩          *\n");
    printf("*     9 成绩排序               10 数据导出             *\n");
    printf("*     0 退出                                          *\n");
```

```
        printf("*-----------------------------------------------------------*\n");
        printf("请选择您需要的功能: ");
        scanf("%s", id);
        i = is_int(id);
        if(i == -1) {
            printf("您输入的编号错误, 请重新输入!\n");
            system("pause");
            continue;
        } else if( !(i>= 0 && i <= 10)) {
            printf("您输入的编号错误, 请重新输入!\n");
            system("pause");
            continue;
        } else {
            break;
        }
    }
    return i;
}
```

任务 5　导入学生信息到学生成绩链表

【任务描述】

编写程序 load_link.c 从指定文件中导入学生信息, 创建学生成绩链表, 实现学生原始信息（学号、姓名及课程成绩）的批量导入功能。

【任务分析】

首先定义所需要的量, 输入文件名并打开文件。然后使用动态存储分配函数 malloc 分配内存空间, 并将返回的地址赋给 STU 类型的指针 p。接下来从文件中导入一个学生的信息到当前节点 p, 班级人数 count 增加 1, 依此重复执行。

特别注意的是如果输入的是第 1 个学生成绩信息, 则一定要用 head 记录链表的首位置。此任务的关键在于新节点如何正确地链接在链表的尾部。

【解决方案】

（1）　定义 STU 类型的指针 p 和 q。

（2）　定义文件指针 fp 及其他相关量。

（3）　判断学生成绩链表是否已经存在, 若存在, 则不允许重复导入, 转（15）执行; 否则继续下一步。

（4）　调用 printf 函数提示用户输入文件名并调用 scanf 函数输入文件名到 fn 中。

（5）　在调用 fopen 函数以只读方式打开文件的同时判断文件打开是否成功, 若成功, 则继续下一步; 否则输出相关提示信息后转到（15）执行。

（6）　判断文件指针 fp 是否已经指向文件尾部, 若指向, 则转（12）执行; 否则继续下一步。

（7）　采用动态内存分配函数 malloc 为 p 分配相应的存储空间, 即一个节点。

（8）　采用 fscanf 函数从 fp 所指向的文件中读取一个学生的成绩信息到变量中, 然后

赋值给节点 p 对应的数据域。

（9） 班级人数增加 1。

（10） 判断班级人数是否为 1 人，即 p 节点是否链表的第 1 个节点。若是，则用头指针 head 记录该节点；否则修改链表尾指针 q 的指针域 next，使其获取 p 的值。即指向链表的新增节点 p，将 p 节点接到链表的尾部。

（11） 修改尾指针 q 指向 p 节点，转（6）继续执行。

（12） 关闭文件。

（13） 将尾节点 q 的指针域 next 置 NULL。

（14） 提示"数据成功导入链表！"的信息。

（15） 通过 return 返回学生成绩链的首节点 head 给主调函数。

【源程序】

```c
/*程序名称: load_link.c                          */
#include "head_file.h"
STU *load_link(STU * head, int *count) {
   STU *p, *q = NULL; /*p是插入节点,q是链尾节点*/
   FILE *fp;
   char no[12], name[20], fn[20];
   int flag = 0, g1, g2, g3, g4, g5;
   if(head != NULL) {
      /*若学生成绩链表已经存在，则不能再次导入数据*/
      printf("不允许再次导入数据!\n");
   } else {
      printf("请输入文件名:");
      scanf("%s", fn); /*输入文件名*/
      fp = fopen(fn, "r"); /*打开指定文件*/
      if(fp == NULL) { /*判断文件是否不能正常打开*/
         printf("文件打开失败!");
         exit(1);
      }
      while(!feof(fp)) { /*从文件中读数据*/
         p = (STU *)malloc(sizeof(STU)*1); /*申请一个新节点*/
         /*以格式化的形式一个一个地读入学生信息*/
   fscanf(fp,"%s\t%s\t%d\t%d\t%d\t%d\t%d\n", no,name,&g1,&g2,&g3,
            &g4,&g5);
         strcpy(p->sno,no);
         strcpy(p->sname, name);
         p->course[0] = g1;
         p->course[1] = g2;
         p->course[2] = g3;
         p->course[3] = g4;
         p->course[4] = g5;
         (*count) = (*count) + 1; /*班级人数增1*/
         if((*count) == 1) { /*是否为首节点*/
            head = p; /*head指向首节点*/
         } else {
```

```
            q->next = p; /*将 p 接在链表的尾部*/
        }
        q = p; /*修改尾节点的指向*/
    }
    fclose(fp);
    if(q != NULL) {
        q->next = NULL; /*链尾置空*/
    }
    printf("数据成功导入链表! \n");
    }
    system("pause"); /*暂停*/
    return head;
}
```

相关知识——创建链表

结构体类型包含若干个成员，其中也可以包括指针成员。这个指针成员可以指向其他结构体类型，也可以指向它所在的结构体类型，如：

```
struct Node{
    char data; /*data 为节点的数据域*/
    struct Node *next; /*next 则指向下一节点的位置*/
};
```

其中 next 是成员名，为指针类型，指向 struct Node 类型数据。

链表是 C 语言中常用的一种数据结构，依据动态内存分配函数实现。一个链表结构有一个链头（即头指针 head）指向第 1 个元素，链表中每个元素称为一个"节点"。每个节点包括两个部分，一是存储数据信息的域，称为"数据域"；二是存储直接后继节点存储位置的域，称为"指针域"。最后一个节点不再指向下一个节点，其指针域的值为 NULL，绘图时也可以用^表示。

链表的基本结构如图 11-3 所示。

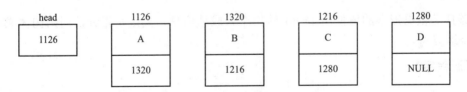

图 11-3　链表的基本结构

从图中可知链表中各个节点在内存中不一定是连续保存的，要找到某一个元素必须找到前一个节点。如果未提供链头，那么无法访问整个链表。链表好似一条铁链，一环扣一环，中间不能断开。

通常情况下节点在内存中的地址是运行程序时系统分配的，我们用箭头代替链接关系，链表示意如图 11-4 所示。

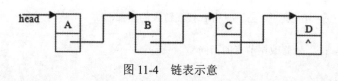

图 11-4　链表示意

本任务的目标是创建链表，即逐个获取各节点的数据并建立它们之间前后的链接关系。建立链表的过程如图 11-5 所示。

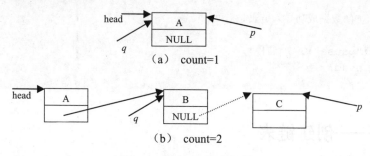

（a）　count=1

（b）　count=2

图 11-5　建立链表的过程

head 表示链表的头节点，p 表示当前节点，q 表示链尾节点，count 表示当前链表中节点的个数。

图（a）表示链中只有一个节点，因此 head 指向该节点，即 p 节点；同时该节点也是尾节点，因此 q 也指向该节点，即 head = p; $q = p$;。

图（b）在图（a）的基础之上新增了一个节点，所以 head 指向首节点，而 q 指向尾节点，p 所指向的节点为将要新增的节点。从虚线箭头看出，只要将 q 的 next 域修改为 p，就可以将新节点 p 链接到链表尾部。当链接成功后，修改 q 指向尾节点，即 q->next = p; $q = p$;。

任务 6　个人成绩信息的输出

【任务描述】

编写程序 print_per.c，输出指定节点中的个人成绩信息。

【任务分析】

该任务依据形参的值使用 printf 输出个人成绩信息，关键是指针访问结构体成员时要用到->运算符。

【源程序】

```
/*程序名称：print_per.c                                    */
#include "head_file.h"
void print_per(STU *p) {
    printf("%-13s%-20s%-5d%-5d%-5d%-5d%-5d\n",p->sno,p->sname,p->course[0]
,p->course[1],p->course[2],p->course[3],p->course[4]);
}
```

该功能辅助输出班级成绩单功能或者在调用其他功能时调用，因此没有独立的运行界面。

任务 7　输出全班成绩表

【任务描述】

编写程序 print_link.c，输出全班成绩链表中所有学生的成绩信息。

【任务分析】

该任务实质是遍历链表，即依次访问链表中的各个节点的数据，遍历链表的前提条件是头节点 head 已知。

首先定义一个 STU 类型的指针，使其指向学生成绩链的第 1 个节点，输出该节点的学号、姓名、以及语文、数学、外语、科学、体育 5 门课的成绩。然后将 p 后移一个节点并采用循环依次输出各节点信息，直至链尾，即 p 为 NULL。

另外，可以选择将成绩表导出到文件中。

【解决方案】

（1）定义 STU 类型的指针 p，并使 p 指向链表头部 head。

（2）判断 p 是否为 NULL，若是，表示学生成绩链表为空链，输出相应的提示信息并转到（7）；否则继续下一步。

（3）使用宏 OUT 输出表头的格式。

（4）采用 while 判断 p 是否为 NULL，如果是，则表示链尾，转到（6）执行；否则继续下一步。

（5）输出节点 p 的信息后让 p 指向下一个节点（即 p = p->next），转向（4）执行。

（6）询问用户是否将当前输出的成绩单保存至文件，如果用户同意，则调用导出学生成绩函数；否则输出致谢信息。并调用 system("pause")使学生的成绩信息继续显示在屏幕上，以便用户查看。

（7）返回主调函数。

【源程序】

```
/*程序名称: print_link.c                              */
#include "head_file.h"
void print_link(STU *head) {
  STU *p;
  char c;
  p = head;
  if(head == NULL) {
    printf("空链输出完毕! \n");
    system("pause");
  } else {
    OUT;
    while(p != NULL) {
        print_per(p);
        p = p->next;
    }
    printf("您需要将此成绩单保存到文件吗（Y/N）? ");
```

```
        getchar();
        scanf("%c", &c);
        if(c == 'Y' || c == 'y') {
            save_link(head);
        } else {
            printf("感谢您使用输出成绩单功能!\n");
            system("pause");
        }
    }
}
```

由于导入数据较多，因此此处仅截取部分结果。

输出的最后一行为询问是否将输出结果保存到文件，用户输入 Y 或者 y，将输出的成绩单保存到指定文件名，继续操作即可。

相关知识——遍历链表

由于链表中每个节点在内存中存储位置的不连续性，导致链表的访问形式必须从链头位置开始，因此遍历链表必须知道链头节点。

遍历链表的实质是逐节点访问，实现该操作的基础是定义一个同类型的指针，如指针 p 指向链首，即 p=head。然后循环判断 p 是否为 NULL，若为 NULL，则遍历结束；否则依次修改指针 p 为 p 节点中指针域的值（$p=p$->next），使 p 指向下一节点；同时在循环体中执行需要的操作，如在本任务中执行输出操作。

任务8　生成课程名

【任务描述】

编写程序 sel_course.c，根据用户给定的课程编号生成课程名。

【任务分析】

该任务依据形参值使用多分支选择语句 switch 生成课程名。

该任务的关键是编号与课程名必须一一对应。

【解决方案】

生成课程名的思路如下。

（1）函数有两个形参，其中字符指针 course 表示将要生成的课程名；整型变量 bh 表示所给定的课程编号。

（2）使用 switch 判断，若编号是 0，则为 course 赋值"语文"；是 1，则赋值"数学"；是 2，则赋值"外语"；是 3，则赋值"科学"；是 4，则赋值"体育"。

（3）返回主调函数。

【源程序】

```
/*程序名称: sel_course.c                                */
#include "head_file.h"
```

```
void sel_course(char *course, int bh) {

    switch(bh) {
    case 0:
        strcpy(course, "语文");
        break;
    case 1:
        strcpy(course, "数学");
        break;
    case 2:
        strcpy(course, "外语");
        break;
    case 3:
        strcpy(course, "科学");
        break;
    case 4:
        strcpy(course, "体育");
        break;
    }
}
```

该功能在完成课程平均分统计功能或者排序功能时调用，因此没有独立的运行界面。

任务 9　单科成绩的录入

【任务描述】

编写程序 input_score.c，实现录入指定课程的所有成绩的功能。

【任务分析】

首先输出成绩录入的欢迎界面，每科对应一个编号。由用户决定所需要录入的课程，输入此课程对应的编号，然后利用班级人数结合 for 循环直接录入链表中每个学生此课程的成绩。

此任务的关键在于遍历链表及录入链表中数据，录入数据的实质是遍历链表并修改链表中的原有数据。

【解决方案】

定义函数 in_wel()实现单科成绩录入欢迎界面。

定义函数 in_score()实现单科成绩录入功能。

单科成绩录入的思路如下。

（1）定义整型变量 bh 保存用户选择的功能编号。

（2）定义字符型变量 c 保存用户是否继续录入其他课程成绩的选择，初值为 y。

（3）判断 head 是否为空，若为空，则输出对应提示信息并转到（10）执行；否则继续下一步。

（4）判断 c 是否为 Y 或 y，若不是，则转到（10）执行；否则继续下一步。

（5）调用函数 in_wel 输出单科成绩录入欢迎界面并将返回值保存到 bh 中。

（6） 若 bh 等于 0，则转到（10）执行；否则继续下一步。

（7） 判断 bh 是否在[1, 5]之间，若在，则转到（4）执行；否则继续下一步。

（8） 调用函数 in_score 实现指定课程单科成绩的录入。

（9） 输出提示信息并将用户的输入保存到 c 中，转到（4）执行。

（10） 输出致谢信息并返回主调函数。

【源程序】

```
/*程序名称: input_score.c                              */
#include "head_file.h"

int in_wel();
STU *in_score(STU * head, int *count, int bh);

int in_wel() {
  int i;
  system("cls");
  printf("************************************************\n");
  printf("*              欢迎使用单科成绩录入子系统              *\n");
  printf("*------------------------------------------------*\n");
  printf("*          1 输入语文成绩      2 输入数学成绩          *\n");
  printf("*          3 输入外语成绩      4 输入科学成绩          *\n");
  printf("*          5 输入体育成绩      0 退出                 *\n");
  printf("*------------------------------------------------*\n");
  printf("请选择您需要的功能: ");
  scanf("%d", &i);
  return i;
}
STU *in_score(STU * head, int *count, int bh) {
  int i;
  STU *p;
  char course[10];
  p = head;
  sel_course(course, bh); /*获取课程编号对应的课程名*/
  for(i = 0; i < *count; i++) { /*按班级人数依据学号输入该课程的成绩*/
    printf("学号:%-12s 姓名:%-15s%s 的成绩:", p->sno, p->sname, course);
    scanf("%d", &p->course[bh]); /*录入当前这位学生此课程的成绩*/
    p = p->next; /*继续下一节点*/
  }
  return head;
}
STU * input_score(STU * head, int *count) {
  int bh;
  char c = 'y';
  if(head == NULL) {
    printf("空链中输入成绩错误!\n");
  } else {
    while(c == 'y' || c == 'Y') {
```

```
        bh = in_wel();
        if(bh == 0)
            break;
        else if(bh> 5 || bh < 1) {
            printf("您输入的选项号不存在，请重新输入……\n");
            system("pause");
        } else {
            head = in_score(head, count, bh-1);
            printf("您还要继续输入其他课程的成绩吗(y/n)？ ");
            getchar();
            scanf("%c", &c);
        }
    }
}
printf("感谢您使用录入学生成绩功能!\n");
system("pause");
return head;
}
```

注意，若已经存在该课程的成绩，则使用该功能将覆盖原有成绩。

输入完成后系统将输出提示信息"您还要继续输入其他课程的成绩吗（y/n）？"，若继续输入其他单科成绩，则输入 y；否则输入 n 结束。此时数据仅存在于链表中，如果需要保存到文件中，则继续选择相应的操作。

任务 10　查询学生成绩信息

【任务描述】

编写程序 find_link.c，按精确或者模糊查询的要求查询学生成绩链表中的学生成绩。

【任务分析】

在本任务中首先输出成绩查询子系统的欢迎界面提示用户输入查询选项号并接收输入，然后按照输入的编号转入相应的查询操作。

精确查询支持指定学号查询或者指定姓名查询，模糊查询支持指定课程后查询指定成绩范围内的成绩或者姓名中包括某个字的所有学生的成绩。

该任务的关键仍然是遍历链表操作，只是在遍历的过程中依据不同的查询条件执行不同的操作。

【解决方案】

定义函数 find_wel 输出成绩查询子系统的欢迎界面。
定义函数 find_wesub 输出分段成绩查询的欢迎界面。
定义函数 find_id 实现输入学号精确查询该生的成绩信息。
定义函数 find_name 实现输入学生姓名，精确查询所有该名字学生的成绩信息。
定义函数 find_subsec 实现指定课程中指定成绩范围内所有成绩信息。
定义函数 find_fuz 实现输入一个字，查询名字中包括该字的所有成绩信息。
按条件查询学生成绩信息的思路如下。

（1） 定义整型变量 flag 表示查询成功与否，*i* 表示用户输入的选项编号。

（2） 定义标志变量 *c* 控制查询操作的继续与否，其初值为 *y*。

（3） 使用 system("cls")清屏。

（4） 使用 while 判断 *c*，若等于 Y 或 y 则继续下一步；否则转（13）执行。

（5） 将 flag 置 0。

（6） 调用 find_wel 函数输出查询欢迎界面，并将返回值（用户输入的查询选项编号）保存到变量 *i* 中。

（7） 如果 *i* 的值为 0，表示查询操作结束，则转（13）执行；否则继续下一步。

（8） 判断 head 是否为 NULL，若为 NULL，则转（13）执行；否则继续下一步。

（9） 如果 *i* 的值等于 1，则调用 find_id 函数；等于 2，则调用 find_name 函数；等于 3，则调用 find_subsec 函数；等于 4 则调用 find_fuz 函数；等于其他值，则输出编号错误的提示信息。

（10） 判断 flag 的值是否为 0，若为 0，则输出提示未找到的信息。

（11） 输出是否继续查询的信息并接收用户的输入保存到 *c* 中。

（12） 转（4）继续执行。

（13） 输出感谢使用本功能的信息并返回主调函数。

【源程序】

```
/*程序名称：find_link.c                        */
#include "head_file.h"

int find_wel();
int find_wesub();
void find_id(STU *head, int *flag);
void find_name(STU *head, int *flag);
void find_subsec(STU *head, int *flag);
void find_fuz(STU *head, int *flag);

int find_wel() {

    int i;
    system("cls");
    printf("***************************************\n");
    printf("*           欢迎使用成绩查询子系统          *\n");
    printf("*-------------------------------------*\n");
    printf("*        1 学号        2 姓名          *\n");
    printf("*        3 分段成绩     4 姓名模糊查询     *\n");
    printf("*        0 退出                       *\n");
    printf("*-------------------------------------*\n");
    printf("请选择您需要的功能：");
    scanf("%d", &i);
    return i;
}
int find_wesub() {
    int i;
```

```
        system("cls");
        printf("*****************************************\n");
        printf("*            欢迎使用分段成绩查询功能            *\n");
        printf("*---------------------------------------*\n");
        printf("*         1 语文成绩      2 数学成绩          *\n");
        printf("*         3 外语成绩      4 科学成绩          *\n");
        printf("*         5 体育成绩      0 退出            *\n");
        printf("*---------------------------------------*\n");
        printf("请选择您需要的功能：");
        scanf("%d", &i);
        return i;
}
void find_id(STU *head, int *flag) {
    char num[12];
    STU *p = head;
    printf("请输入学生学号：");
    scanf("%s", num); /*输入学号*/
    while(p != NULL) { /*若链表没有结束，则继续查询*/
        if(strcmp(p->sno, num) == 0) { /*找到该学号的学生成绩信息*/
            OUT;
            print_per(p); /*输出该生的成绩信息*/
            *flag = *flag + 1;/*找到的人数增加 1*/
        }
        if(*flag != 0)
            break; /*学号不会重复，找到后直接退出*/
        p = p->next; /*继续查询下一个节点*/
    }
}
void find_name(STU *head, int *flag) {
    char name[20];
    STU *p = head;
    printf("请输入学生姓名：");
    scanf("%s", name);
    while(p != NULL) {
        if(strcmp(p->sname, name) == 0) { /*找到该名字的学生成绩信息*/
            if(*flag == 0) {
                OUT;
            }
            print_per(p);
            *flag = *flag + 1; /*所查到此名字的人数增加 1*/
        }/*允许重名学生存在*/
        p = p->next;
    }
}
void find_subsec(STU *head, int *flag) {
    int m, n, bh;
    char cn[20];
    STU *p = head;
    bh = find_wesub();
```

```
        sel_course(cn, bh);
        printf("请输入所查分段成绩的下限与上限:");
        scanf("%d%d", &m, &n);
        while(p != NULL) {
            if(p->course[bh-1]>= m && p->course[bh - 1] <= n) {
                /*找到本课程在此范围的学生成绩信息*/
                if(*flag == 0) {
                    OUT;
                }
                print_per(p);
                *flag = *flag + 1;
            }
            p = p->next;
        }
        if(*flag != 0) {
            printf("%s 课程中，在%d 到%d 之间的人数有%d 人。\n", cn, m, n, *flag);
        }
    }
    void find_fuz(STU *head, int *flag) {
        char firn[5];
        STU *p = head;
        printf("请输入名字中包括的字:");
        scanf("%s", firn);
        while(p != NULL) {
            if(strstr(p->sname, firn) != NULL) {
                if(*flag == 0) {
                    OUT;
                }
                print_per(p);
                *flag = *flag + 1;
            }
            p = p->next;
        }
        if(*flag != 0) {
            printf("本成绩表中，名字中包括%s 字的人数有%d 人。\n", firn, *flag);
        }
    }
    void find_link(STU *head) {
        int flag, i;
        char c = 'y';
        system("cls");
        while(c == 'Y' || c == 'y') {
            flag = 0;
            i = find_wel();
            if(i == 0) {
                break;
            }
            if(head == NULL) {
                printf("链表为空错误!\n");
```

```
            break;
    }
    switch(i) {
        case 1:
            find_id(head, &flag);
            break;
        case 2:
            find_name(head, &flag);
            break;
        case 3:
            find_subsec(head, &flag);
            break;
        case 4:
            find_fuz(head, &flag);
            break;
        default:
            printf("您输入的编号错误!\n");
            break;
    }
    if(flag == 0) {
        printf("所查信息不存在,请查证后再进行操作!\n");
    }
    printf("您要继续查询成绩信息吗(Y/N)? ");
    getchar();
    c = getchar();
}
printf("感谢您使用查询功能!\n");
system("pause");
}
```

任务11   插入新生成绩信息

【任务描述】

编写程序 insert_link.c,插入转班到当前班的学生成绩信息,并要求按学号升序插入到学生成绩链中。

【任务分析】

该任务的实现需要 3 个 STU 类型的指针,定义一个字符型变量来控制插入多名新生的信息。若 c 的取值为 y 或 Y,继续执行插入操作。

在执行插入操作时,判断人数是否达到班级额定人数限制。如果达到,则停止插入;否则继续插入。

运用动态内存分配函数 malloc 为要插入的新生分配节点并按照提示信息输入插入生的信息,然后寻找插入位置,可能在首部、尾部或者中间位置;另外,考虑空链直接执行插入的特殊情况。

此任务的关键是查找插入位置与在链表中插入节点。

【解决方案】

定义函数 in_stu 实现单节点的申请与数据输入。

插入转学生成绩信息的思路如下。

（1） 定义 3 个 STU 类型指针 p、q、r。

（2） 定义字符型变量 c，并赋初值为字符 y，表示可以继续插入节点。

（3） 使用 while 判断变量 c 的值是否为 y 或 Y，若不是，则转到（13）执行；否则继续下一步。

（4） 判断班级人数 count 是否等于班级额定人数 MAXSIZE，如果是，则提示对应信息，并转到（13）执行；否则继续下一步。

（5） 调用函数 in_stu 为 p 分配空间并输入新生的成绩信息。

（6） 判断 head 是否为 NULL，如果是，则 head 指向 p 节点且 p 的指针域置 NULL；同时班级人数 count 增 1，转到（12）执行；如果不是，则继续下一步。

（7） q 指向首节点后，使用 while 判断条件 q 不空且插入节点 p 的学号大于查找节点 q 的学号查找插入位置。如果不满足条件，则转到（10）执行；否则继续下一步。

（8） 用 r 记录已查节点 q，即 r 指向插入节点的前一节点。

（9） q 指向下一个节点后转到（7）继续判断。

（10） 若发现插入学生的学号与链表中已有学号相同，则提示错误信息，释放 p 并转到（13）执行；否则继续下一步。

（11） 班级人数 count 增 1。

（10） p 的 next 域指向节点 q，即 p->next=q。

（11） 若 q 与 head 相等，表示插入在链表首，head 记录当前 p 的值；否则使 r 的 next 域指向节点 p，即插入在链表中或者链表尾。

（12） 输出提示信息"您要继续插入学生成绩吗（Y/N）？"，采用 scanf 函数接收用户输入字符到 c，转到（3）执行。

（13） 通过 return 返回学生成绩链表的链表首指针 head 给主调函数。

【源程序】

```
/*程序名称：insert_link.c                          */
#include "head_file.h"
STU *in_stu() {
  STU *p;
  p=(STU *)malloc(sizeof(STU) * 1);
  printf("请输入您要插入学生的信息：\n");
  printf("学号：");
  scanf("%s", p->sno);
  printf("姓名：");
  scanf("%s", p->sname);
  printf("语文成绩：");
  scanf("%d", &p->course[0]);
  printf("数学成绩：");
  scanf("%d", &p->course[1]);
```

```
    printf("英语成绩: ");
    scanf("%d", &p->course[2]);
    printf("科学成绩: ");
    scanf("%d", &p->course[3]);
    printf("体育成绩: ");
    scanf("%d", &p->course[4]);
    return p;
}
STU *insert_link(STU *head, int *count) {
    STU *p, *q, *r;
    char c = 'y';
    while(c == 'y' || c == 'Y') {
        if(*(count) == MAXSIZE) {
            printf("该班学生人数已满，继续插入错误!\n");
            break;
        }
        p = in_stu();
        if(head == NULL) { /*空链表中插入节点*/
            head = p;
            p->next = NULL;
            *count = *count + 1;
        } else { /*非空链表中插入节点*/
            q = head;
            /*按照学号由小到大的次序寻找插入位置*/
            while(q != NULL && strcmp(q->sno, p->sno) < 0) {
                /*非空链表中寻找插入位置*/
                r = q;
                q = q->next;
            }
            if(q != NULL && strcmp(q->sno, p->sno) == 0) {
                printf("学号重复错误!");
                free(p);
                break;
            }
            *count = *count + 1;
            p->next = q;/*先接链表的后面部分再调整前面部分*/
            if(q == head) { /*非空链表中插入节点到链首*/
                head = p;
            } else { /*插入在链表中或链表尾*/
                r->next = p;
            }
        }
        printf("您要继续插入学生信息吗? （Y/N）");
        getchar();
        scanf("%c", &c);
    }
    printf("感谢您使用插入学生成绩功能!\n");
    system("pause");
    return head;
}
```

相关知识——在链表中插入节点

在链表中插入节点的过程分为如下两步。

（1）查找插入位置，即在遍历链表的同时加上相应的条件；同时需要记录当前节点 q、当前节点的相邻前一节点 r。

（2）执行链表的插入操作，即将当前节点赋给插入节点的指针域（p->next=q），然后将当前节点相邻前一节点的指针域修改为插入节点（r->next=p）。

在链表中间位置插入节点的示意如图 11-6 所示，虚线表示即将执行的操作。

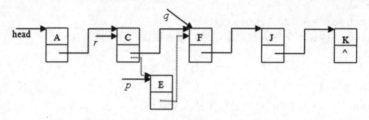

图 11-6   在链表中间位置插入节点的示意

【思考题】

绘制在链头、链尾插入节点的示意图。

任务 12   修改成绩信息

【任务描述】

编写程序 alter_link.c，实现输入学生的学号修改该生其他信息的功能。

【任务分析】

本任务首先要求用户输入所查学号，查找该学号是否在学生成绩链表中。若不存在，则提示错误信息；否则给出修改功能的欢迎界面并由用户输入修改项对应编号，根据所需要修改的选项修改相应的单项信息。

该任务的关键是根据学号查找该节点所在位置，核心是遍历链表操作。

【解决方案】

定义函数 alt_wel 给出修改学生成绩欢迎界面并要求用户输入对应选项编号，最后返回编号。

修改学生成绩信息的思路如下。

（1）定义整型变量 i 用于保存修改项的编号。

（2）定义字符数组 num 用于保存将要修改学生的学号，定义字符型变量 c 用于保存继续修改该生信息的标记并赋初值为 y。

（3）定义 STU 类型指针 p 用于指向将要修改的节点。

（4）调用 scanf 读取将要修改学生的学号到 num 中。

（5）使指针 p 指向学生成绩链的链首 head。

（6）　使用 while 语句判断 p 是否为 NULL 和 p 节点的学号与 num 是否相等来查找要修改节点的位置，如果条件不满足，使 p 指向相邻的下一节点，即 p=p->next；如果满足，则继续下一步。

（7）　如果 p 等于 NULL，则输入的学号不在学生成绩链表中，输出提示信息后转到（13）执行；否则继续下一步。

（8）　若继续修改标记 c 为 y 或 Y，则继续下一步；否则转到（13）执行。

（9）　输出修改节点中的学生成绩信息（即 p 节点），并调用修改欢迎界面，将用户输入修改项的编号赋值给变量 i。

（10）　若输入编号是 0，则表示修改结束，转到（13）执行；否则继续下一步。

（11）　通过 switch 语句依据变量 i 的值输入新数据到节点 p 的对应成员中。

（12）　输出提示信息"您要继续修改该生成绩信息吗？"，调用 scanf 接收用户输入字符保存到变量 c，转到（8）执行。

（13）　结束函数运行，返回主调函数。

【源程序】

```
/*程序名称: alter_link.c                                    */
#include "head_file.h"

int alt_wel() {
    int i;
    printf("*******************************************************\n");
    printf("*              欢迎使用学生信息管理系统               *\n");
    printf("*-----------------------------------------------------*\n");
    printf("*******************************************************\n");
    printf("*       1 修改学生姓名          2 修改语文成绩        *\n");
    printf("*       3 修改数学成绩          4 修改外语成绩        *\n");
    printf("*       5 修改科学成绩          6 修改体育成绩        *\n");
    printf("*       0 退出修改                                    *\n");
    printf("*******************************************************\n");
    printf("请输入修改项的编号: ");
    scanf("%d", &i);
    return i;
}

void alter_link(STU * head) {
    int i;
    char num[10], c = 'y';
    STU *p;
    printf("请输入所需修改学生的学号:");
    scanf("%s", num);
    p = head;
    while(p != NULL && strcmp(p->sno, num)) { /*寻找修改节点*/
        p = p->next;/*指向下一节点继续判断*/
    }
    if(p == NULL) {
```

```
        printf("您修改的学生信息不存在，请查证后再进行操作!\n");
        system("pause");
    } else {
    while(c == 'y' || c == 'Y') {
        printf("当前学生的成绩信息是:\n");
        OUT;
        print_per(p); /*输修改学生的原有信息*/
        i = alt_wel();
        if(i == 0) {
            printf("感谢您的使用，再见! \n");
            break;
        }
        switch(i) {
            case 1:
                printf("请输入姓名：");
                scanf("%s",p->sname);
                break;
            case 2:
                printf("请输入语文成绩:");
                scanf("%d",&p->course[0]);
                break;
            case 3:
                printf("请输入数学成绩:");
                scanf("%d",&p->course[1]);
                break;
            case 4:
                printf("请输入外语成绩:");
                scanf("%d",&p->course[2]);
                break;
            case 5:
                printf("请输入科学成绩:");
                scanf("%d",&p->course[3]);
                break;
            case 6:
                printf("请输入体育成绩:");
                scanf("%d",&p->course[4]);
                break;
            default:
                printf("您输入的编号错误\n");
                break;
        }
        printf("您要继续修改该生的成绩信息吗（y/n）？");
        getchar();
        scanf("%c", &c);
    }
    }
    printf("感谢您使用修改课程成绩功能!\n");
    system("pause");
}
```

任务 13　删除学生成绩信息

【任务描述】

编写程序 delete_link.c，实现按照输入学生的学号删除该生的成绩信息。

【任务分析】

本任务首先判断学生成绩链表是否为空，如果为空，则提示删除错误信息；否则提示输入将要删除学生的学号。然后查找所要删除的学生学号是否在学生成绩链表中，如果不在，则提示相应的提示信息；否则继续查找待删除节点。

在查找删除节点的过程中，一定要记录当前节点和前一节点。当找到待删除节点时，显示待删除学生的成绩信息，询问用户"您确定删除该生信息（Y/N）?"。若两次确定删除，则直接将前一节点的 next 域修改为当前节点的 next 域，即从链表中删除当前节点；否则不执行删除操作。

另外，所删除的节点必须使用 free 函数释放所占据的存储空间。

本任务执行中必须考虑删除空链表、删除链表首节点、删除链表中节点与链尾节点等情况。

该任务的关键是查找待删除位置及从链表中删除节点的操作。

【解决方案】

（1）定义 STU 类型指针 p 和 q 用于指向待删除节点和该节点的前一节点。

（2）定义字符型变量 c 用于接收用户的确认输入，定义字符数组 num 用于保存将要删除学生的学号。

（3）判断 head 是否为 NULL，如果为 NULL，则提示"空链表删除错误"并转到（13）执行；否则继续下一步。

（4）提示输入将要删除学生的学号，将输入的学号存到 num 中。

（5）使指针 p 指向学生成绩链表的链表首。

（6）采用 while 判断 p 不为 NULL 并且 p 节点的学号与输入的学号 num 不相等，查找删除节点。如果条件成立，则 q 指向 p 所指向的节点，p 指向相邻的下一节点继续 while 判断；否则继续下一步。

（7）如果 p 为 NULL，则待删除成绩的学生不在学生成绩链表中，转到（12）执行；否则已经找到删除节点 p，继续下一步。

（8）输出待删除学生的成绩信息后，输出提示信息"您确定删除该生信息（Y/N）?"，让用户两次确认。若确认删除，则继续下一步；否则转到（11）执行。

（9）如果 p 与 head 相等，表示所删节点为首节点，则需要修改 head 的指向为 p 的 next；否则删除节点为中间或者尾部节点，直接将 p 节点的 next 域赋给 q 节点的 next 域值。即将 p 后节点接到 p 前节点上，亦即删除 p 节点。

（10）将班级人数 count 的值减 1，同时调用 free 函数释放 p 节点的内存空间后转到（13）执行。

（11）输出提示信息"删除操作已经撤销"后转到（13）执行。

（12） 输出提示信息"该生不存在"后转到（13）执行。

（13） 通过 return 返回学生成绩链首节点 head 给主调函数。

【源程序】

```c
/*程序名称: delete_link.c                              */
#include "head_file.h"
STU * delete_link(STU *head, int *count) {
  STU *p, *q;
  char c, num[10];
  if(head == NULL) {
    printf("\n 空链表删除错误!\n");
    system("pause");
  } else {
    printf("请输入所删除学生的学号: ");
    scanf("%s", num);
    p = head;
    while(p != NULL && strcmp(p->sno, num) != 0 ) { /*查找待删除节点*/
      q = p;
      p = p->next;          /*p 后移一个节点*/
    }
    if(p != NULL) {      /*找到删除节点*/
      printf("删除学生的信息是\n");
      OUT;
      print_per(p);
      printf("您确定删除该生信息（Y/N）?");
      getchar();
      c = getchar();
      if(c == 'Y' || c == 'y') {
        if(p == head) {   /*删除首节点*/
          head = p->next;
        } else {
          q->next = p->next; /*删除中间节点*/
        }
        (*count) = (*count)-1;  /*班级人数减 1*/
        free(p);
      } else {
        printf("删除操作已经撤销!\n");
      }
    } else {
      printf("学号为%s 的学生不存在!\n", num); /*找不到节点*/
    }
  }
  printf("感谢您使用删除学生成绩功能!\n");
  system("pause");
  return head;
}
```

相关知识——删除链表中的节点

删除链表中节点的过程如下。

（1）查找删除位置：即在遍历链表的同时，加上相应的条件；同时需要记录当前节点 p、当前节点的相邻前一节点 q。

（2）执行链表的删除操作，即将当前节点相邻前一节点的指针域修改为当前节点的指针域（即 q->next=p->next），然后释放删除节点所占的内存空间（即 free(p)）。

在链表中删除其中节点的示意如图 11-7 所示，虚线表示即将执行的操作。

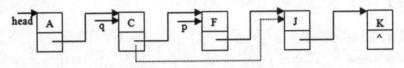

图 11-7　在链表中删除其中节点的示意

【思考题】

绘制在链表中删除首节点或者链尾节点的示意图。

任务 14　统计课程平均分

【任务描述】

编写程序 comput_link.c 计算指定课程的平均成绩。

【任务分析】

该任务首先定义一个指向首节点的指针和一个用于保存总成绩的变量，以及保存课程名的变量，遍历链表中指定课程的成绩并累加到总成绩变量中，结束时用总成绩除以班级人数即得平均成绩。

该任务的关键是遍历链表的操作。

【解决方案】

定义函数 comp_wel 输出求平均成绩的欢迎界面。

计算指定课程平均成绩的思路如下。

（1）定义 STU 类型的指针 p。

（2）定义字符数组 cn 保存用户指定的课程名。

（3）定义实型变量 sum 和 average 分别用于保存课程总成绩与平均成绩，并将 sum 初始化为 0。

（4）定义整型变量 bh 保存用户输入的选项编号。

（5）调用求平均成绩的欢迎界面 comp_wel 并将返回值保存到 bh 中。

（6）判断编号是否为 0，若为 0，则输出信息并转到（14）执行；否则继续下一步。

（7）判断输入的编号值是否在[1,5]之间，若在，则提示错误信息并转到（14）执行；否则继续下一步。

（8） 调用生成课程名函数 sel_course，依据编号 bh 获取课程名保存到 cn 中。

（9） 将 *p* 指向学生成绩链表的链首位置。

（10）判断当前链表中该课程是否已经存在有效成绩，若未输入，则输入提示信息后转到（14）执行；否则继续下一步。

（11）调用 while 语句遍历学生成绩链表，在遍历的过程中累加每个学生的指定课程成绩到 sum 中。

（12）遍历完成后，用 sum 除以班级人数 count 得到 average 的值。

（13）输出指定课程 cn 的平均成绩 average。

（14）输出致谢信息并返回主调函数。

【源程序】

```c
/*程序名称: compute_link.c                              */
#include "head_file.h"
int comp_wel();
int comp_wel() {
  int i;
  system("cls");
  printf("****************************************************\n");
  printf("*            欢迎使用课程平均分的统计功能            *\n");
  printf("*--------------------------------------------------*\n");
  printf("*       1 求语文平均成绩        2 求数学平均成绩     *\n");
  printf("*       3 求外语平均成绩        4 求科学平均成绩     *\n");
  printf("*       5 求体育平均成绩        0 退出               *\n");
  printf("*--------------------------------------------------*\n");
  printf("请选择您需要的功能: ");
  scanf("%d", &i);
  return i;
}
void comput_link(STU * head, int *count) {
  STU *p;
  char cn[20];
  double sum = 0, average;
  int bh;
  bh = comp_wel();
  if(bh == 0) {
    printf("您选择了退出计算课程平均成绩功能!\n");
  } else if(bh> 5 || bh < 1) {
    printf("您输入的选项编号错误!\n");
  } else {
    sel_course(cn , bh - 1);
    p = head;
    if(p->course[bh-1] == -1) {
        printf("该课程尚未输入有效成绩! \n");
```

```
    } else {
        while(p != NULL) {
            sum = sum + p->course[bh - 1];
            p = p->next;
        }
        average = sum /(*count);
        printf("本班%s 课程的平均分为:%7.4lf。\n", cn, average);
    }
}
printf("感谢您使用求课程平均分功能!\n");
system("pause");
}
```

任务 15　排序学生成绩

【任务描述】

编写程序 sort_score.c 排序学生课程总成绩或者某门课程的成绩。

【任务分析】

由于学生成绩保存在链表中，因此为简化排序操作，将学生成绩读入数组后执行排序操作；另外，为了排序功能的通用性，设计新的结构体数据类型 Grade（成员由学号、姓名和成绩组成），以定义排序所需要的数组及其他量。

首先定义 Grade 类型的数组，然后输出排序的欢迎界面，由用户输入要求排序项的编号。若选项编号为 0，则排序结束；若选项编号在[1, 6]之间，则首先将学生成绩链表中数据加载到数组中，按照由大到小次序排序。然后输出排序结果，并询问用户是否保存此排序结果。若保存，则将数组中的结果输出到指定文件中；否则输出致谢信息后结束。

该任务的关键是排序结构体数组中的数据。

【解决方案】

定义结构体数据类型 Grade 并将其重命名为"GRD"。

定义 sort_wel 函数输出成绩排序的欢迎界面。

定义 load_grade 函数将学生成绩链表中的指定成绩加载到数组 st 中。

定义 sort_g 函数按照由大到小的次序排序数组 st 中的数据。

定义 print_sort 函数输出数组的排序结果。

定义 save_sort 函数将数组中的排序结果写入指定文件中。

排序学生成绩的思路如下。

（1）　定义 GRD 类型的数组 st，元素个数为 MAXSIZE。

（2）　定义标志变量 c 表示用户是否将排序结果保存到指定文件。

（3）　定义整型变量 n 和 f，分别保存选择排序项的编号与链表成绩是否是无效数据。

（4）　调用 sort_wel 输出排序欢迎界面，并将用户的选项编号保存到变量 n 中。

（5）　如果 n 等于 0，则输出排序结束信息并转到（14）执行；否则继续下一步。

（6）　若 n 不在[1, 6]之间，则转到（13）执行；否则继续下一步。

（7） 调用 load_grade 将学生成绩链表中指定的学生成绩信息加载到 st 数组中，并将返回值保存到变量 f 中。

（8） 若 f 不等于 1，则转到（12）执行；否则继续下一步。

（9） 调用 sort_g 按照由大到小的次序排序数组 st 中的成绩。

（10） 调用 print_sort 输出数组 st 中的排序结果。

（11） 输出"您要保存该排序结果吗（Y/N）?"的提示信息，若用户输入 Y 或 y，则调用 save_sort 保存数组中排序的学生成绩；否则转（12）执行。

（12） 输出链表中没有成绩的相关提示信息，转到（14）执行。

（13） 输出选项号错误的提示信息，转到（14）执行。

（14） 输出致谢信息并返回主调函数。

【源程序】

```c
/*程序名称: sort_score.c                                    */
#include "head_file.h"
struct Grade {
    char sno[12];
    char sname[20];
    int grade;
};
typedef struct Grade GRD;

int sort_wel();
int load_grade(STU * head, GRD *st, int bh);
void sort_g(GRD *st, int *count);
void print_sort(GRD *st, int *count, int n);
void save_sort(GRD *st, int *count);

int sort_wel() {
    int i;
    system("cls");
    printf("**********************************************\n");
    printf("*            欢迎使用学生成绩排序子系统           *\n");
    printf("*--------------------------------------------*\n");
    printf("*        1 按总成绩排序        2 按语文成绩排序      *\n");
    printf("*        3 按数学成绩排序      4 按外语成绩排序      *\n");
    printf("*        5 按科学成绩排序      6 按体育成绩排序      *\n");
    printf("*        0 退出                               *\n");
    printf("*--------------------------------------------*\n");
    printf("请选择您需要的功能: ");
    scanf("%d", &i);
    return i;
}

int load_grade(STU * head, GRD *st, int bh) {
    STU *p;
```

```
    int i = 0, f = 1;
    p = head;
    if(p == NULL) {
        /*空链不可能进行排序*/
        f=0;
    } else if(bh == 1 && (p->course[0] == -1 || p->course[1] == -1 || p->course[2]
== -1 || p->course[3] == -1 || p->course[4] == -1)) {
        /*总成绩排序时所有课程成绩必须存在*/
        f = 0;
    } else if(bh != 1 && p->course[bh-2] == -1) {
        /*课程成绩排序时对应课程成绩必须存在*/
        f = 0;
    } else {
        while(p != NULL) { /*未到链表尾*/
            strcpy(st[i].sno, p->sno); /*将当前节点中的学号复制到 st 的学号中*/
            strcpy(st[i].sname, p->sname); /*将当前节点中的姓名复制到 st 的姓名中*/
            if(bh == 1) { /*加载到数组中的成绩是总成绩*/
                st[i].grade = p->course[0] + p->course[1] + p->course[2] +
p->course[3] + p->course[4];
            } else {
                /*加载到数组中的成绩是指定的单科成绩*/
                st[i].grade = p->course[bh - 2];
            }
            i++;
            p = p->next;/*继续加载下一节点的数据*/
        }
    }
    return f;
}

void sort_g(GRD *st, int *count) {
    /*采用选择排序对 st 中的数据按照由大到小的次序排序*/
    GRD t;
    int i, j;
    for(i = 0; i < *count - 1; i++) {
        for(j = i + 1; j < *count; j++) {
            if(st[i].grade < st[j].grade) {
                t = st[i];
                st[i] = st[j];
                st[j] = t;
            }
        }
    }
}

void print_sort(GRD *st, int *count, int n) {
    /*将 st 中排序成绩输出*/
    int i;
```

```
    char cn[20]="总分";
    if(n>1 && n<=6) {
        sel_course(cn, n-2);
    }
    printf("本班%d个学生的%s排名是:\n", *count, cn);
    printf("%-5s%-13s%-20s%-8s%\n", "序号", "学号", "姓名", cn);
    for(i = 0; i < *count; i++) {

        printf("%-5d%-13s%-20s%-8d%\n",i+1,st[i].sno,st[i].sname,st[i].grade);
    }
}


void save_sort(GRD *st, int *count) {
    /*将st中的排序结果导出到指定文件中*/
    char fn[20];
    FILE *fp;
    int i;
    printf("请输入保存文件名(格式为XX.txt):");
    scanf("%s", fn);
    fp = fopen(fn, "w");
    if(fp == NULL) {
        printf("文件打开失败!\n");
        exit(1);
    } else {
        for(i = 0; i < *count; i++) {
            fprintf(fp, "%s\t%s\t%d\n", st[i].sno,st[i].sname,st[i].grade);
        }
        fclose(fp);
        printf("数据已经保存在%s文件中。\n",fn);
    }
}


void sort_score(STU * head, int *count) {
    /*成绩排序*/
    GRD st[MAXSIZE];
    char c;
    int n, f;
    n = sort_wel();
    if(n == 0) {
        printf("排序结束，再见!\n");
    } else if(n> 0 && n <= 6) {
        f = load_grade(head, st, n);
        if(f == 1) {
            sort_g(st, count);
            print_sort(st, count, n);
            printf("您要保存该排序结果吗(Y/N)?");
            getchar();
            scanf("%c", &c);
```

```
        if(c == 'y' || c == 'Y') {
            save_sort(st, count);
        }
    } else {
        printf("当前链中成绩尚不存在,无法排序!\n");
    }
    } else {
        printf("您输入的选项号错误!\n");
    }
    printf("感谢您使用成绩排序功能!\n");
    system("pause");
}
```

任务 16   导出学生成绩

【任务描述】

编写程序 save_link.c 将学生成绩链中的所有成绩信息导出到指定文件中。

【任务分析】

该任务首先定义一个指向学生成绩链的指针、一个文件指针,以及一个用于保存用户输入的文件名。然后打开指定文件,以遍历链表的形式将每个节点中的学生成绩信息保存到指定文件中。

该任务的关键是遍历链表的操作和将指定节点的数据写出到文件中。

【解决方案】

导出学生成绩信息的思路如下。

(1) 定义 STU 类型的指针 p。

(2) 定义文件指针 fp。

(3) 定义字符数组 fn 用于保存用户指定文件名。

(4) 输出提示信息并使用 scanf 函数输入文件名到 fn 中。

(5) 使用 fopen 函数以写的方式打开文件 fn。

(6) 判断文件打开是否成功,若失败,则提示相关信息并转到(11)执行;否则继续下一步。

(7) 使 p 指向学生成绩链的链首。

(8) 利用 p 遍历学生成绩链,若已到链尾,则转到(10)执行;否则将当前节点的成绩信息输出到 fp 中。

(9) p 指向下一节点,即 $p=p\text{->}next$,然后转到(8)继续执行。

(10) 关闭文件,输出相应的提示信息。

(11) 输出致谢信息并返回主调函数。

【源程序】

```
/*程序名称: save_link.c                                    */
#include "head_file.h"
```

```
void save_link(STU * head) {
    STU *p;
    FILE *fp;
    char fn[20];
    printf("请输入保存的文件名:");
    scanf("%s", fn);
    fp = fopen(fn, "w");
    if(fp == NULL) {
        printf("文件打开失败!\n");
        exit(1);
    } else {
        p = head;
        fprintf(fp, "%-12s\t%-s\t%-s\t%-s\t%-s\t%-s\t%-s\n", "学号", "姓名", "语文", "数学", "外语", "科学", "体育");
        while(p != NULL) {
            /*当前节点p中的成绩信息写入到fp中*/

            fprintf(fp,"%s\t%s\t%d\t%d\t%d\t%d\t%d\n",p->sno,p->sname,p->course[0],p->course[1],p->course[2],p->course[3],p->course[4]);
            p = p->next;
        }
        fclose(fp);
        printf("数据已经保存到当前项目中，文件名为%s。\n", fn);
    }
    printf("感谢您使用数据导出功能!\n");
    system("pause");
}
```

本章小结

本章通过综合运用本书所述知识设计、开发了学生成绩管理系统，详细阐述了创建、插入、删除、修改、查找链表等操作，并且对数据的批量导入/导出进行了实际应用；同时该案例也是对结构化程序设计方法的实际运用。

习题

一、选择题

1. 有以下结构体的声明和变量的定义且图11-8所示为结构体示意，指针 *p* 指向变量 *a*，指针 *q* 指向变量 *b*，不能把节点 *b* 连接到节点 *a* 之后的语句是_____。

```
struct Node {
    char  data;
    struct Node *next;
}a, b, *p = &a, *q = &b;
```

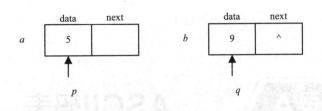

图 11-8　结构体示意

A. *a*.next = *q*;　　　B. *p*.next = &*b*;　　　C. *p*->next = &*b*;　　　D. (*p).next = *q*;

2．若已建立如图 11-9 所示的单向链表结构，其中指针 *p*、*s* 分别指向图中所示节点。

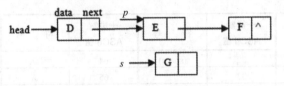

图 11-9　单向链表结构

不能将 *s* 所指的节点插入到链表末尾仍构成单向链表的语句组是＿＿＿＿＿。

A. *p* = *p*->next; *s*->next = *p*; *p*->next = *s*;

B. *p* = *p*->next; *s*->next = *p*->next; *p*->next = *s*;

C. *s*->next = NULL; *p* = *p*->next; *p*->next = *s*;

D. *p* = (*p).next; (*s).next = (*p).next; (*p).next = *s*;

3．假定建立了链表结构，指针 *p*、*q* 分别指向如图 11-10 所示的节点。

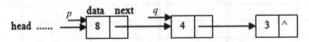

图 11-10　指针 *p*、*q* 分别指向的节点

可以将 *q* 所指节点从链表中删除并释放该节点的语句组是＿＿＿＿＿。

A. free(*q*);　　*p*->next = *q*->next;

B. (*p).next = (*q).next;　　free(*q*);

C. *q* = (*q).next;　　(*p).next = *q*;　　free(*q*);

D. *q* = *q*->next;　　*p*->next = q;　　*p* = *p*->next; free(p);

二、填空题

1．在图 11-9 中，若将 *s* 所指节点插入到此链表的首位置，则需要执行语句：

s->next = head;　＿＿＿＿＿＿＿ = *s*;

2．在图 11-9 中，若将 *s* 所指节点插入到此链表 *p* 节点后面位置，则需要执行语句：

s->next = *p*->next;　＿＿＿＿＿＿＿= *s*;

3．在图 11-10 中，若将此链表的链尾节点删除，则需要执行语句：

p = *q*->next; *q* =＿＿＿＿＿＿＿＿; free(*q*) ;

附录A ASCII码表

十进制 ASCII 值	符 号	十进制 ASCII 值	符 号	十进制 ASCII 值	符 号	十进制 ASCII 值	符 号
0	NULL	32	(space)	64	@	96	、
1	SOH	33	!	65	A	97	a
2	STX	34	"	66	B	98	b
3	ETX	35	#	67	C	99	c
4	EOT	36	$	68	D	100	d
5	ENQ	37	%	69	E	101	e
6	ACK	38	&	70	F	102	f
7	BEL	39	,	71	G	103	g
8	BS	40	(	72	H	104	h
9	HT	41	)	73	I	105	i
10	LF	42	*	74	J	106	j
11	VT	43	+	75	K	107	k
12	FF	44	,	76	L	108	l
13	CR	45	-	77	M	109	m
14	SO	46	.	78	N	110	n
15	SI	47	/	79	O	111	o
16	DLE	48	0	80	P	112	p
17	DCI	49	1	81	Q	113	q
18	DC2	50	2	82	R	114	r
19	DC3	51	3	83	X	115	s
20	DC4	52	4	84	T	116	t
21	NAK	53	5	85	U	117	u
22	SYN	54	6	86	V	118	v
23	TB	55	7	87	W	119	w
24	CAN	56	8	88	X	120	x
25	EM	57	9	89	Y	121	y
26	SUB	58	:	90	Z	122	z
27	ESC	59	;	91	[	123	{
28	FS	60	<	92	/	124		
29	GS	61	=	93	]	125	}
30	RS	62	>	94	^	126	~
31	US	63	?	95	—	127	DEL

C语言运算符的优先级与结合性

附录B

优 先 级	运 算 符	含 义	运算对象个数	结合方向
1	()	圆括号或者函数参数表		自左至右
	[]	数组元素下标		
	->	结构体指针指向结构体成员		
	.	访问结构体成员		
2	!	逻辑非	1	自右至左
	~	按位取反		
	++	变量自增1		
	--	变量自减1		
	-	求负		
	(类型说明符)	强制类型转换		
	*	间接访问运算符		
	&	取地址运算符		
	sizeof	求所占字节数运算符		
3	*	乘法	2	自左至右
	/	除法		
	%	整数求余		
4	+	加法	2	自左至右
	-	减法		
5	<<	位左移运算符	2	自左至右
	>>	位右移运算符		
6	> >=	大于、大于等于	2	自左至右
	< <=	小于、小于等于		
7	==	等于	2	自左至右
	!=	不等于		
8	&	按位与	2	自左至右
9	^	按位异或	2	自左至右
10	|	按位或	2	自左至右
11	&&	逻辑与	2	自左至右
12	||	逻辑或	2	自左至右
13	? :	条件运算符	3	自右至左
14	=	赋值运算符	2	自右至左
	+= -= *= /= %=	复合赋值运算符		
	>>= <<= &= ^= !=			
15	,	逗号运算符	2	自左至右

参考书目

1. 耿红琴，姚汝贤. C 语言程序设计案例教程[M]. 北京：电子工业出版社，2015.
2. 汪新民，刘若慧. C 语言基础案例教程[M]. 北京：北京大学出版社，2010.
3. 谭浩强. C 语言程序设计[M]. 北京：清华大学出版社，2006.
4. 何钦铭，颜晖. C 语言程序设计 2 版. [M]. 北京：高等教育出版社
5. 苏小红，王宇颖，孙志岗. C 语言程序设计 3 版. [M]. 北京：高等教育出版社，2015.
6. 王明福. C 语言程序设计教程[M]. 北京：高等教育出版社，2012.
7. Brian W. Kernighan and Dennis M. Ritchie .The C programming Language Second Edition[M]. 北京：机械工业出版社，2003.